战略性新兴领域“十四五”高等教育系列教材

移动机器人综合设计

卢惠民　曾志文　肖军浩　徐　明　于清华
郭瑞斌　黄开宏　唐景昇　代　维　编著

机械工业出版社

本书首先简要介绍了移动机器人的基本概念、发展历史与趋势；其次从总体设计的角度介绍了需求分析、系统设计、硬件实现、软件开发、测试与调试、交付与部署等移动机器人设计的一般流程；然后详细介绍了移动机器人的运动平台、硬件系统、操作系统、嵌入式软件架构、软件开发等软硬件设计；接着详细介绍了移动机器人通信与人机交互设计，包括应用层通信协议设计、常用人机交互技术、图形化人机交互界面设计，以及机器人智能感知系统设计，包括机器人常用传感器、机器人感知系统设计、机器人同步定位与建图算法设计、机器人目标识别算法设计等，还介绍了机器人运动规划与控制系统设计，包括路径 / 轨迹规划算法设计、路径 / 轨迹跟踪控制、未知环境自主探索算法设计等；最后给出了智能自主探测回收机器人、智能搜救机器人、排爆机器人三个典型移动机器人的系统设计案例。

本书内容软硬件结合，同时兼顾理论和实践，为了便于读者把理论应用到机器人设计实践，书中给出了丰富的设计示例和应用案例。通过对这些示例、案例的学习，读者能进一步深入理解理论知识，学以致用，提升根据不同的任务场景需求设计实现移动机器人系统的创新实践能力。

本书可作为普通高等院校机器人工程、自动化、人工智能、智能科学与技术、无人装备、无人系统等相关专业的教材，也可供广大从事移动机器人系统开发和维护的工程技术人员参考。

本书配有电子课件、程序代码等教学资源，欢迎选用本书作教材的教师登录 www.cmpedu.com 注册后下载。

图书在版编目（CIP）数据

移动机器人综合设计 / 卢惠民等编著 . -- 北京 : 机械工业出版社，2024.12.--（战略性新兴领域“十四五”高等教育系列教材）.-- ISBN 978-7-111-77677-2

Ⅰ.TP242

中国国家版本馆 CIP 数据核字第 2024RH2973 号

机械工业出版社（北京市百万庄大街 22 号　邮政编码 100037）

策划编辑：吉　玲　　　　责任编辑：吉　玲　赵晓峰

责任校对：张爱妮　陈　越　　封面设计：张　静

责任印制：单爱军

中煤（北京）印务有限公司印刷

2024 年 12 月第 1 版第 1 次印刷

184mm × 260mm ・ 14.75 印张・353 千字

标准书号：ISBN 978-7-111-77677-2

定价：55.00 元

电话服务　　　　　　　　　网络服务

客服电话：010-88361066　　机　工　官　网：www.cmpbook.com

　　　　　010-88379833　　机　工　官　博：weibo.com/cmp1952

　　　　　010-68326294　　金　书　网：www.golden-book.com

封底无防伪标均为盗版　　机工教育服务网：www.cmpedu.com

序

FOREWORD

人工智能和机器人等新一代信息技术正在推动着多个行业的变革和创新，促进了多个学科的交叉融合，已成为国际竞争的新焦点。《中国制造 2025》《“十四五”机器人产业发展规划》《新一代人工智能发展规划》等国家重大发展战略规划都强调人工智能与机器人两者需深度结合，需加快发展机器人技术与智能系统，推动机器人产业的不断转型和升级。开展人工智能与机器人的教材建设及推动相关人才培养符合国家重大需求，具有重要的理论意义和应用价值。

为全面贯彻党的二十大精神，深入贯彻落实习近平总书记关于教育的重要论述，深化新工科建设，加强高等学校战略性新兴领域卓越工程师培养，根据《普通高等学校教材管理办法》（教材〔2019〕3 号）有关要求，经教育部决定组织开展战略性新兴领域“十四五”高等教育教材体系建设工作。

湖南大学、浙江大学、国防科技大学、北京理工大学、机械工业出版社组建的团队成功获批建设“十四五”战略性新兴领域——新一代信息技术（人工智能与机器人）系列教材。针对战略性新兴领域高等教育教材整体规划性不强、部分内容陈旧、更新迭代速度慢等问题，团队以核心教材建设牵引带动核心课程、实践项目、高水平教学团队建设工作，建成核心教材、知识图谱等优质教学资源库。本系列教材聚焦人工智能与机器人领域，凝练出反映机器人基本机构、原理、方法的核心课程体系，建设具有高阶性、创新性、挑战性的《人工智能之模式识别》《机器学习》《机器人导论》《机器人建模与控制》《机器人环境感知》等 20 种专业前沿技术核心教材，同步进行人工智能、计算机视觉与模式识别、机器人环境感知与控制、无人自主系统等系列核心课程和高水平教学团队的建设。依托机器人视觉感知与控制技术国家工程研究中心、工业控制技术国家重点实验室、工业自动化国家工程研究中心、工业智能与系统优化国家级前沿科学中心等国家级科技创新平台，设计开发具有综合型、创新型的工业机器人虚拟仿真实验项目，着力培养服务国家新一代信息技术人工智能重大战略的经世致用领军人才。

这套系列教材体现以下几个特点：

（1）教材体系交叉融合多学科的发展和技术前沿，涵盖人工智能、机器人、自动化、智能制造等领域，包括环境感知、机器学习、规划与决策、协同控制等内容。教材内容紧跟人工智能与机器人领域最新技术发展，结合知识图谱和融媒体新形态，建成知识单元 711 个、知识点 1803 个，关系数量 2625 个，确保了教材内容的全面性、时效性和准确性。

（2）教材内容注重丰富的实验案例与设计示例，每种核心教材配套建设了不少于 5 节的核心范例课，不少于 10 项的重点校内实验和校外综合实践项目，提供了虚拟仿真和实操项目相结合的虚实融合实验场景，强调加强和培养学生的动手实践能力和专业知识综合应用能力。

（3）系列教材建设团队由院士领衔，多位资深专家和教育部教指委成员参与策划组织工作，多位杰青、优青等国家级人才和中青年骨干承担了具体的教材编写工作，具有较高的编写质量，同时还编制了新兴领域核心课程知识体系白皮书，为开展新兴领域核心课程教学及教材编写提供了有效参考。

期望本系列教材的出版对加快推进自主知识体系、学科专业体系、教材教学体系建设具有积极的意义，有效促进我国人工智能与机器人技术的人才培养质量，加快推动人工智能技术应用于智能制造、智慧能源等领域，提高产品的自动化、数字化、网络化和智能化水平，从而多方位提升中国新一代信息技术的核心竞争力。

中国工程院院士

王耀南

2024 年 12 月

前言

PREFACE

随着现代科技尤其是人工智能技术的快速发展，移动机器人在未来的社会中将扮演越来越重要的角色，它们不仅能助力工业生产，实现高效率、高质量的制造，还能深入服务行业，满足人们对医疗、餐饮、物流和零售等方面日益增长的需求。在家庭环境中，机器人能提供陪伴、清洁和教育等服务，使生活更为便利。此外，机器人在医疗领域的应用，如手术机器人和康复机器人等，将为患者带来更好的医疗体验。简而言之，随着技术的进步，机器人将在更多领域发挥其独特优势，进入人类的生产和生活。

机器人技术发展、更新迅速，具备机器人研发领域专业知识和技能的人才供不应求，这也制约了机器人技术的进一步发展和应用，因此，培养机器人技术领域高素质专业化研发人才成为迫切需求。当前机器人应用主要集中在工业领域，随着制造业的转型升级和智能制造的推进，工业机器人市场呈现出快速增长的态势，另一重要的趋势是服务机器人正在从婴儿期逐渐走向成熟期，未来大量服务机器人将走进千家万户，因此对机器人开发和维护人才的需求将出现爆发式的增长，这也是编写本书的一个重要契机。

本书为培养机器人研发领域的高素质人才，提供了较全面深入的学习资源。本书结合和运用国防科技大学智能科学学院在智能移动机器人领域的丰硕研究成果，并将指导学生在国际国内相关高水平学术 / 学科竞赛中设计实现的优秀智能移动机器人系统等作为教学案例，系统地介绍了移动机器人的设计原理、技术实现和具体应用，致力于为读者设计与开发一套完整的移动机器人提供有益的参考和指导，提高其技术水平和创新实践能力，激发读者对机器人技术的兴趣，引领其探索这一领域的奥秘，以期通过培养更多具备专业知识和技能的研发人才，推动移动机器人技术的进步和发展。本书的特色是：从应用场景和需求视角切入，突出需求牵引性；涵盖知识点全面，突出设计系统性；引入人工智能与机器人技术相结合的最新进展，突出技术前沿性。

本书编者均为国防科技大学智能科学学院智能机器人技术团队教师，有多年的智能移动机器人理论研究、技术开发和教学经验，常年指导机器人世界杯、中国机器人大赛、国际无人系统创新挑战赛、RoboMaster 机甲大师赛等高水平学科竞赛并取得了优异成绩，积累了丰富的理论和实践经验。其中卢惠民负责编写第1章、第2章、3.1节、7.2节、7.3节；曾志文负责编写3.2节、6.1节、6.2节；肖军浩负责编写3.3节、5.1节、5.2节；徐明负责编写3.4节、3.5节、4.1节、4.2节；于清华负责编写4.4节；郭瑞斌负责编写5.3节、5.4节；唐景昇负责编写4.3节；代维负责编写6.3节；黄开宏负责编写7.1节。全书的统稿工作由卢惠民完成。

由于编者水平有限，书中难免有疏漏和不足之处，恳请读者批评指正。

编者

目录

CONTENTS

第 1 章　移动机器人概述

导读

本章主要介绍移动机器人的定义、分类、组成等基本概念，并简要介绍移动机器人的发展历史和技术发展趋势，使读者对移动机器人有个概貌性的认知。

机器人技术被列为 20 世纪人类最伟大的成就之一。中国科学院和工程院院士宋健曾指出：“机器人学的进步和应用是 20 世纪自动控制最有说服力的成就，是当代最高意义上的自动化。”

机器人是一个可计算机编程的机器，能够自动地执行一系列复杂的动作。机器人可通过外部控制设备或者内嵌的控制系统导引，可能会按照人类的模样构建，但是大多数机器人是被设计来执行特定任务的机器，而不考虑其模样。机器人的范畴很广，可以是自主的、半自主的、遥控的，包括类人机器人、工业机器人、服务机器人、医疗机器人、娱乐机器人、康复机器人、群体机器人、无人机、无人车、无人艇、微纳米机器人等。

移动机器人是一类能够通过轮子、履带、腿足或以上几种方式的组合等来实现在环境中移动的机器人，也可能具有在空中飞行、在水中游动、在地面上爬行或滚动的能力。移动机器人能够满足灵活运输物料、协作搬运大型物件、针对工作区域快速重新配置等需求，应用场景非常广泛，例如可用于工厂（自动导引车辆、移动机械臂等）、家庭（地面清洁、助老服务等）、医院（药品运输、康复医疗等）、农业（果蔬采摘、施肥除草等）、军事（搜索救援、侦察打击等）等领域。

1.1　移动机器人的基本概念

1.1.1　移动机器人的分类

机器人的分类方式有很多，如可根据运动机构、驱动方式、应用领域、工作环境、控制方式等进行分类。

根据机器人运动机构划分，移动机器人可分为人形机器人、轮式机器人、四足仿生机器人、仿昆虫多足机器人、单腿机器人、履带式机器人、轮履复合式机器人、轮腿复合式机器人、仿生水下机器人、仿生空中机器人、球形机器人等。

根据驱动方式划分，移动机器人可分为气动式、电动式和液压驱动式、绳索牵引式、新概念驱动式（形状记忆合金、离子交换聚合金属材料等）等。

根据不同应用领域，移动机器人可分为安防机器人、巡检机器人、军用机器人、警用机器人、救援机器人、娱乐机器人、家庭服务机器人、工业机器人（码垛机器人、运输机器人、装配机器人、上下料机器人等）、物流机器人、空间探测机器人等。

根据工作环境，移动机器人可分为地面机器人、空中机器人、空间机器人、水面机器人、水下机器人，以及水陆两栖、陆空两栖、水陆空三栖等多栖机器人或者跨介质机器人等。

根据机器人的控制方式，移动机器人可分为遥控机器人 [如 ROV（遥控潜水器）水下机器人]、程控机器人（如工业机器人）、半自主机器人、全自主机器人等。

根据机器人的尺寸大小，移动机器人可分为微型机器人、小型机器人、中型机器人、大型机器人、重型机器人等。

根据机器人的机械结构可分为多关节机器人、平面多关节机器人、并联机器人、直角坐标机器人、圆柱坐标机器人以及协作机器人等。

1.1.2　移动机器人的基本组成

移动机器人一般包括机器人机构平台、电气子系统、运动控制子系统、环境感知与自定位子系统、规划与决策子系统、人机交互子系统。

1. 机器人机构平台

机器人机构平台是移动机器人的核心组成部分，它作为机器人的基础架构，不仅支撑并集成了其他所有子系统，还决定了机器人的形态、运动方式和负载能力等关键参数。其主要由运动机构和其他结构件组成。

（1）运动机构　移动机器人需要运动机构，使机器人在环境中受控地运动，运动机构很大程度上决定着机器人的运动性能。如图 1-1 所示，常见的地面移动机器人运动机构包括轮式运动机构、足式运动机构、履带式运动机构和复合式运动机构等。

a) 轮式运动机构

b) 足式运动机构

c) 履带式运动机构

d) 复合式运动机构

图 1-1　四种移动机器人运动机构

轮式运动机构在平坦地面上展现出卓越的运动效率，伴随着较低的能量消耗，这得益于其简约的机械设计与出色的稳定性，从而便于操控。然而，面对粗糙或不平整的地形，轮式运动则面临挑战。常见的轮式运动方式包括差动运动方式和全向运动方式。差动运动，以双轴平行的驱动轮及一个或多个从动轮构成，通过精确调控两驱动轮的速度差，实现灵活的差动效果。差动运动的方式非常普遍，它的各种衍生形式包括中心可转向轮（Centered orientable Wheel）、阿克曼轮（Ackermann Wheel）等。相比之下，在狭窄的工作空间中，全向轮式运动更具有优势。理论上单个球形轮可实现全向运动，通过控制分布在轮体周围的摩擦轮，实现球形轮的驱动，但其结构和控制非常复杂，技术上实现困难，而且应用范围有限，只能在环境比较理想的条件下（如地面平整）使用。在实际应用中，全向运动轮式机构以麦克纳姆轮和正交全向轮为代表，如图 1-2 所示，通过精巧的三轮或四轮配置，构建出高效的全向运动平台。

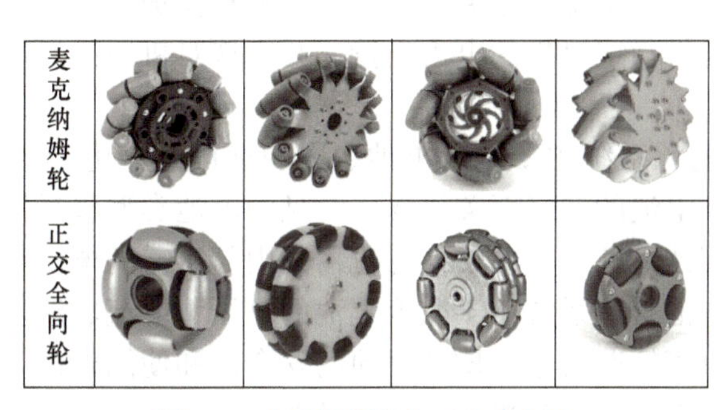

图 1-2　麦克纳姆轮和正交全向轮

足式运动机构，借鉴自哺乳动物、爬行类及昆虫等动物行走模式，凭借其一组或多组灵活的腿部设计，赋予了机器人行走、奔跑乃至跳跃的能力，从而允许机器人在复杂多变、不规则的自然环境中遂行任务。其显著优势在于：采用离散落足点，减少对地面的改造需求；多自由度腿部设计保障了机器人在各种姿态下的高度稳定与平衡；可跨越沟壑、攀爬楼梯、克服障碍，实现全方位运动；即便面临个别关节损坏，亦能通过调整步态策略维持运动能力。足式运动的缺点是，其复杂性体现在动力系统与机械结构的双重挑战上，腿的数量直接关系到机械构造与控制驱动的复杂度。至少两自由度的腿部配置即提腿与向前摆动，是足式运动的基础。自由度的增加能提升机动性，却也伴随着关节与驱动器数量的增加，对能量消耗与控制精度提出了更高要求。

履带式运动机构是一种高效且适应性强的移动方式，当机器人起动时，通过传动装置驱动行走装置，使履带转动，从而产生与地面之间的摩擦力，进而推动机器人前进。履带式运动机构能提供更大的牵引力和加速度。相较于轮式运动机构，履带式运动机构能提供更好的平衡能力和越障能力。履带式运动机构的局限性在于：履带部件存在脱落、卡滞乃至撕裂的风险；履带与驱动机构间的微小间隙可能因异物侵入而受阻；且一旦发生故障，其维修复杂度相对较高；相较于轮式运动方式，其行进速度通常较慢。为了进一步提升机器人在复杂地形中的通过能力，在实际设计中，通常会增配两个或四个独立或联动控制的履带摆臂装置。这些摆臂不仅增强了机器人的地形适应性，还提升了其在崎岖不平环境下的灵活性和稳定性。

轮式、足式、履带式运动机构各有其优缺点。复合式运动机构通过将两种或多种不同类型的运动机构整合在一起，利用各自的优势来弥补单一运动机构的不足。这种设计使得机器人能够在多种地形和环境下保持高效、稳定的移动能力，同时满足不同的作业需求。

（2）其他结构件　其他结构件是指连接和支撑机器人各部件的骨架，其组成和设计对于机器人的稳定性和性能至关重要；同时也要负责传递力量，以实现机器人的各种运动功能。主要结构件包含机身、连杆、关节、末端执行器等。结构件的组成与设计不仅关乎机器人的稳定性和性能表现，更直接影响到机器人的应用范围和作业效率。因此，在机器人的设计与制造过程中，对结构件的选材、加工、装配等环节均需给予高度重视和严格把控。

2. 电气子系统

电气子系统是移动机器人内部涉及电力传输、转换、分配和控制的所有电气元件和电路的总和。它主要包括电源系统及相关的控制、监测和保护电路。电气子系统的功能是为机器人的其他子系统提供稳定可靠的电力支持，并实现对机器人运动、操作等行为的电气控制。

（1）电源系统　电源系统主要包含电池、电源适配器、电池管理系统等。作为移动机器人的主要动力源，电池的选择至关重要。常见的电池类型包括锂电池、镍氢电池和铅酸蓄电池等。电源适配器将外部电源转换为机器人内部所需的电压和电流，为电池充电或直接为机器人供电。电池管理系统用于监测电池的电压、电流、温度等参数，防止电池过充电、过放电、过电流等情况发生，增加电池的安全性和使用寿命。电池管理系统还能通过算法优化电池的使用效率，延长机器人的续航能力。

（2）控制、监测和保护电路　控制电路负责接收来自机器人其他子系统的指令或信号，并经过处理后输出控制信号，以驱动电动机的运动或实现其他电气元件的开关控制。监测电路主要用于实时监测电气子系统中各个关键部件的运行状态，以确保系统正常运行并及时发现潜在问题。监测电路通常包括电压监测、电流监测、温度监测等。保护电路用于在电气子系统出现异常时，及时切断电源或采取其他措施，以防止电气元件损坏或系统崩溃。保护电路通常包括过电压保护、过电流保护、短路保护、过热保护等。

3. 运动控制子系统

运动控制子系统通过接收来自规划与决策子系统的指令，生成相应的控制信号，驱动机器人的执行机构（如电动机、液压缸等）完成运动。它能够实现机器人速度、加速度、位置等参数的精确控制，保证机器人运动的稳定性和准确性。其主要包括运动控制器、驱动器（系统）、执行机构和传感器。

（1）运动控制器　运动控制器是运动控制子系统的核心部件，负责接收和处理指令，生成精准的控制信号。在移动机器人领域，常见的运动控制器涵盖单片机、嵌入式系统、工业控制计算机以及专为运动控制定制的高端独立设备。运动控制器运行着控制算法，诸如 PID（比例积分微分）、MPC（模型预测控制）、ADRC（自抗扰控制）等，旨在计算出实现预定运动所需的控制参数。基于算法运算结果，运动控制器输出相应的驱动指令，确保机器人能按既定路径 / 轨迹与速度运行。同时，传感器（如编码器、陀螺仪等）不间断监测机器人的运动状态参数，包括位置、速度和加速度等，并将这些实时数据反馈至运动控制器。控制器依据反馈机制，实时调整控制信号，构建闭环控制系统，从而有效保障机器人运动的精确度和稳定性，实现高效、可靠的自动控制。

（2）驱动器　驱动器是将运动控制器的控制信号转化为机器人执行机构可直接输入的电信号的设备，根据驱动源的不同，驱动器可分为电气驱动器、液压驱动器和气压驱动器等。具体到实现机制，驱动器负责接收来自运动控制器的控制信号。这些信号可能包含了机器人需要执行的动作类型、速度、加速度等关键信息。随后，驱动器通过复杂的电子控制逻辑，实时调整输出电流、电压等电气参数，以最优化的方式驱动电动机、液压泵或气缸等设备，从而实现机器人的运动。

（3）执行机构　执行机构是机器人的动力来源，直接驱动机器人进行运动，常见的执行机构包括电动机、液压缸、气缸等，如图 1-3 所示。

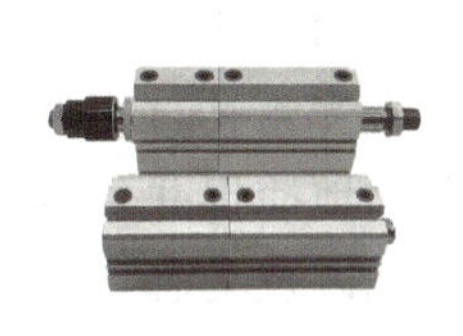

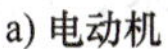

a) 电动机　　b) 液压缸　　c) 气缸

图 1-3　常见的执行机构

电动机执行机构，是利用各种电动机产生的力矩和力，直接或间接地驱动机器人本体以获得机器人的各种运动的执行机构。常用的电动机有舵机、有刷直流伺服电动机、无刷直流伺服电动机和步进电动机等。舵机是一种位置（角度）伺服的驱动装置，适用于需要角度不断变化并可以保持的控制系统。有刷直流伺服电动机通过内部换向、固定磁铁（永久磁铁或电磁铁）和旋转电磁铁，直接从提供给电动机的直流电产生扭矩。无刷直流伺服电动机采取电子换向，线圈不动，磁极旋转，通过霍尔元件感知永磁体磁极的位置，根据这种感知，使用电子线路适时切换线圈中电流的方向，保证产生正确方向的磁力来驱动电动机。步进电动机是将电脉冲信息转变为角位移或者线位移的开环控制电动机，电动机的转速、停止位置取决于脉冲信号的频率和脉冲数。

液压执行机构利用液体（通常是液压油）作为工作介质，通过液体的压力能驱动执行机构运作。该方式的显著特点是驱动力或驱动力矩大，即具备较大的功率重量比，且响应迅速，便于实现直接驱动。然而，液压驱动需依赖额外的压力源及复杂的管路系统，这增加了系统的制造成本。此外，油液潜在的泄漏问题可能影响系统的稳定性和精度，需特别注意密封与维护。

气压执行机构通常依靠压缩空气或惰性气体的压缩能来提供动力，电动压缩机是其主要动力源，为气缸、气动马达及各类气动装置供给能量。该系统通过自动电磁阀实现控制，其显著优点包括响应速度快、系统架构简洁、维护便捷且成本相对较低。气压驱动的局限性是在实现伺服控制方面存在难度。

随着科技的日新月异，一系列新的执行机构方式如电磁、绳索牵引、混合动力等相继涌现。这些新颖的执行机构为机器人机构平台注入了新的发展活力，拓宽了机器人的种类与功能实现范围。

（4）传感器　传感器在运动控制子系统中的主要作用是实时监测机器人的运动状态，包括位置、速度、加速度、姿态等参数。例如，编码器测量电动机旋转的角度与速度，为运动控制器提供准确的位置与速度反馈；陀螺仪测量机器人的角速度与角位移，确保其姿态的稳定；加速度计可以捕捉机器人在各种运动模式下的加速度变化，为动态控制策略的制定提供必要的反馈信息。基于传感器的实时反馈，运动控制器能够灵活调整策略，确保机器人严格遵循预设路径 / 轨迹与速度，实现高效、稳定、精确的运动控制。

4. 环境感知与自定位子系统

环境感知与自定位是移动机器人中至关重要的两个组成部分，它们共同为机器人的导航、避障和任务执行提供基础数据支持。

（1）环境感知　环境感知子系统是移动机器人不可或缺的关键部分，它通过集成多种传感器，如激光雷达、摄像头、超声波传感器、红外成像仪（传感器）等，如图 1-4 所示，实时且准确地捕捉并分析机器人周围的三维环境信息，包括障碍物的精确位置、复杂地形的详细情况以及动态目标的运动轨迹。不同的传感器在环境感知中可以发挥不同的优势。激光雷达以其高精度和长距离探测能力，成为构建环境三维点云图的核心器件；摄像头则赋予机器人视觉感知能力，通过图像处理和计算机视觉技术，识别出障碍物、道路标识及行人等关键目标，尤其适用于复杂多变的室内外环境；超声波传感器以低成本和易集成的优势，在近距离感知和避障中发挥着重要作用；而红外成像仪则通过检测红外辐射，实现移动物体或人体的检测，进一步增强了机器人的环境感知能力。这些传感器收集的大量原始数据，经过数据滤波、特征提取和目标识别等处理步骤，转化为对机器人有用的信息。同时，为了提升感知的准确性和鲁棒性，还可采用多传感器信息融合技术，将不同传感器的信息进行综合分析和判断，为机器人提供更加全面、鲁棒和精准的环境感知与认知结果。

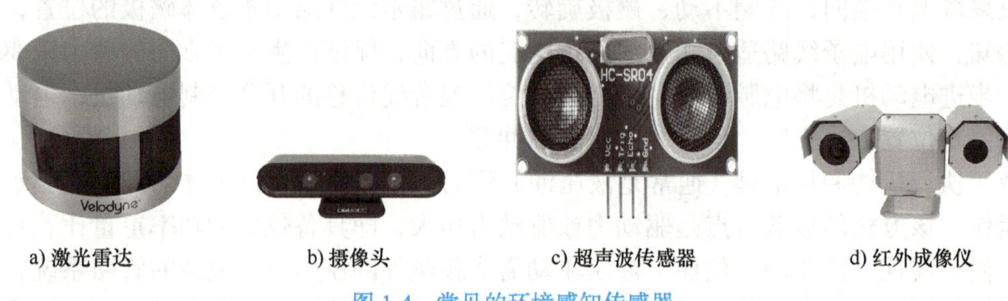

a) 激光雷达　　b) 摄像头　　c) 超声波传感器　　d) 红外成像仪

图 1-4　常见的环境感知传感器

（2）自定位　自定位子系统，作为移动机器人精准辨识自身在环境中位置与朝向的核心组件，可通过 GNSS（全球导航卫星系统）、INS（惯性导航系统）及 SLAM（同步定位与建图）等技术实现对机器人位姿的动态更新。在户外开阔场景下，GNSS 凭借其卫星信号覆盖广的优势，能够精准获取机器人的经纬度信息。当进入室内或复杂多变的环境，GNSS 信号易受干扰与遮蔽，导致定位性能大打折扣。INS 通过持续监测机器人的加速度与角速度变化，自主推算其位置与姿态，无须依赖外部信号。但是该方法存在累积误差的固有缺陷，长期运行后定位准确性会逐渐下降。SLAM 技术通过机器人配备的各类传感器在行进中同步进行地图构建和自主定位，展现出强大的适应性。通过巧妙整合多种定位技术与算法，移动机器人能够在复杂环境中实现高精度、高自主性的定位与导航，确保任务执行的精准与高效。图 1-5 为自定位常用技术。

a) GNSS接收器　　b) 惯性导航系统　　c) SLAM

图 1-5　自定位常用技术

5. 规划与决策子系统

移动机器人的规划与决策子系统扮演着至关重要的角色，其中规划子系统为机器人提供了从起点到终点的可行路径，而决策子系统则根据路径信息和机器人的运动约束生成具体的动作决策。这两者的紧密配合和协同工作使得机器人能够在复杂环境中实现自主行为。

（1）规划　移动机器人的导航规划可以分为全局路径规划和局部路径规划，如图 1-6 所示。全局路径规划是在机器人执行任务之前，基于已知的静态环境信息（如地图数据、障碍物位置等）进行的路径规划，旨在找到一条从起点到终点的最优路径，确保机器人在不碰撞任何障碍物的前提下，以最短时间、最短路径或最节能的方式完成任务。实现全局路径规划的方法多种多样，包括但不限于 Dijkstra（迪杰斯特拉）算法、A^* 算法等。这些算法通过构建搜索空间，评估不同路径的代价，从而找到最优解。全局路径规划通常假设环境是静态的，对于动态变化的环境，其规划结果可能需要进行实时调整。局部路径规划更加注重机器人运动过程中的实时性和灵活性。在机器人行驶过程中，环境往往是动态变化的，如其他移动物体的出现、道路条件的改变等。局部路径规划能够根据实时感知的环境信息，快速调整机器人的运动路径，以避开动态障碍物或应对其他突发情况。常见的局部路径规划方法包括动态窗口法（DWA）、人工势场法等。这些方法通过考虑机器人的运动学、动力学约束和实时环境信息，生成安全的局部路径，确保机器人在复杂环境中能够平稳、安全地行驶。

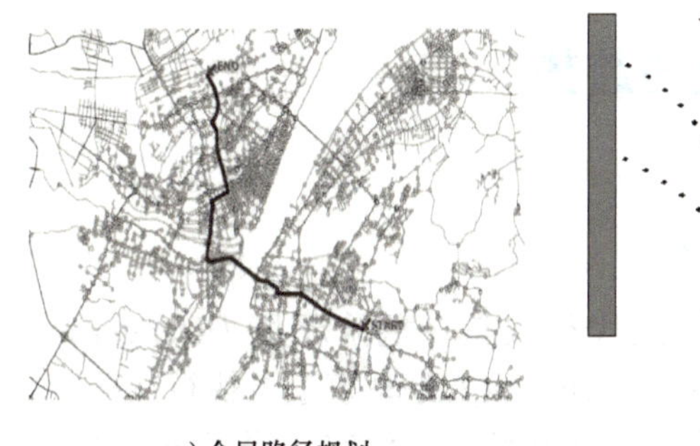
a) 全局路径规划

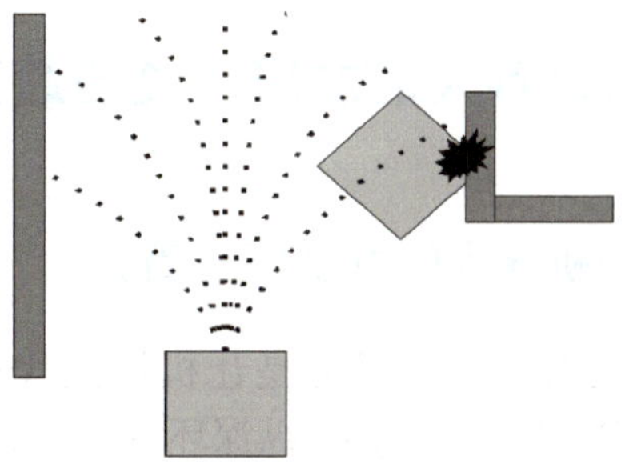
b) 局部路径规划

图 1-6　全局路径规划和局部路径规划

（2）决策　决策是移动机器人实现自主和智能控制的关键。它基于规划子系统提供的路径信息以及实时感知的环境数据，决定机器人在每个时间步长内应该如何行动。系统会综合考虑当前位置、目标位置、路径信息以及机器人的动力学和运动学约束，来决定机器人下一步的动作，如前进、后退、转向等。此外还需要考虑机器人的安全性和稳定性，在做出动作决策时，要评估不同动作可能带来的风险和后果，并选择风险最小、稳定性最高的动作来执行。

6. 人机交互子系统

人机交互子系统是移动机器人与用户之间沟通的桥梁，集成了多种输入与输出方式。该子系统通过语音输入、触摸屏、手势识别等多样化的输入设备，捕捉用户的指令与需求。利用自然语言处理和图形用户界面技术，系统能够智能地解析用户意图，并转化为机器人可执行的操作。同时，通过显示器呈现视觉信息、语音合成输出语音反馈，以及机器人自身的动作表现，系统向用户传达操作结果和状态变化，实现双向互动，如图 1-7 所示。

图 1-7 人机交互示例

在家庭、医疗、工业等多个领域，人机交互子系统均展现出其重要性。家庭服务机器人借助语音控制简化日常操作；医疗机器人通过触摸屏接收、显示病历信息，辅助医生诊疗；工业环境中，工人与机器人通过手势识别协同作业，提升生产效率。这些应用不仅提升了用户体验，还展现了人机交互子系统在推动机器人智能化发展进程中的关键作用。

总之，人机交互子系统以其高效的输入捕捉、智能的信息处理与反馈机制，为移动机器人与用户之间建立了无缝的沟通渠道，促进了机器人技术在更广泛领域的应用与发展。

1.2 移动机器人的发展历史与趋势

1.2.1 移动机器人的发展历史简介

人类发展机器人的目的是让机器人代替人类在危险环境（Dangerous）、枯燥环境（Dull）、恶劣环境（Dirty）、纵深环境（Deep，尤其是军事上）执行任务。

“危险环境”是指威胁人生命安全的任务环境，如深空、深海作业环境，军事上的作战场景等。机器人的优势在于：不怕伤亡，受到毁伤可更换零件或补充生产，重新投入使用，减少人的生命损失；无所畏惧，没有人的恐惧本能，便于保持强大的作业能力。

“枯燥环境”是指重复性 / 持久性的易疲劳的任务环境，如生产线上的重复作业、园区的安保巡逻等。机器人的优势在于：更长的耐力，可全天时高强度连续执行任务，无须休息；更高的可靠性，可长时间无故障运行，维修保障成本低；更强的专注力，不会在执行任务期间出小差。

“恶劣环境”是指影响人体健康的任务环境，主要涉及核、生物、化学、放射性等污染区域。机器人的优势在于：不怕有毒物质侵袭，可在核、生物、化学沾染区域畅行无阻；不怕放射性及热辐射，可在恶劣环境遂行任务。

“纵深环境”是指超出有人系统遂行任务的半径，同时也超出了人的生理极限的任务环境，如军事上的渗透式侦察、纵深打击等。机器人的优势在于：长航时和长航程，实现在更远的环境下遂行任务；在深空 / 海 / 地环境中的严寒、酷热、高压等极端条件下，仍能保持正常作业能力。

移动机器人发展历史上的部分重要事件如下。

1920 年，科幻小说中根据 Robota（捷克文，原意为劳役）和 Robotnik（波兰文，原意为工人），创造出“机器人”这个词。

1939 年，美国纽约世博会上展出了西屋电气公司制造的家用机器人 Elektro。

1942 年，美国科幻巨匠阿西莫夫提出“机器人三定律”。

1954 年，美国人乔治·德沃尔制造出世界上第一台可编程的机器人，并注册了专利。

1959 年，德沃尔与美国发明家约瑟夫·英格伯格联手制造出第一台工业机器人。

1960 年，美国研制成功了世界上第一台水下机器人“CURV1”。

1968 年，美国斯坦福研究所公布其研发成功的智能机器人 Shakey。

1969 年，日本早稻田大学加藤一郎实验室研发出第一台双足步行机器人 WAP-3。

1970 年，苏联发射成功世界上第一辆成功运行的遥控月球车。

1978 年，美国 Unimation 公司推出通用工业机器人 PUMA，这标志着工业机器人技术已经完全成熟。

1980 年，工业机器人真正在日本普及，故称该年为“机器人元年”。

1984 年，英格伯格推出机器人 Helpmate，这种机器人能在医院里为病人送饭、送药、送邮件。

1998 年，丹麦乐高公司推出机器人（Mind-storms）套件。

1999 年，日本索尼公司推出犬型机器人爱宝（AIBO）。

2000 年，达芬奇手术机器人系统获得 FDA（美国食品药品监督管理局）批准。

2002 年，美国 iRobot 公司推出了吸尘器机器人 Roomba。

2005 年，在 DARPA（美国国防部高级研究计划局）的资助下，Boston Dynamics（波士顿动力）公司研制了 Big Dog 四足仿生机器人。

2006 年 6 月，微软公司推出 Microsoft Robotics Studio。

2010 年，美国 Willow Garage 公司推出机器人操作系统（ROS）。ROS 及其开源社区的出现，极大地降低了机器人软件开发的门槛。

2018 年，美国波士顿动力公司的阿特拉斯机器人实现非常复杂的人类动作。

近年来人形机器人的研究与应用得到政府、工业界的高度关注。特斯拉 2023 年开始生产一款名为擎天柱（Optimus）的人形机器人，搭载特斯拉同款的自动驾驶软件系统和传感器。我国工信部、各省市陆续提出加快布局人形机器人前沿领域。兵装、兵工集团，小米等企业陆续推出新一代人形机器人。

在机器人技术的发展历史上，国防科技大学智能科学学院作为国内最早开展仿人机器人技术研究的团队之一，曾经取得了辉煌的成就，于1990年成功研制我国第一台完整的两足步行机器人，获得了1991年原国防科工委级科技进步一等奖；在国家863计划和自然科学基金的支持下，研制成功了我国第一台具有人类外形特征的仿人机器人“先行者”，被评为2000年中国高等院校十大科技进展。国防科技大学智能科学学院也研制了国内首台核生化侦察车、首台蛇形机器人、首台智能安保服务机器人等。

1.2.2 移动机器人的关键技术与发展趋势

移动机器人是一个典型的多学科交叉融合的研究对象，研发移动机器人涉及机械、控制、仪器、电子、计算机、软件、智能、材料等多学科领域的知识，涉及的关键技术众多，本节仅讨论与移动机器人密切相关的部分核心关键技术及其发展趋势。

1. 智能感知与自主控制

为了提高移动机器人的工作效率，研发完全自主的智能移动机器人系统是重要的发展方向。移动机器人在室内结构化环境下的导航、建图、自定位、路径规划等技术经过长期研究已经基本成熟，但要用于复杂大范围非结构化未知环境还需要持续开展大量深入研究，尤其要提高大范围长时间的自主能力，突破机器人的智能感知与自主控制技术，如引入事件相机、4D毫米波雷达、偏振光视觉等新型新概念传感器，基于视觉、激光雷达、毫米波雷达等多源信息，提取环境中的不同地形地貌、目标地标等语义信息，构建大范围、高动态复杂环境几何、栅格、代价、语义等多模态地图，实现空间信息感知与环境认知理解，并用于提升机器人的自主定位精度和导航规划的有效性。

（1）大范围高动态复杂环境场景语义分割与理解　针对恶劣天气传感器性能退化下的多模态融合感知难题，融合图像、点云等多模态输入信息，研究对纹理变化和几何变化鲁棒的语义分割，实现高精度目标检测，高效滤除动态物体，获得稳定的空间语义信息。

（2）大范围高动态复杂环境多模态地图构建　针对不同任务场景下地图需求不同、多模态地图表达困难的难题，研究基于深度学习的稀疏点云稠密化，基于稠密点云地图的栅格地图和代价地图构建方法，结合目标识别、语义分割和地形分类结果，构建复杂环境几何、栅格、代价、语义多模态地图，为机器人的导航避障与智能交互奠定基础。

（3）高动态复杂环境下的鲁棒高精度自主定位　基于离线构建的多模态地图和实时获得的环境空间感知信息，研究基于地点识别的快速全局自定位、跨模态跨视角条件下融合语义和空间特征的自定位、基于人类认知机理的语义信息闭环检测等，实现复杂光照、气候条件、卫星导航拒止等情况下机器人的精准自主定位。

（4）基于环境认知理解的自主运动规划与控制　研究结合语义地图的三维路径规划算法，结合时效性、能耗、稳定性等指标以及平台本身的越障性能，规划出安全且快捷的路径；根据感知获取的地形高程信息及环境语义特征信息，规划最优的机器人动作序列。

2. 新概念机构与平台设计技术

移动性能决定了机器人的作业实施能力，针对废墟环境、复杂战场环境，机器人要能够灵巧地穿梭于狭小空间之中，能够翻越障碍、穿越泥泞等，且不能对周围环境中的不稳定结构产生影响，以免发生坍塌威胁机器人自身安全等。因此在机构平台上，需要设计实现新概念机器人机构与平台，持续提升移动性能、作业能力，如深入开展仿生技术如仿生原理、仿生机构、仿生材料、智能变结构等研究，研制微小型仿生机器人，如机器蛇、机器昆虫等，提升全地形通过能力。

3. 多机器人分布式协同控制

复杂环境中可能需要各种同构 / 异构的机器人参与工作，如同时使用多机器人系统可以大幅提高环境探索的效率、可靠性和增强系统完成各种任务的能力。但是要真正发挥多机器人系统的效能并应用到实际环境，还有大量的研究工作需要开展，尤其是未知环境中的多自主移动机器人协调与协作问题，包括多机器人协同感知、多机器人任务分配、多机器人编队控制、群体智能涌现等，以大幅提高遂行复杂任务的效率、可靠性和增强系统完成各种任务的能力。

4. 智能人机交互与人机混合智能增强

目前移动机器人的操控普遍采用摇杆、键盘、鼠标、手柄等终端，根据机器人回传的图像、视频等信息实现对机器人的遥控，为充分发挥人类智能和机器智能各自的优势，需要研究探索引入新的人机交互手段，实现多通道多模态的人机交互，提高人机交互的智能化和自然化程度，充分发挥和结合人类智能在复杂场景中的认知、决策优势和机器智能在精准测量与控制上的优势，实现机器人自主控制与人类遥控操作之间的无缝融合、共享控制，以提高人机共融协同的水平。

5. 能源与动力技术

能源与动力是决定机器人长航时 / 长航程、机动能力和运动速度的关键技术，主要包括嵌入式涡轮（推进）发动机、高效小尺寸（推进）发动机、混合动力技术、燃料电池 / 锂聚合物电池、高效储能技术、太阳能电池 / 激光充电等。

未来，随着人工智能、机器学习和材料科学等领域的进一步突破并应用于移动机器人，尤其是人工智能的高速发展并赋能移动机器人，将显著提升移动机器人的智能自主程度和水平，移动机器人将在各个领域展示出更大的创新潜力和应用价值，为人类生产生活带来更多更好的服务。

本章小结

本章主要介绍了移动机器人的基本概念、分类，机构平台、电气子系统、运动控制子系统、环境感知与自定位子系统、规划与决策子系统、人机交互子系统等基本组成，并简要介绍了移动机器人的发展历史，分析介绍了移动机器人的关键技术及发展趋势。

第 2 章　移动机器人设计的一般流程

导读

移动机器人设计是一个复杂的过程，涉及机械、电子、传感、控制、计算机、智能等多个学科领域知识的综合运用。为了确保设计出的移动机器人既能满足功能需求，又能在实际环境中可靠运行，建议按照一系列有序的步骤进行研发。本章以编者指导学员参加2016 年国际地面无人系统创新挑战赛获得世界冠军时所设计的移动机器人为案例，介绍移动机器人设计的一般流程，包括需求分析、系统设计、硬件实现、软件开发、测试与调试以及最终的交付与部署等。

2.1　需求分析

需求分析是移动机器人设计过程中的关键步骤，它涉及对机器人将要执行的任务、技术性能指标要求、约束条件等需求的深入理解和定义。这一阶段的目标是确保设计团队能够准确把握系统设计的核心需求，从而设计出既能满足任务需求又符合技术性能指标要求的机器人系统。

国际地面无人系统创新挑战赛是由阿拉伯埃及共和国国防部主办、埃及军事技术大学承办的一项关于无人地面平台的国际性赛事。以 2016 年比赛为例，针对完成比赛任务的移动机器人系统开展需求分析。比赛时间为 20 分钟，地点为长 100m、宽 60m 的草坪，如图 2-1 所示，其中的①～⑥表示 6 个位于场地上的门和障碍地形，方块表示随机布置的红色立方体障碍，场边的 CS 区域表示帐篷，用于部署机器人的控制站，实现对机器人视距外的远程控制。

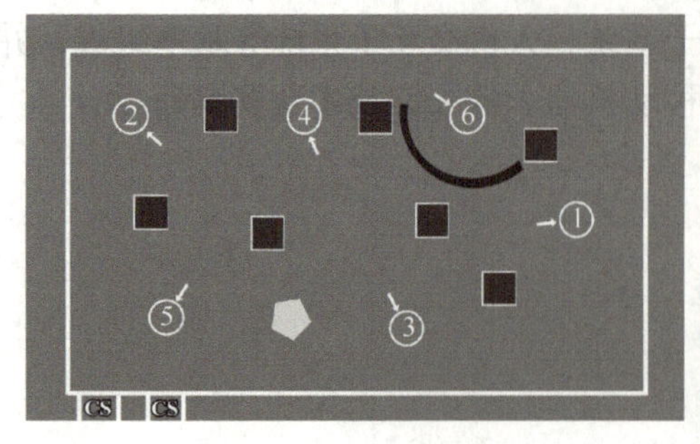

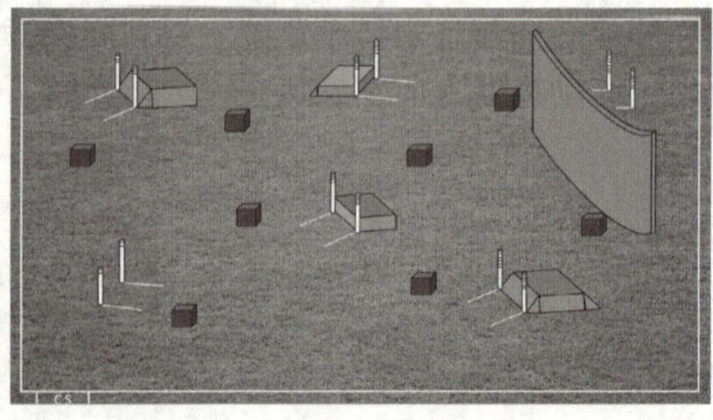

图 2-1　国际地面无人系统创新挑战赛比赛场地示意图

参赛队员在控制站内遥控机器人依次通过若干个在场地上的门和障碍地形，参赛机器人在 20 分钟内尽可能多地依次通过指定的门和地形，并且不触碰场上随机布置的红色立方体障碍。比赛行驶的总距离不会超过 800m。比赛中需要穿越的地形主要有三类：15° ～ 45° 的斜坡、高度不超过 0.5m 的台阶和高度不超过 1m 的悬崖，如图 2-2 所示。

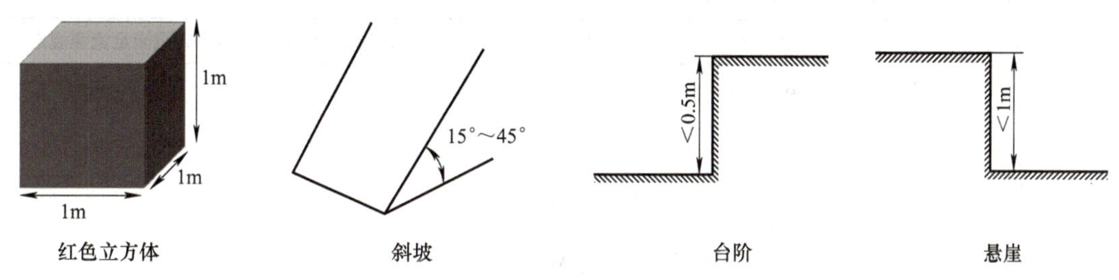

图 2-2　比赛场地中不同地形示意图

比赛中参赛队只能使用 2.4GHz 频率下的最多 3 个信道。比赛中在某个地形障碍处会设置有一堵高墙，墙高 5 ～ 6m，宽 10m，厚度为 5 ～ 10cm，材质为木墙，表面附有铝箔，会阻隔无线通信信号的传输，参赛队需研究解决方案以实现机器人能够穿越位于该高墙后的障碍地形，比如实现无须依赖遥控的自主穿越，或者通过通信中继等方式。允许在比赛前一天建立差分 GPS（全球定位系统）基站，机器人需要穿越的门的 GPS 坐标会在比赛前十五分钟告知参赛队，GPS 坐标精度为厘米级。

根据该比赛场景和任务，以及比赛规则，对机器人设计的需求分析见表 2-1。

表 2-1　2016 年国际地面无人系统创新挑战赛机器人设计需求分析

需求类别	内容
机器人外形尺寸需求	外形要求：机器人宽度不超过 2m，天线高度不超过 3m 安装位置：紧急停止按钮（E-stop）应安装在机体尾部中央，距离地面高度在 60 ～ 120cm 之间
重量需求	机器人重量：不大于 70kg（含所有机载部件）
机器人的功能需求	具备无人遥控驾驶、适应室外复杂地形环境快速运动的要求 具备与遥控站通信的能力，执行相应的遥控指令并向遥控站回传机器人状态信息 在通信中断的情况下，具备一定（相对平坦）区域内的自主行驶能力 具备启动自动故障检测能力 具备在 2 个门之间相对平缓地形上的快速自主运动能力 爬坡能力：能上最大 45° 的斜坡 上台阶：最大 0.5m 下台阶：落差最大 1m
机器人的速度需求	最大行驶速度：>1.2m/s
遥控站的功能需求	接收机器人各种传感器信息 显示机器人信息及状态 操作员根据场地环境及机器人状态进行操纵决策 向机器人发送相应的控制命令 自动记录所需信息以供回放和调试
供电需求	采用锂电池供电。驱动电动机由 DC 48V 电池供电，并具备紧急断电功能；上层控制和感知设备由 DC 24V 电池供电。供电能力应满足赛前准备和 20 分钟比赛运行的要求 机器人锂电池拟采用太阳能充电装置，以获得使用再生能源的加分 遥控站电源采用 220V、50Hz 交流电，由比赛方提供（功率待定）

（续）

系统启动时间需求	系统启动时间：机器人系统及遥控站上电启动自检完成时间≤3min；机器人故障情况下，系统重启准备时间≤1min
使用环境条件	工作温度：15 ～ 50℃
通信需求	信道：使用 2.4GHz 下的最多 3 个信道；使用定向天线。天线架设高度和距离需满足竞赛规定
维修性需求	具有良好的互换性 具有完善的防插错措施和识别标记 应能简便、准确和迅速进行检测、诊断 保证维修安全，符合维修的人因工程要求 减少维修内容，降低维修技能要求 零件、调整件等应有良好的可测试性

2.2 系统设计

在需求分析的基础上，系统设计阶段将考虑机器人的整体架构，定义各个子系统的功能。所设计的机器人系统由机械结构子系统、感知子系统、控制子系统和通信子系统组成，如图 2-3 所示。

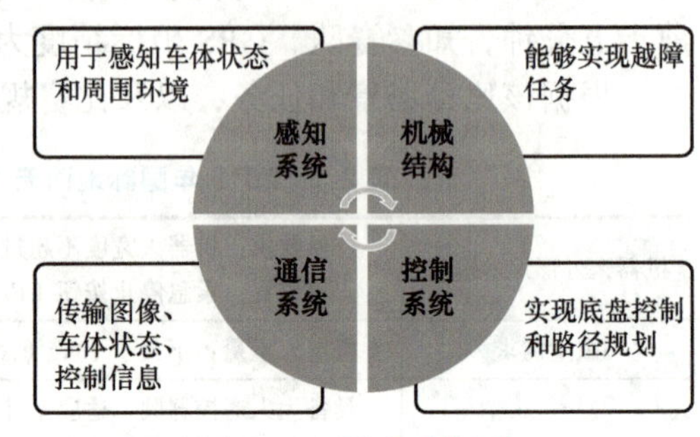

图 2-3 机器人系统框架

机械结构类似于人体躯体，是机器人直接面向工作对象和环境的机械装置和平台。首先根据机器人要完成的任务以及所运行的环境，确定运动机构主要的性能指标要求以及相关的设计参数，然后初步确定系统的工作原理以及机构的类型，绘制其运动原理图或者机构运动简图，接着对所设计的机械结构进行建模分析，包括运动学和动力学分析，计算该机构的相关运动参数以及相关动力参数，最后根据计算出来的参数确定机器人所需要的动力源以及相关的传动参数。接下来进行具体的设计，包括 3D 建模，完成结构设计和材料的选择，然后进行具体的特性分析，包括应力、强度、刚度、抗磨性、耐热性、振动稳定性、惯性参数等，这些参数要根据机器人的实际需求进行分析，如机器人需要持续在高温条件下作业，这就需要对其进行耐热性分析。然后绘制出总装配图、部件装配图以及零件图等工程图样，并对图样进行审核，最后加工所设计的零部件，根据设计图进行安装，对整个机械结构开展调试以及相应的迭代改进。以 2016 年国际地面无人系统创新挑战赛为例，设计的升降式六轮机器人结构方案如图 2-4a、b 所示，包括四个驱动轮、两个攀爬轮和升降机构以及电气箱，当机器人在较为平坦的地形上移动时，使用四个驱动轮运动；当机器人爬坡时，增加使用两个减速比较大的攀爬轮；当机器人需要过台阶或者是悬崖地形时，使用升降机构辅助机器人通行，如图 2-4c、d 所示。

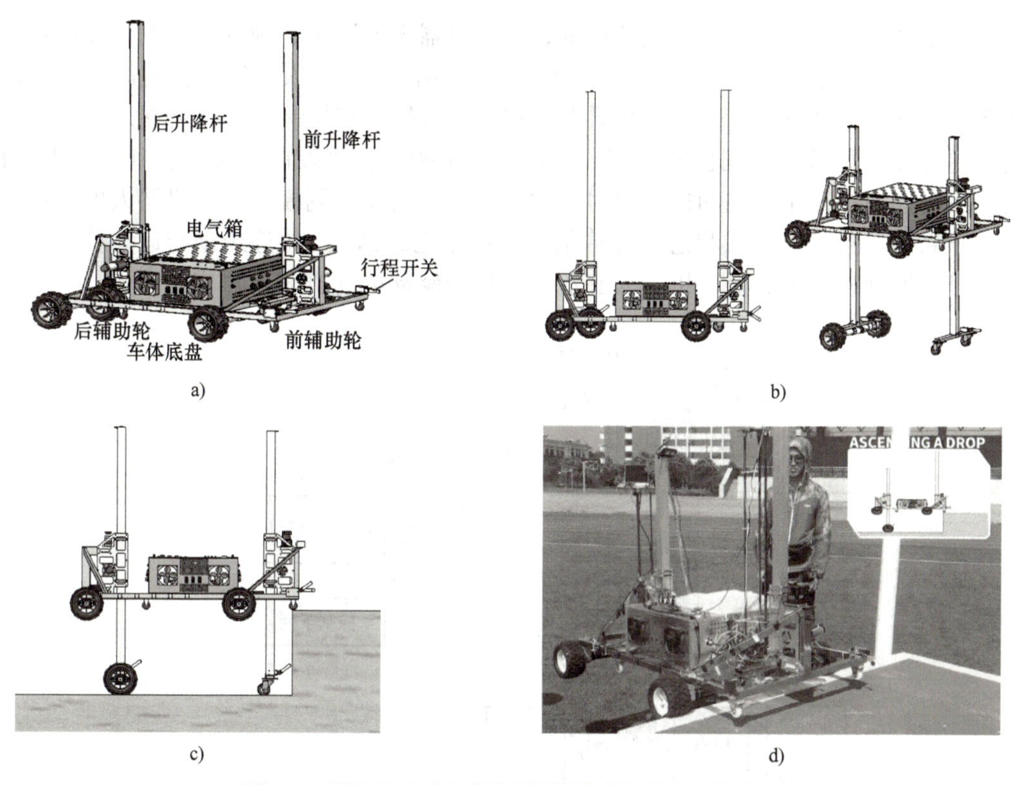

图 2-4　国际地面无人系统创新挑战赛机器人机械结构

感知子系统类似于人体的感官系统，主要完成相机、激光雷达、里程计等传感器信息的采集与处理，获得机器人自身的位置、姿态等状态信息和周围环境信息，一般具体包括内部传感系统（包括组合导航、里程计等）和外部传感系统（包括激光雷达、双目相机、单目相机等）。以 2016 年国际地面无人系统创新挑战赛为例，设计的机器人感知子系统方案及信息传输链路如图 2-5 所示。

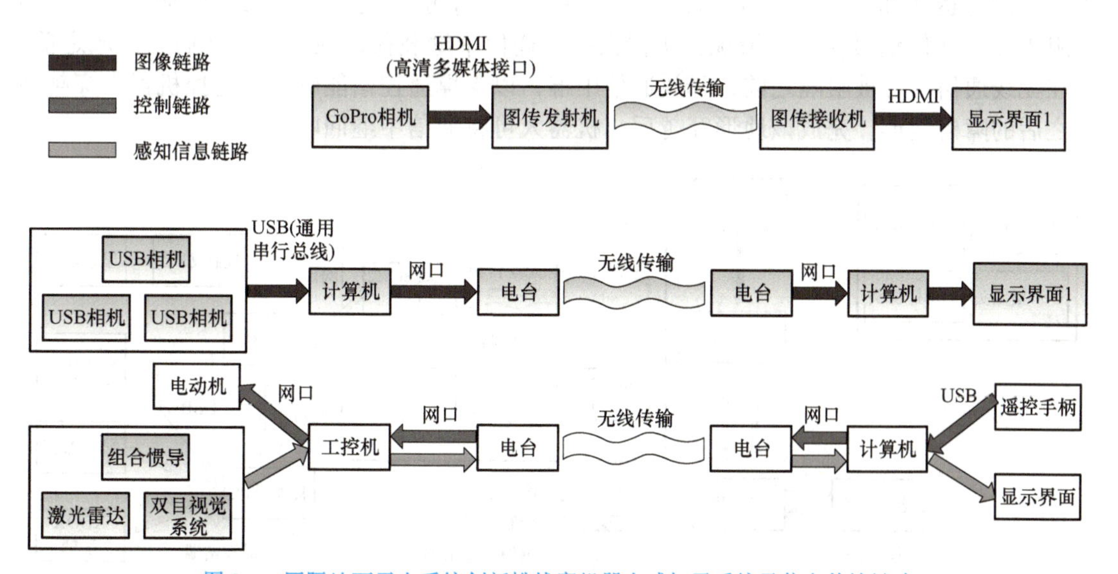

图 2-5　国际地面无人系统创新挑战赛机器人感知子系统及信息传输链路

控制子系统类似于人体的大脑和小脑，实现机器人的决策、规划与控制，输出控制命令驱动机器人运动、执行相应的任务。以 2016 年国际地面无人系统创新挑战赛为例，控制子系统设计方案如图 2-6 所示，在遥控模式下，遥控端将控制手柄等终端产生的控制信号通过遥控端计算机发送到机器人端的工控机，工控机再将控制信号下发到机器人底盘，机器人底盘控制执行驱动电动机完成对应的动作；在自主控制模式下，机器人的工控机根据感知子系统获得的机器人状态和环境信息，自主完成路径 / 轨迹规划与运动控制，生成控制信号下发到机器人底盘，机器人底盘控制执行驱动电动机完成对应的动作。

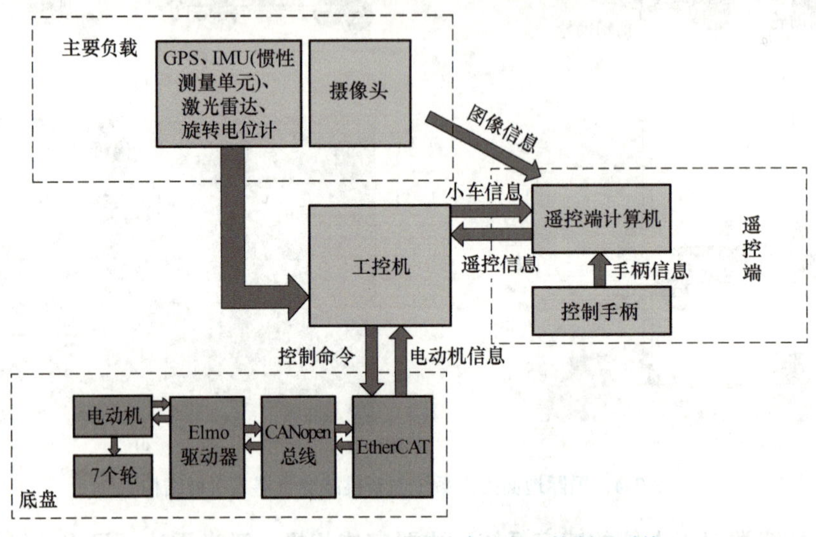

图 2-6　国际地面无人系统挑战赛机器人控制子系统

通信子系统的主要作用是实现遥控站和机器人之间的交互信息的传输，包括遥控站的遥控指令发送至机器人、机器人状态信息回传至遥控站等。以 2016 年国际地面无人系统创新挑战赛为例，通信子系统设计方案如图 2-7 所示，采用 Rocket M2 大功率覆盖基站，覆盖范围可达 200m，可实现点对点、点对多通信，能够满足比赛需求。针对场地中的高墙阻隔无线通信信号传输的情况，机器人携带通信中继载荷，在进入高墙后方区域之前，即在无线通信信号被阻隔之前，释放通信中继，以支撑遥控站能够持续遥控机器人穿越高墙之后的障碍地形，完成该地形穿越后，机器人可将通信中继回收。

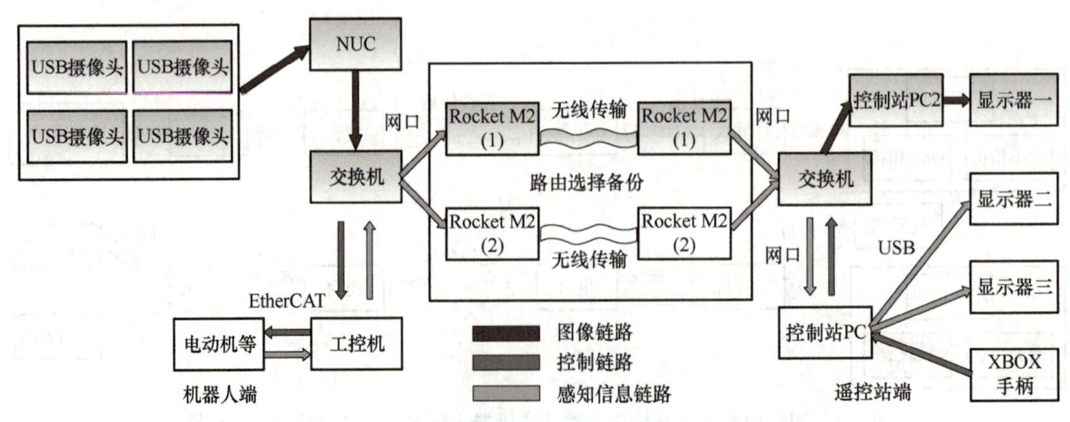

图 2-7　国际地面无人系统创新挑战赛机器人通信子系统

2.3　硬件实现

硬件实现阶段将把系统设计中的各个部分转化为实际的物理部件。根据前面所介绍的需求分析结果，设计并加工或者选择能够满足任务需求的零部件，装配机器人硬件，主要包括轮系部件、底盘、电气系统（含控制、驱动系统，电源系统等）、各种传感器等。以 2016 年国际地面无人系统创新挑战赛为例，介绍机器人的硬件实现。

轮系部件包括驱动轮、辅助轮和攀爬轮，如图 2-8 所示。驱动轮采用功率 250W、减速比为 26 :1的普通扭矩电动机，主要用于较为平坦的地形；辅助轮采用简单的万向轮，通过台阶时起从动辅助作用；攀爬轮采用功率为 250W、减速比为 113 : 1 的大扭矩电动机，以提供更大的力矩输出，用于驱动机器人攀爬斜坡地形。功率、减速比的确定需要在对机器人进行运动受力分析的基础上，查阅电动机的选型手册完成。

a) 驱动轮

b) 辅助轮

c) 攀爬轮

图 2-8　国际地面无人系统创新挑战赛机器人轮系部件实物图

电气系统通过电源管理模块对各个模块供电进行管理，其实物图如图 2-9 所示，其中对电动机输出 48V 供电，对控制器输出 24V 供电，对机器人电台、激光雷达输出 12V 供电，对 IMU 等其他传感器输出 5V 供电。控制系统基于工业控制计算机、基于以太网的现场总线 EtherCAT、电动机驱动器 Elmo 等组成，工业控制计算机处理传感器信息，实现机器人的自定位和环境感知，进而根据遥控站发来的控制命令，或者根据自定位和环境感知结果自主实现机器人的运动规划与控制，生成机器人底层的控制指令如各个轮系的运动速度等，通过现场总线 EtherCAT（以太网控制自动化技术）发送至电动机驱动器 Elmo，驱动机器人完成各种任务行为或者动作。

图 2-9　国际地面无人系统创新挑战赛机器人电气系统实物图

电源系统是机器人所有动力的源泉，主要包括两个部分（图 2-10），一是采用不同输出电压的锂电池给机器人的各个功能模块供电，二是使用太阳能板通过 MPPT（最大功率点跟踪）太阳能控制器为锂电池充电，其充电平均功率为 45W/h，最大充电功率为 70W/h，能够辅助保障机器人户外作业时的电源供应。

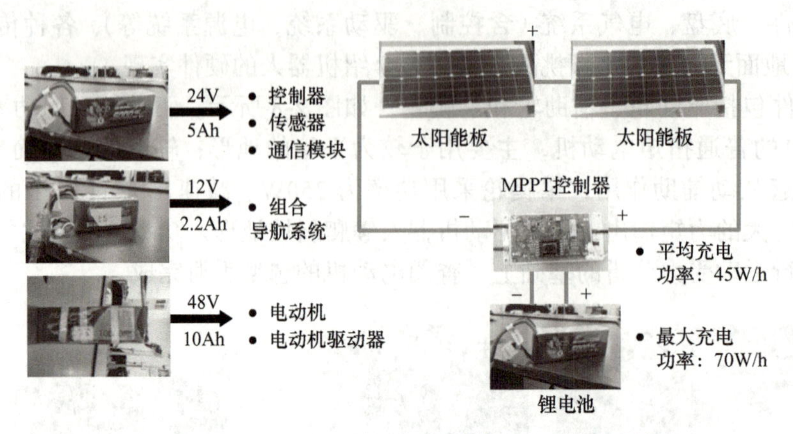

图 2-10　国际地面无人系统创新挑战赛机器人电源系统图

在传感器的搭载上，选择卫星导航和惯性导航单元组成的组合导航系统来实现机器人在户外环境的自定位；选择二维激光雷达、双目立体视觉相结合实现机器人对周围障碍物的有效识别；选择 GoPro 相机和 USB 摄像机获得机器人自身状态和周围环境的图像、视频信息并回传给遥控站，用于帮助操作人员监视机器人状态并实现对机器人的视距外遥控。传感器具体选择如图 2-11 所示。

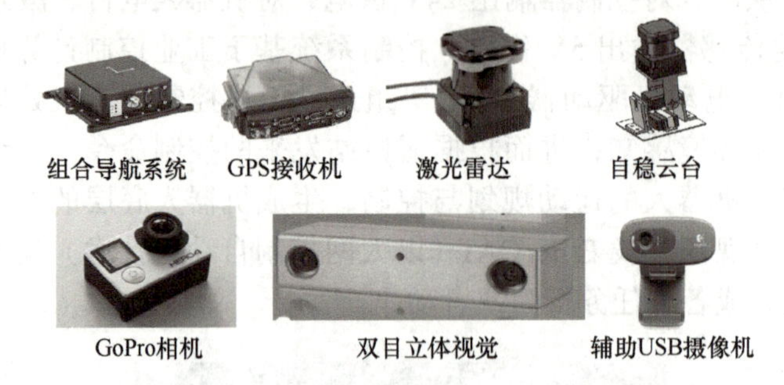

图 2-11　国际地面无人系统创新挑战赛机器人选用的各种传感器

遥控站位于场地外的帐篷内，比赛过程中操作人员通过该遥控站遥控机器人工作，其主要功能是为操作人员提供机器人位姿信息和机器人周围环境信息，操作人员据此做出操作决策，遥控机器人按照一定的速度、方向和路径行进。因此遥控站是信息的综合显示端和机器人行驶的控制站。

2.4　软件开发

软件开发是移动机器人设计过程中不可或缺的一环，包括开发机器人的感知算法、规划与控制算法、通信与人机交互接口等。以 2016 年国际地面无人系统创新挑战赛为例，基于 ROS（机器人操作系统）实现机器人软件的模块化设计。

感知算法：开发相机、激光雷达等多传感器数据处理软件，进行数据融合，实现机器人的自定位和环境建模。

规划与控制算法：开发路径规划算法，得到机器人能够导航到目标位置的路径；开发避障算法，确保机器人在移动过程中能够避开障碍物；优化控制算法，确保机器人在复杂环境中的稳定性和可靠性。

通信与人机交互接口：开发机器人与遥控站的通信协议，设计实现人机交互界面，实现远程遥控和状态监视；设计实现机器人与其他设备或系统的通信接口，支持多机器人协同等。人机交互界面如图 2-12 所示。

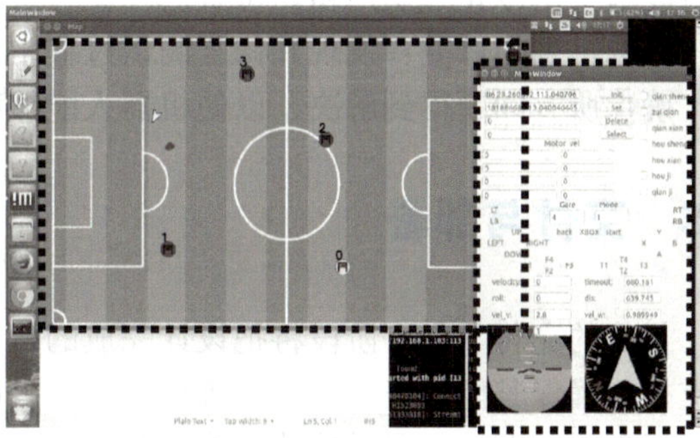

图 2-12　国际地面无人系统创新挑战赛机器人的人机交互界面

2.5　测试与调试

测试与调试阶段是确保机器人在实际环境中可靠运行的关键步骤，包括进行功能和性能测试、系统集成测试和安全测试，发现并修复测试过程中出现的问题。通过全面的测试与调试，验证机器人的各项功能和性能，确保其符合设计要求。

功能和性能测试：测试机器人的基本功能，如导航、避障和抓取；测试机器人的导航精度、负载能力、续航时间等，确保机器人能够完成特定任务。

系统集成测试：进行系统级集成测试，验证各个模块之间的协同工作和整体性能，确保机器人在复杂环境中的稳定性和可靠性。

以 2016 年国际地面无人系统创新挑战赛为例，自主研制的机器人功能和性能测试结果见表 2-2。

表 2-2　国际地面无人系统创新挑战赛机器人功能和性能测试结果

指标	测试结果
重量	60kg
最大运动速度	2.8m/s
功能	可攀爬 45° 斜坡 可上 0.5m 台阶障碍 可下 1m 悬崖障碍 具备在平坦地形的自主控制能力

（续）

指标	测试结果
转弯半径	2m
定位精度	厘米级
障碍检测距离	10m
通信带宽	20Mbit/s
最大通信距离	200m

安全测试：进行安全性测试，确保机器人在各种操作条件下的安全性，以及在出现故障时能够安全停止或返回初始位置。

问题排查与修复：发现并修复测试过程中出现的问题，对软硬件进行必要的调整和优化，确保所有问题得到解决，以使机器人能够稳定运行。

2.6 交付与部署

最终的交付与部署阶段将把设计完成的机器人投入实际应用，并为用户提供培训和技术支持，确保其能够正确使用和维护机器人。同时提供完整的技术文档和维护指南，并进行现场部署和调试。通过持续的维护和支持，确保机器人能够长期稳定运行，并根据用户反馈进行必要的升级和改进。

文档交付：提供完整的技术文档，包括设计图样、电路图、软件代码和使用说明，并提供维护指南，帮助用户进行日常维护和故障排查。

现场部署：将机器人部署到实际使用场景和具体的任务中，进行现场测试和调试，确保机器人能够在实际环境中稳定运行，并完成预定任务。

维护和支持：提供持续的技术支持和维护服务，确保机器人长期稳定运行。根据用户反馈进行必要的升级和改进，提升机器人的性能和用户体验。

本章小结

本章结合编者指导学员参加2016年国际地面无人系统创新挑战赛所设计的移动机器人案例，介绍了移动机器人系统设计的一般流程。当然，具体的机器人设计过程根据不同的场景需求、不同的任务复杂程度肯定有较大不同，需要具体问题具体分析。

第 3 章 移动机器人的软硬件设计

导读

移动机器人软硬件设计包括了机器人的硬件系统构建和软件系统开发等主要部分。其中，硬件架构是机器人的骨架，可分为执行机构、驱动机构、传感系统等部分，而软件系统则聚焦于实现机器人的感知识别、自主决策、运动控制等，二者的有机结合构成了完整的移动机器人系统。

本章首先介绍机器人典型运动平台的设计，同时介绍机器人系统的硬件组成；随后从机器人操作系统的发展历史和应用出发，介绍目前主流的机器人操作系统（Robot Operating System，ROS），并给出 ROS 的基本使用方法；最后从自主开发的角度，介绍嵌入式软件架构设计和软件开发的主要内容。

本章知识点

- 运动平台设计与硬件组成
- 机器人操作系统与应用
- 嵌入式软件架构设计与开发

3.1 机器人典型运动平台设计

运动平台很大程度上决定着移动机器人的运动性能，本节主要介绍典型的机器人运动平台设计，包括轮式运动平台、足式运动平台、履带式运动平台等。由于不同的运动平台各有其优点和不足，因此还出现了各种复合式的运动平台，如轮腿复合式运动平台、轮足复合式运动平台等。

3.1.1 轮式运动平台设计

轮式运动平台是移动机器人设计中最常见的构型，轮式构型相较于腿式和履带式的构型而言，运动速度更快，消耗的能量更少；从控制算法设计的角度出发，轮式平台的结构简单，驱动数量少，相对容易控制。但是，轮式平台也存在着一定的缺陷，就是无法应对粗糙、崎岖的地形，在面对山地、丛林等特殊任务场景时，通过效率不高。在轮式运动平台中，最常见的结构构型就是差动运动轮式行走机构，如图 3-1 所示。

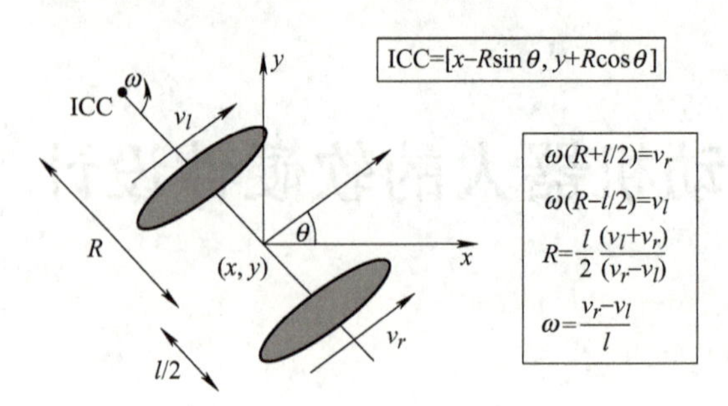

图 3-1　差动运动轮式行走机构

差动运动轮系由两个轴线平行的驱动轮以及一个或多个从动轮组成。差动轮系的控制原理是通过控制两个驱动轮达到不同的速度，使得左右两侧轮系存在速度差，进而实现差动运动。具体而言，当两驱动轮具有相同的速度时，机器人进行直线运动。当一个驱动轮的速度为零，另一个驱动轮速度不为零时，机器人就会绕前一驱动轮与地面的接触点做旋转运动，完成转向。当两驱动轮速度出现其他情况时，机器人的运动将会是以上两种运动的合成。差动运动的方式非常普遍，它的各种衍生形式包括中心可转向轮、阿克曼结构等，如图 3-2 所示。

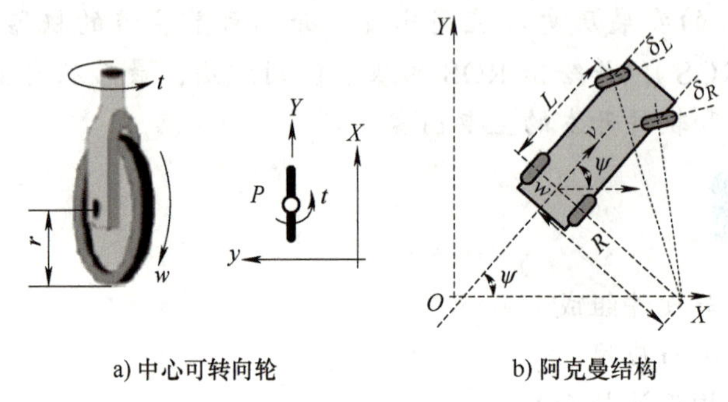

a) 中心可转向轮　　b) 阿克曼结构

图 3-2　差动运动的衍生形式

除了差动运动轮系，当前在轮式运动机构上还有许多种类能够实现机器人在地面上的快速移动，乃至全向运动。其中，最为人所熟知的是全向轮和麦克纳姆轮（又称“瑞典轮”）的新轮式结构设计，如图 3-3、图 3-4 所示。

图 3-3　全向轮运动平台　　图 3-4　麦克纳姆轮全向运动平台

全向轮和麦克纳姆轮实现轮式平台的全向运动的原理大致相同，概括而言是在轮毂的外侧添加滚子，从而实现运动速度的分解。两者的主要区别在于麦克纳姆轮是基于斜滚子进行运动分解（一般而言，滚子的轴线与轮毂轴线呈 45° 夹角），将垂直于滚子中轴线的前进速度分解为机体的前向速度和侧向速度，通过多轮的速度合成实现平台的前向、横向和原地转向等运动；而全向轮（滚子轴线与轮毂轴线呈 90° 夹角）是通过轮毂的主动运动直接实现滚子的横向运动，因此能够合成所有方向的运动，这也解释了为什么全向轮运动平台一般可设计为三轮结构，而麦克纳姆轮多为四轮结构。这里以四驱麦克纳姆轮全向运动平台为例，给出其理论运动模型：

$$\begin{pmatrix}\dot{\varphi}_1\\\dot{\varphi}_2\\\dot{\varphi}_3\\\dot{\varphi}_4\end{pmatrix}=\frac{1}{r}\begin{pmatrix}1 & -1 & l(\cos\beta+\sin\beta)\\-1 & -1 & l(\cos\beta-\sin\beta)\\-1 & 1 & l(\cos\beta+\sin\beta)\\1 & 1 & l(\cos\beta-\sin\beta)\end{pmatrix}\begin{pmatrix}\cos\theta & \sin\theta & 0\\-\sin\theta & \cos\theta & 0\\0 & 0 & 1\end{pmatrix}\begin{pmatrix}\dot{x}\\\dot{y}\\\dot{\theta}\end{pmatrix}\tag{3-1}$$

式中，β 为轮子平面相对底盘的角度；l 为底盘中心到轮子中心的距离；r 为轮子半径。

理论上，单个球形轮即可实现全向运动，球形轮的轮体为球形，可通过控制分布在轮体周围的摩擦轮，实现球形轮的驱动，但是由于球形轮的结构复杂，控制算法尚未成熟，当前并未形成广泛应用，其基本结构与实物示意图如图 3-5 所示。

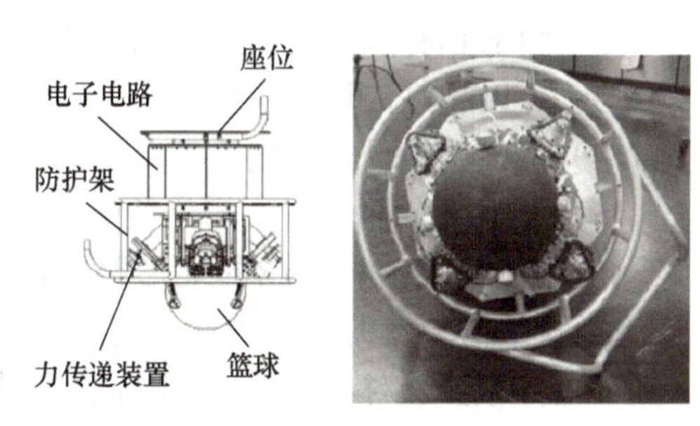

图 3-5　球形轮基本结构与实物示意图

典型的轮式行走机构主要分为四类，即两轮、三轮、四轮及六轮，其具体的底盘结构如图 3-6 所示。

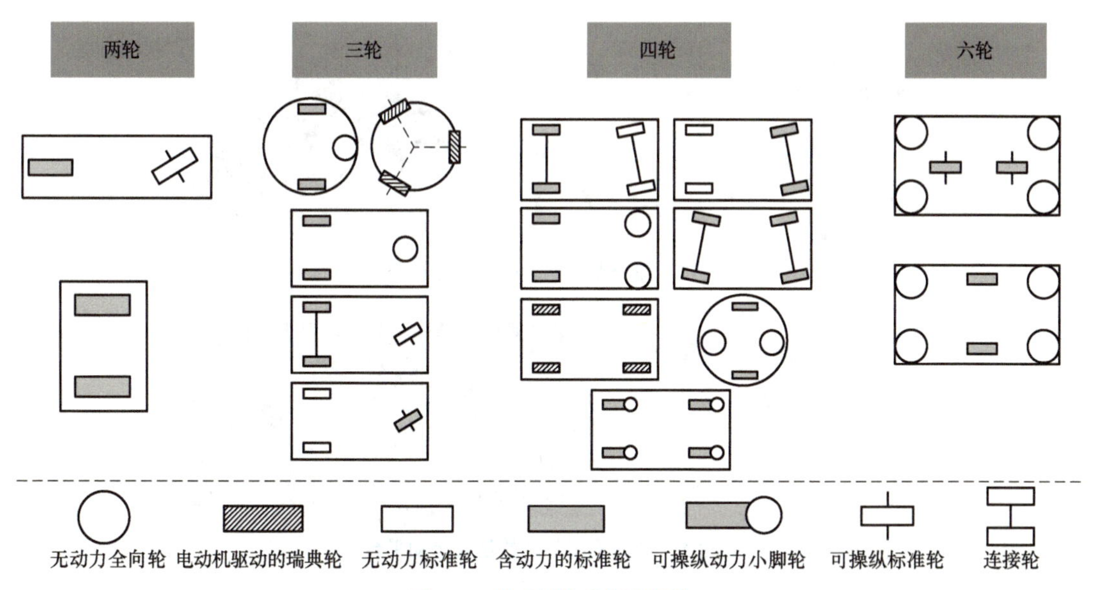

图 3-6　典型的轮式行走机构

总体而言，当前移动机器人的轮式结构设计可分为差动轮系设计、全向轮系设计两个大类，其中差动轮系设计基本能够满足大部分平坦地面的运动需求，而全向轮系的出现弥补了差动轮系在快速运动时敏捷性不足、灵活性不高的缺陷。

3.1.2 足式运动平台设计

足式机器人作为一类移动机器人，由于其仿生学的外形和卓越的运动潜能，具备复杂非结构化地形的强适应能力，自出现以来始终是机器人研究领域的热点。足式运动平台按照可驱动腿部的数量，可分为双足、四足、六足以及多足机器人。其中，双足机器人多以仿人或仿鸵鸟形态出现，旨在实现高效、稳定的双足运动，期望其能够取代人类去执行危险环境下的任务，六足和多足机器人也多以仿生形态存在，例如仿蜘蛛、蚂蚁、蜈蚣等节肢类生物，但其体型一般限制在较小范围内，主要面向环境侦察和探索等任务。足式结构决定了其相较于普通的轮式机器人具备更强的越障能力，能够适应更复杂的地形。在面向复杂环境的探索侦察任务时，足式运动平台具有如下优势：

1）使用离散的落足区域，不需要改造地表，对自然地形的破坏更小。

2）腿部具有多个自由度，可以保持本体姿态和高度的稳定性。

3）可以越过沟坎、爬楼梯、通过（越过）障碍。

4）足式运动是全向的。

5）可使用多种步态，部分关节失能后，可调整步态继续运动。

但是，足式结构优越的地形跨越能力也带来了运动控制算法设计的复杂性，除此之外，足式结构天然的仿生特性，也导致了机械机构设计上的复杂性。

目前，足式结构的设计趋于完善，从能量驱动的角度出发可分为电力驱动和液压驱动两大类，电力驱动的优势在于平台体积小、重量轻、灵活程度高，而液压驱动的优势在于载重能力出众、足端控制精度高，典型案例如图 3-7、图 3-8 所示。

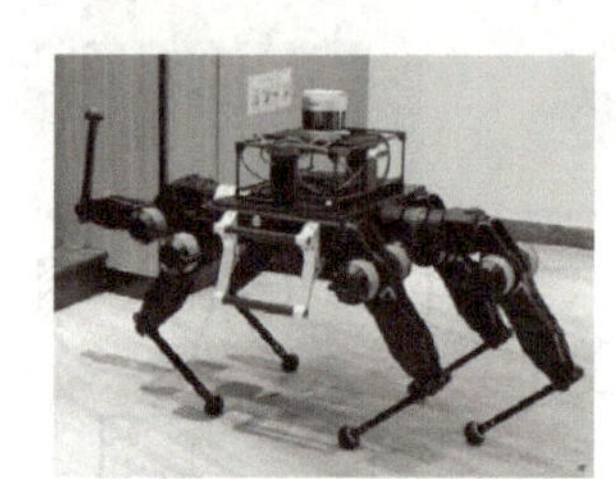

图 3-7 部分电力驱动的足式运动平台

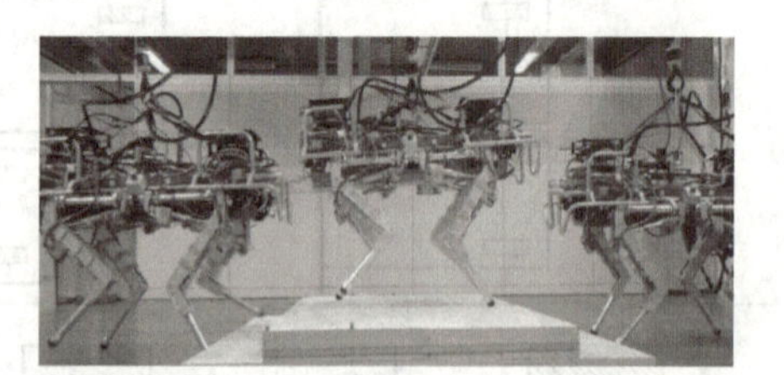

图 3-8 部分液压驱动的足式运动平台

电力驱动方式的兼容性好，应用范围更广泛，近几年来受到了众多科研机构的青睐。因此，下面主要针对电力驱动的足式运动平台，介绍其腿部的主要结构设计。按照机构驱动的方式划分，足式运动平台的腿部结构可分为并联式驱动设计和串联式驱动设计两种，其结构如图 3-9 所示。

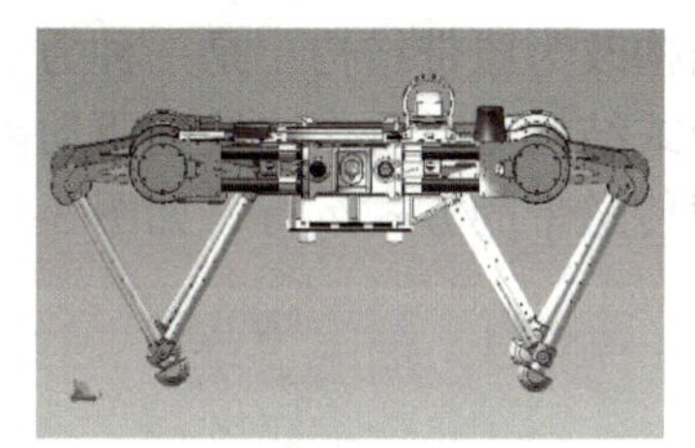

a) 并联式腿部结构

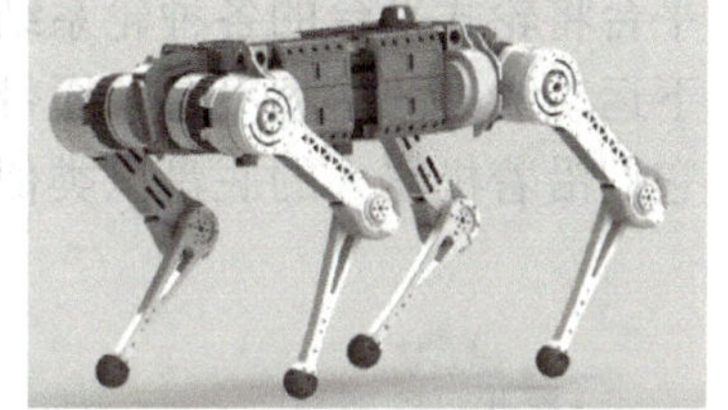

b) 串联式腿部结构

图 3-9　足式机器人腿部设计的主要结构

并联驱动的腿部结构的连接点在机器人本体和足端上，至少存在着两个独立的运动链，也就是由两个或两个以上自由度形成一个封闭形式的结构链，其主要优势是不易有动态误差，驱动精度较高，同时运动惯性小，输出轴主要承受轴向应力，结构刚性和稳定性高，但缺陷在于并联式结构的运动学正向求解比较困难。

串联驱动的腿部结构是将驱动杆件按照基本机构进行顺序连接，每一个前置机构的输出运动是后置机构的输入，而连接点在前置机构中做简单运动的杆件上，并没有形成一个封闭的结构链。相较于并联式结构而言，串联式结构的优点主要是工作空间大，运动分析简单，并且能够有效地避免驱动轴之间的耦合效应，在实现快速摆腿的动作时具有更快的响应速度，因此也成为目前主流的设计方向。

就目前而言，足式运动平台的研究主要集中在电力驱动的串联式结构设计上，致力于实现运动空间大、运动速度快、地形适应能力强的四足或双足机器人系统。

3.1.3　履带式运动平台设计

随着机器人技术的发展，足式运动平台能够满足某些特殊的性能要求，但是由于其结构自由度太多，控制比较复杂，因此受到一定的限制。综合比较，履带式运动平台能够很好地适应地面的变化及各种非结构化环境，其具有以下特点：

1）支撑面积大，接地比压小，适合于松软或泥泞场地作业，下陷度小，滚动阻力小，越野机动性能好。

2）转向半径极小，可以实现原地转向。

3）履带支撑面上有履齿，不易打滑，牵引附着性能好，有利于发挥较大的牵引力。

4）具有良好的自复位和越障能力，带有履带摆臂的机器人还可以像足式平台一样实现行走。

典型的履带式运动平台如图 3-10 所示。

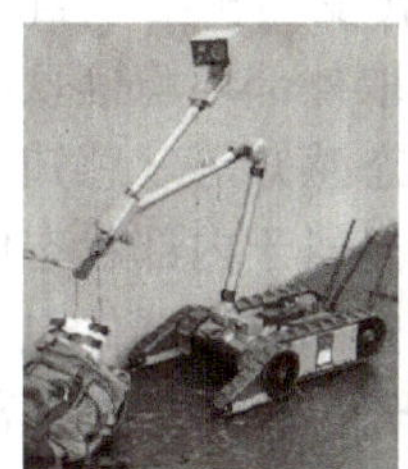

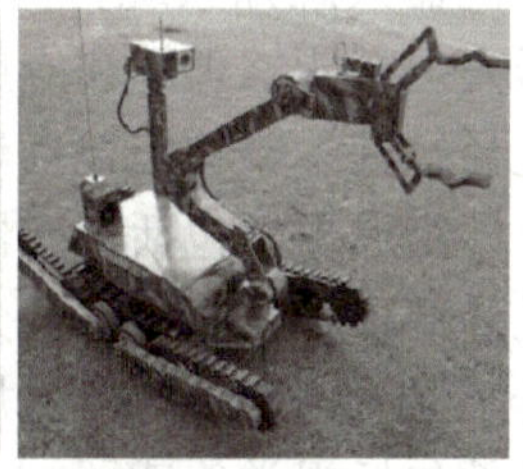

图 3-10　典型的履带式运动平台

注：从左到右依次为 Packbot525、NuBot PUMBAA、灵蜥 -B、灵蜥 HW。

履带式运动平台将轮式平台的各种轮系结构改为履带结构，是一种为了提高机器人在复杂、崎岖地形下运动能力的运动平台。履带式结构可以看作连接到驱动齿轮、轮子或链轮的一组连杆，它们沿着机器人的底盘以类似传送带的方式运行，如图 3-11 所示。

图 3-11　履带式运动平台结构示意与实物展示

履带式运动平台的优点在于可以提供更大的牵引力、更大的加速度，具有更强的平衡能力和越障能力。而其缺陷则集中在履带结构本身，主要是运动时履带易脱落，甚至撕裂；履带和驱动机构之间的间隙可能被石子等外物卡住；发生损坏时，修理相对更难；履带式平台的运动速度普遍比轮式平台更低。

履带式平台的设计可通过三个方面进行确定，一是履带材质，二是驱动方式，三是悬架结构。从履带材质出发，可以分为橡胶材质和金属材质，其中橡胶材质的优点是整体重量小、对地面破坏小、噪声低和缓冲性好，但缺点是不耐腐蚀而且不够坚固，容易磨损划伤；而金属履带具有坚固耐用、稳定性强、使用寿命长等特点，但缺点是成本较高而且自重过大，抗振能力差。当前履带式平台的驱动方式主要采用电动机和减速器驱动方式，该方法具有传动准确可靠、操作简单、负载变化对传动比影响小的特点，但缺点是布局固定、尺寸难以缩减。悬架设计方面，既可采用弹性悬架，也可选择刚性悬架，其中弹性悬架的优势在于牵引力大，具有振动吸收的能力，但缺点是结构复杂，需要大量的优化与测试。

3.2　机器人主要硬件系统组成

3.2.1　感知系统

机器人感知系统将机器人各种内部状态信息和外部环境信息，转变为机器人自身或机器人之间能够理解和应用的数据或信息。感知系统是移动机器人获取外部环境信息的重要途径，其主要功能包括环境感知、目标识别、障碍物检测和自身状态感知等。感知系统的硬件组成主要包括传感器及信息处理单元，而根据传感器感知的信息属于内部状态信息还是外部环境信息可将其分为内部感知器件和外部感知器件。常见的内部感知器件包括位置传感器、速度传感器、加速度传感器、编码器、陀螺仪和力矩传感器等；常见的外部感知器件包括视觉传感器、听觉传感器、嗅觉传感器、味觉传感器、触觉传感器、接近觉传感器等。部分传感器如图 3-12 所示。根据不同的传感信息处理要求选择合理的信息处理单元，通常视听觉等外部传感器对算力要求较高；值得注意的是，单一传感器所提供的信息有限，通常需要在信息处理单元中进行多传感器信息融合。机器人感知系统是机器人实现自动化和智能化的关键组成部分，它为机器人提供了自我感知和自我调整的能力，是实现复杂任务和精细操作的基础。随着技术的发展，机器人感知系统正变得越来越复杂和精细，不仅能够提高机器人的性能，还能够扩展其应用范围，使机器人能够在更加复杂和动态的环境中工作。

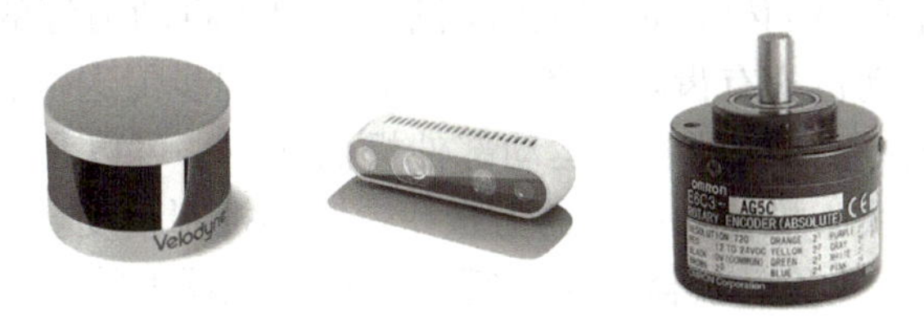

图 3-12　部分传感器——三维激光雷达、视觉传感器、编码器

3.2.2　控制系统

机器人的控制系统是指通过执行机构实现期望的行为或者动作的系统，包括传感器、控制器、执行机构、电源等硬件。传感器用于监测机器人和其周围环境的状态，基于传感数据信息，制定机器人的动作序列和策略或者生成机器人各执行机构的运动控制指令。控制器能够将运动轨迹、机器人速度指令等转换为具体的电动机控制信号，驱动机器人执行精确的动作。执行机构包括机器人的臂部、腕部、手部以及可能的行走机构，它是机器人的物理支撑，能够根据控制器的指令执行动作，如各种电动机、液压单元等，负责实现机器人的运动和操作。电源为控制系统和机器人的其他部分提供必要的电力。机器人控制系统的设计和实现通常较复杂，需要跨学科的知识和技能，包括机械工程、电子工程、计算机、控制科学与工程、人工智能等领域的知识和技能。随着技术的发展，机器人控制系统正变得越来越智能化，能够执行越来越复杂的任务。

3.2.3　决策系统

机器人决策系统是机器人的大脑，通过感知和推理进行决策和行为的选择。机器人典型行为决策方法包括状态机、行为树、博弈方法、优化方法、强化学习算法等。机器人决策系统的一般流程为：环境感知—数据预处理—状态估计—决策制定—规划执行—反馈与调整—学习与优化。

3.2.4　执行机构

机器人执行系统能够将机器人运动控制信号转化为实际的操作和动作，根据输入的指令和传感器信息，进行数据处理和计算，然后控制动力系统、执行组件等进行相应的操作和动作。在此过程中，机器人执行系统需要实时监测机器人的状态和环境变化，满足各种运动和操作要求，并保证机器人安全。机器人执行机构是机器人用以完成特定任务的物理部件，它们通常包括手部、腕部、臂部、行走机构等，以及与之相关的传动机构和驱动系统。常见的执行机构如下。

1）手部（末端执行器）：用于直接与工件或工具接触，完成握持工件或工具的功能。手部可以有多种形态，如钳爪式、磁吸式、气吸式等，根据作业需求更换使用。

2）腕部：连接手部与臂部，用于调整手部姿态和位置，扩大臂部动作范围。腕部可以具有多个自由度，用以实现复杂空间姿态调整。

3）臂部：支撑腕部和手部，实现较大运动范围。臂部结构、工作范围、灵活性、臂力和定位精度直接影响机器人的工作性能。

4）传动机构：包括直线传动和旋转传动机构，用于将动力源的运动转换为执行机构所需的运动。常见的传动机构有齿轮齿条、滚珠丝杠、同步传送带和谐波齿轮等。

5）驱动系统：为执行系统的各个运动部件提供动力，可以是液压式、气压式或电气式。驱动系统的选择取决于机器人所需的力量、速度和控制精度。

6）行走机构：在某些移动机器人中，行走机构使机器人能够在平面或特定地形上移动。其中手部、臂部和行走机构的典型例子如图 3-13 所示。

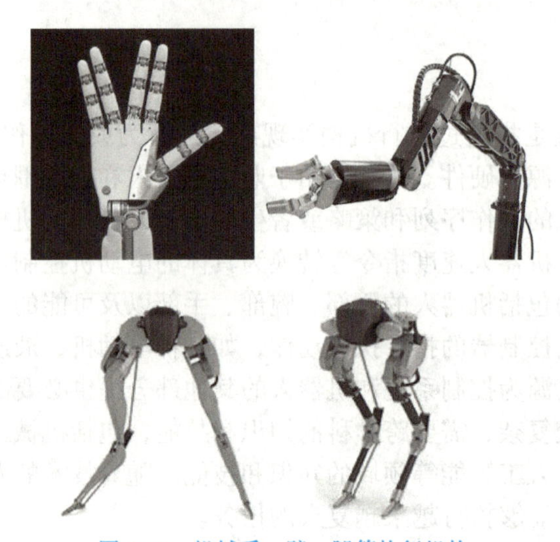

图 3-13　机械手、臂、腿等执行机构

3.2.5　通信系统

机器人通信系统实现机器人内部数据传递以及与外界发生数据交换。机器人的各个组件之间进行数据交换和控制信号的传递是通过机器人内部通信接口实现的，常见的内部通信接口如下。

I/O 接口：机器人的输入 / 输出接口允许机器人与外部设备（如传感器、执行器等）进行通信。I/O 接口可以是数字或模拟的，用于读取传感器数据或控制执行器动作。

串行通信接口：包括 RS-232、RS-485 等，这些接口允许机器人与其他设备进行串行数据通信。RS-485 是一种差分信号传输方式，常用于工业环境中的长距离通信和抗干扰能力较强的场合。

现场总线：如 CAN（控制器局域网）和 EtherCAT，它们是专为工业环境设计的通信协议，具有高可靠性和实时性。CAN 总线广泛应用于工业机器人领域，而 EtherCAT 作为一种实时以太网，因其高带宽和低延迟特性，适合用于复杂的机器人系统。

以太网接口：用于实现机器人与上位机或网络系统之间的数据交换，支持 TCP/IP（传输控制协议 / 网际协议）。

PLC 接口：某些机器人提供内部可编程逻辑控制器（PLC），它可以与外部设备相连，完成与外部设备间的逻辑与实际控制。

机器人与机器人之间以及机器人与其他设备之间可以通过外部通信接口进行连接，外部通信的选择取决于机器人的应用场景、所需传输的数据类型和数据量、环境条件、安全性要求以及成本等因素。典型的外部通信接口如下。

Wi-Fi：适用于短距离、高速数据传输。

蓝牙：适用于短距离、低功耗的数据传输。

RFID（射频识别）：用于自动识别和跟踪标签。

移动蜂窝网络：如 4G、5G，适用于远距离、高速数据传输。

近场通信（NFC）：一种短距离的高频无线电通信技术，用于简单的数据传输。

3.3 机器人操作系统及应用

3.3.1 机器人操作系统简介

近年来机器人技术发展迅速，移动机器人正在走入人类生活的各个角落，如扫地机器人、手术机器人、助老机器人、安保机器人等，甚至代替人类到达待探索的区域，如深海、外太空等。随着机器人系统的应用范围越来越广，机器人的种类呈指数级发展，为机器人编写通用的软件也日益困难。为了简化编程工作，许多机器人软件开发平台应运而生。比较著名的商业软件平台有微软公司的 Robotics Developer Studio （MRDS）集成开发环境，NI（美国国家仪器）公司的 LabVIEW Robotics 模块，LEGO（乐高）公司的 MINDSTORMS 套件等。也有许多来自于高校的开源软件项目，如美国南加州大学机器人研究实验室开发的 Player/Stage 项目，美国卡内基梅隆大学的 CARMEN 工具箱等。这些软件平台各具特色，涵盖了机器人领域的各个方面，如 Player 套件着重强调硬件及驱动的模块化；也有些专门针对仿真功能，像卡内基梅隆大学的 USARSim 和 OpenRAVE 仿真引擎；其他则对一些比较成熟的算法进行了封装，像视觉领域里的 OpenCV 函数库，强调任务规划的 MissionLab 平台等。参考文献 [10] 对各种软件平台、仿真环境、工具库做了比较详细的对比。

由于机器人领域的广泛性，不同应用对机器人的软件系统有不同的要求，不可能研制一个平台以满足所有需求。但是对软件开发有一些要求是共性的，比如说易用性、高效率、跨平台、多编程语言、分布式计算、代码可复用等。针对这些问题，机器人操作系统（Robot Operating System，ROS）在众多软件平台中脱颖而出，并日渐成为机器人软件系统的事实标准。ROS 是 Willow Garage 于 2010 年推出的一个机器人软件平台，它能为不同的机器人提供类似操作系统的功能。其前身是斯坦福人工智能实验室为了支持 STAIR（STanford AI Robot）和 PR（Personal Robots）等服务机器人项目而建立的交换庭（switchyard）项目。2007 年，Willow Garage 公司继承了该项目的研发并最终于 2010 年正式对外发布了 ROS 这一开源软件项目。

作为一个开源软件项目，ROS 的宗旨在于构建一个能够整合不同研究成果，实现算法发布、代码复用的机器人软件平台。它提供类似操作系统所提供的功能，包含硬件抽象描述、底层驱动程序管理、共用功能实现、程序间消息传递、程序发行包管理以及一些用于获取、建立、编写和运行多机整合程序的工具包和软件库。由于这些功能满足了广大开发者的需求，ROS 在机器人界得以迅速推广并支撑了广泛的应用。来自全世界的研究人员在 ROS 的基础上开发了许多诸如定位建图、运动规划、感知认知、仿真验证等上层功能软件包，使得这一软件平台的功能更加丰富，发展更加迅速。

目前，ROS 主要在类 Unix 操作系统中运行，官方发布的软件都经过了 Ubuntu 和 Mac OS X 两种操作系统下的测试。除此之外，ROS 社区也为 Fedora、Gentoo、Arch 等 Linux 操作系统提供支持。对于初学者，建议在 Ubuntu 长期支持版㊀下安装 ROS 长期支持版㊁。

3.3.2 ROS 的起源和发展

ROS 的创始人 Eric Berger 和 Keenan Wyrobek 是斯坦福大学机器人实验室的两名博士生，初衷是为机器人视觉、机械臂控制、路径规划等不同研究方向的科研工作者提供一个软件开发的基础。为了这个目的，他们研制了 PR1（Personal Robot 1）机器人用于软件开发和调试。软件的设计借鉴了机器人领域早期开源软件架构的优秀成果，尤其是斯坦福大学人工智能实验室的交换庭（switchyard）。

ROS 的有力推动者 Willow Garage 公司于 2007 年成立，2008 年 Eric Berger 和 Keenan Wyrobek 加入 Willow Garage，并立项研制通用的二次开发硬件平台 PR2（Personal Robot 2）机器人和开源机器人中间件，这个开源机器人中间件被命名为 ROS。三年之后，Willow Garage 在 2010 年 3 月推出了 ROS 1.0 的正式发行版 Box Turtle，拉开了 ROS 迅速发展的序幕。

为了提高知名度和吸引用户，Willow Garage 提出向机器人领域著名的学术机构赠送 10 台 PR2 机器人，最终 11 个机构通过了评审，包括弗莱堡大学（德国）、博世公司（德国）、佐治亚理工学院（美国）、天主教鲁汶大学（比利时）、麻省理工学院（美国）、斯坦福大学（美国）、慕尼黑大学（德国）、加州大学伯克利分校（美国）、宾夕法尼亚大学（美国）、南加州大学（美国）和东京大学（日本）。此举非常成功，在集成了上述机构高水平研究成果后，ROS 在机器人科研界迅速传播，用户量呈指数级增长，为 ROS 在机器人软件领域的统治地位奠定了基础。

接下来的几年中，ROS 平均每半年推出一个新的发行版，其版本名首字母按照英文字母表排序，如 C Turtle、Diamondback、Electric Emys、Fuerte Turtle 等。在架构和代码日趋稳定后，2013 年 ROS 的维护由开源机器人基金会（Open Source Robotics Foundation，简称 OSRF）接管。目前的最新版为 2020 年 5 月推出的 Noetic Ninjemys。

3.3.3 机器人操作系统的基本概念

机器人操作系统的官方定义㊂如下：ROS 是一个面向机器人的开源的元操作系统。它

㊀ Ubuntu 的发行版：https://wiki.ubuntu.com/Releases。

㊁ ROS 的发行版：http://wiki.ros.org/Distributions。

㊂ ROS WIKI 给出的定义：http://wiki.ros.org/ROS/Introduction。

提供类似传统操作系统的服务，包括硬件抽象、底层设备控制、常用功能实现、进程间消息传递，以及软件包管理等。此外，它还提供一系列工具和代码库，用于获取、编辑、编译代码及在多台计算机之间运行程序完成分布式计算。

与计算机相比，不同机器人之间的差别更加明显，其结构和功能千差万别。为了提高机器人软件的代码复用率，ROS 采取了两项措施：第一，将软件进行模块化划分；第二，将模块的封装和模块间的接口标准化。通过上述两项措施，ROS 提供了一系列的软件包，使得像搭积木一样组建机器人软件成为可能。

下面介绍 ROS 中的重要概念。

计算图（Computation Graph）：在运行期间，ROS 实际上是由一系列进程构成的点对点网络，这个点对点网络在 ROS 中称为计算图，其中进程可以位于不同的计算机上。可以认为计算图代表了 ROS 系统的实例化，通过计算图的可视化能够清晰地了解目前系统中有哪些进程，以及这些进程是如何交互的。

节点（Node）：一个节点对应计算图中的一个进程，用于实现某种运算或功能。这些节点可以是硬件的驱动程序，负责采集传感器数据或给执行器发送命令等；也可以是实现诸如视觉算法、运动规划、逻辑推理等高级功能的计算进程；也可以是帮助调试、记录数据或者监察系统状态的辅助进程等。每个节点都有一个域名，这个域名在同一级域名空间内必须唯一，在将域名注册到主节点前不能执行其他操作。节点是 ROS 系统将软件进行模块化的具体体现，节点的数量与任务的复杂度、机器人的硬件体系结构及机器人能够提供的计算资源等密切相关。

主节点（Master）：ROS 通过主节点来管理节点及节点之间的通信。主节点扮演类似 TCP/IP 网络中 DNS（域名服务器）的角色，提供各个节点域名的注册和查找功能。值得注意的是，一旦节点之间建立通信，其通信的数据不经主节点转交，以避免在主节点处造成通信堵塞。

消息（Message）：节点之间通过传递消息互相通信。一个消息类型实际上就是一个结构体。消息的类型非常丰富，可以根据需要进行定制，其内容可以是传感器数据、控制指令、机器人状态信息等。由于 ROS 是面对多种编程语言的，为了能够进行跨语言环境开发，ROS 使用了一种名为 IDL 的接口定义语言来定义消息的结构和类型。利用诸如整型、浮点型、字符串和布尔型等标准的数据类型，用户可以根据自己的需要定义不同的消息，消息的元素可以是单一变量、数组或者常量。同时，ROS 还支持消息的嵌套，即一种消息的定义里可以包含其他消息，而且嵌套深度不受限制。图 3-14 给出了一个 IDL 消息定义文件的例子。这个名为 Joy.msg 的文本文件定义了一个 Joy 数据消息，用于记录手柄设备的信息。IDL 的语法简单明了，每一行的左边是数据的类型，右边是数据的名称。上述消息包含了一个 Header 消息、一个 32 位浮点数组和一个 32 位整型数组，其中 Header 消息也是由类似的方法进行定义。ROS 的代码生成器根据这个 IDL 文本文件自动生成适合目标语言的代码。这样通过编写简单的 IDL 文本文件就可以实现复杂多样的数据消息类型，不但有效减少开发者的编程工作量，还保证了代码的一致性。

```
Header      header
float32[]   axes
int32[]     buttons
```

图 3-14 Joy.msg 消息定义

话题（Topics）：话题可以视为节点发送和接收消息的软件总线。与节点一样，话题的域名在同一级域名空间内必须唯一。节点之间通过发布 / 订阅话题完成通信，这个机制非常灵活，一个话题可以有多个发布者，也可以有多个订阅者，一个节点也可以同时发布或者订阅多个话题。这个发布 / 订阅模型是匿名的，发布者和订阅者并不知晓对方的存在。这样设计是为了解耦消息的发布和订阅过程，实现节点之间的松耦合。

服务（Services）：节点可以为其他节点提供服务。虽然基于话题发布 / 订阅的通信形式非常灵活，但是并不适合进行节点间的同步或者事件触发，因此 ROS 引入了“服务”的概念。基于服务的通信是双向的，一个节点请求服务并等待响应，基于话题发布 / 订阅的通信中没有响应的概念。与互联网上的服务器 – 客户端结构类似（如网页服务），作为客户端的节点向提供服务的节点发出请求，接收到请求的节点根据请求中携带的参数进行响应并返回结果。比如在移动机器人中，实现任务规划的“上层”节点可以向负责运动控制的“下层”节点发出移动请求，请求中指明了目标点坐标、速度、时间等信息。“下层”节点根据这些信息执行完任务后将执行情况返回，比如是否到达了预期的目标点，实际到达的点坐标是多少，运动中消耗了多少能量等。需要强调的是，服务调用实现的是一对一的通信，每一个服务由一个节点发起，对这个服务的响应返回同一个节点。

参数服务器（Parameter Server）：参数服务器实际上是一个数据库，用于存储需要在节点之间共享的静态或者半静态的信息。目前参数服务器是主节点的一部分。

包（Bag）：包给出了录制和回放 ROS 消息数据的格式。对机器人软件开发和算法测试来讲，提供一种机制用于存储带时间戳的实验数据非常重要，因为这些数据可以重复使用或者共享。

经过十年以上的发展，ROS 已经非常庞大，上述是 ROS 最基础、最重要的概念，由于篇幅限制，这里不再罗列其他相关概念，读者如果感兴趣并想亲身实践，可以进行更深入的了解。

3.3.4 机器人操作系统的文件系统

ROS 的安装可参考其官网教程[⊖]。在 ROS 安装完成后，就可以浏览其文件系统。下面介绍 ROS 文件系统相关的几个要素。

软件包（Package）：软件包是 ROS 中软件组织的最主要单元，换句话说，ROS 中的所有软件都被组织为软件包的形式。软件包中可能包含节点、依赖库、数据集、配置文件等有关文件。需要指出的是，软件包也是编译和发布 ROS 软件的基本单元。

软件包清单（Package Manifests）：每个软件包都包含一个清单文件（文件名为 package.xml），该文件定义软件包的一些细节，包括其名称、版本、版权、维护者和与其他软件包的依赖关系。

消息类型（Message Types）：所在软件包对应节点在通信中发送 / 接收消息的数据结构定义。

服务类型（Service Types）：所在软件包对应节点在服务调用中请求 / 响应服务的数据结构定义。

⊖ ROS 的安装教程：http://wiki.ros.org/ROS/Installation。

3.3.5　机器人操作系统的常用工具

为了提高软件开发效率、缩短软件开发周期，ROS 提供了图形化和命令行的工具集，用于数据可视化、监控系统运行状态、辅助调试等。可以说，ROS 提供的工具集的易用性和有效性是其成功的重要原因之一。下面介绍一些最常用的工具。

1. 计算图可视化工具 rqt_graph

rqt_graph 用于将 ROS 运行期间的计算图进行可视化，便于查看系统有哪些节点以及这些节点之间的连接关系，以检查系统的运行状态是否符合预期。如图 3-15 所示，图中椭圆代表节点，矩形代表话题，有向边表示话题的发布 / 订阅关系。rqt_graph 中所示的计算图是动态变化的，一旦系统中有新的节点加入或者节点退出，计算图将进行相应的更新。此外，rqt_graph 提供了一些选项对计算图的显示进行调整，如是否显示未被订阅的话题，是否隐藏调试信息，是否显示动作等。这些选项可以根据个人偏好进行设置，也可以根据可视化的目的进行调整。这里需要注意的是，rqt_graph 本身也是 ROS 系统的一个节点。

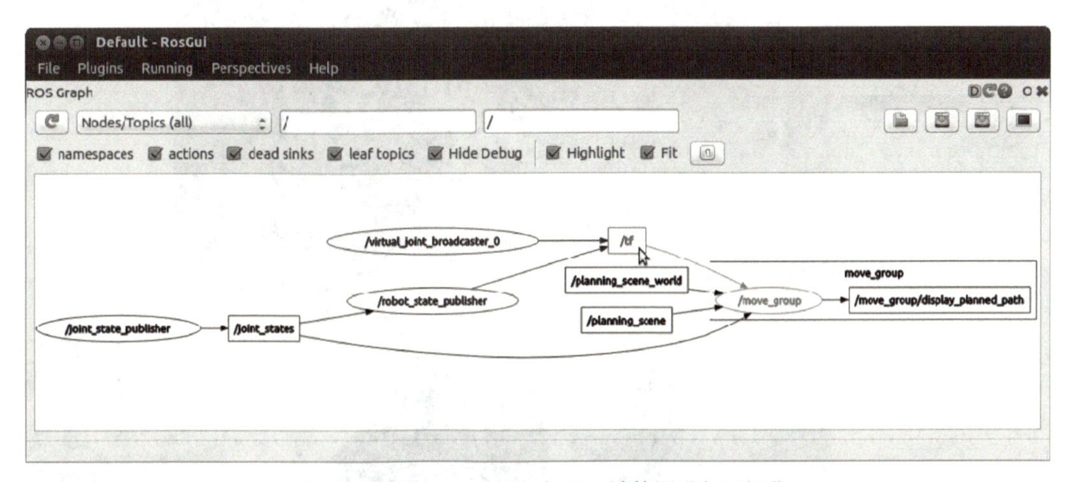

图 3-15　利用 rqt_graph 对 ROS 计算图进行可视化

除了查看节点之间的连接关系，rqt_graph 还能查看每个话题相关的统计信息，包括发布频率、消息的传播时延和占用的带宽等，如图 3-16 所示。

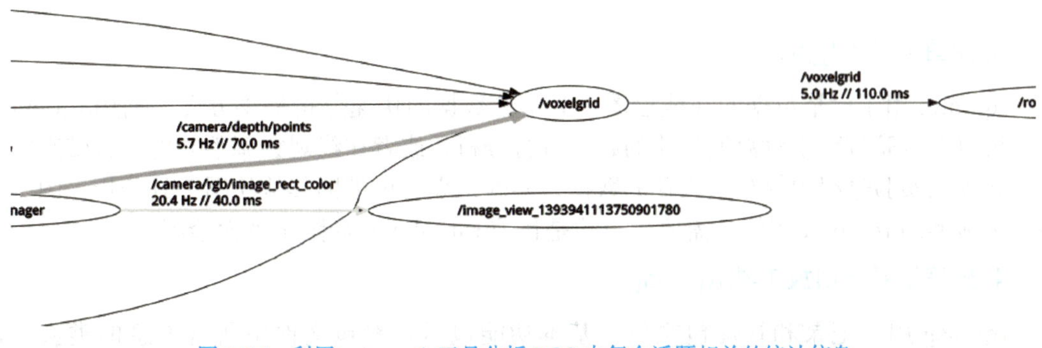

图 3-16　利用 rqt_graph 工具分析 ROS 中每个话题相关的统计信息

2. 三维可视化工具 RVIZ

ROS 提供了一个功能强大的三维可视化工具 RVIZ，用于机器人模型、环境地图、传感器数据等信息的实时可视化。为了提高算法调试效率，RVIZ 已经内建了大量用于可视化的数据类型，包括机器人模型、图像、点云、坐标系、里程计等。如有需要，用户也可以根据需求订制新的数据类型。此外，RVIZ 也可以用于显示调试标记，有助于感知、规划、交互等功能的调试。图 3-17 所示是典型的 RVIZ 用例。

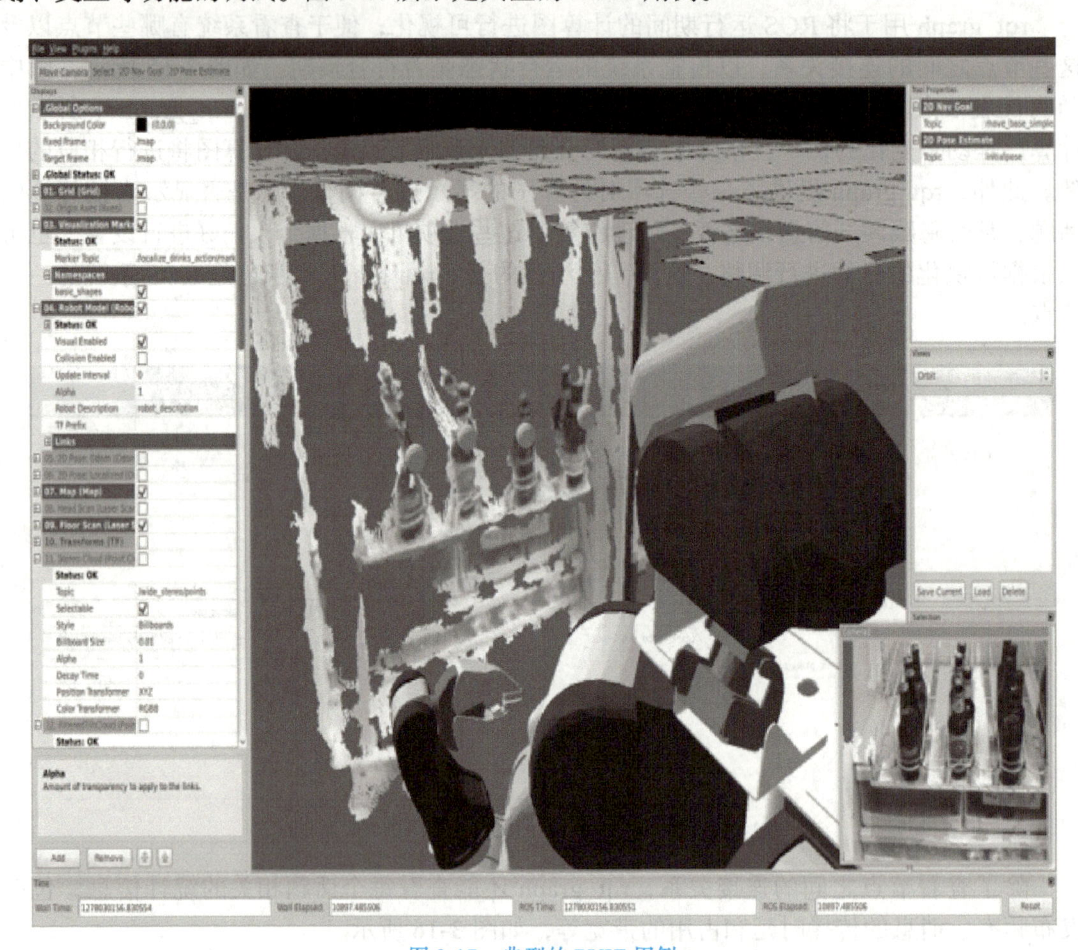

图 3-17　典型的 RVIZ 用例

3. 绘图工具 rqt_plot

rqt_plot 用于标量数据的在线绘图，为实验数据的快速分析提供方便。利用 rqt_plot，用户可以在实验过程中对数据变化的趋势进行分析，或者在线观察调整某些参数带来的影响；无须在实验过程中保存感兴趣的数据，实验结束后再借助其他绘图工具分析。图 3-18 所示为典型的 rqt_plot 用例，需要指出的是目前 rqt_plot 尚局限于平面绘图。

4. 数据记录与回放工具 rqt_bag

rqt_bag 用于记录和管理包文件，基本功能包括查看包文件中所含消息的类型、显示图像类消息、记录来自 ROS 系统的话题、向 ROS 系统发布话题、将当前包文件某段时间内的消息导出到新的包文件等，上述所有的操作都可以选择部分或者全部话题。典型的 rqt_bag 用例如图 3-19 所示。此外，rqt_bag 还支持插件扩展，插件可以在 rqt_bag_plugins 软件包中找到。

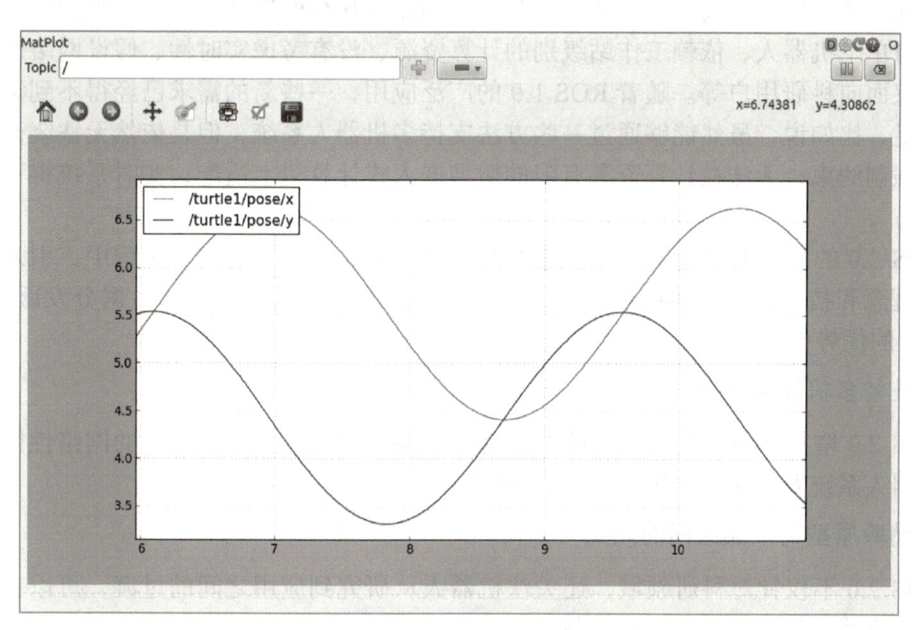

图 3-18　典型的 rqt_plot 用例

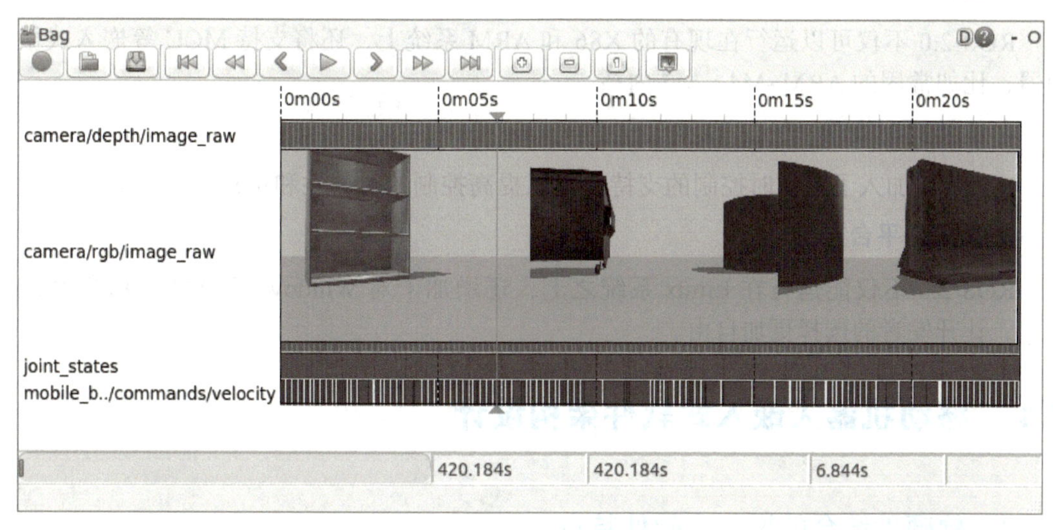

图 3-19　典型的 rqt_bag 用例

5. 命令行工具

除了上述图形化工具外，ROS 提供的更多的是命令行工具，使用这些工具要求用户具备一定的 Unix 命令行操作基础。命令行工具分为三大类：与运行 ROS 系统相关的，用于系统调试和交互的，以及与软件包安装、编译和文件系统操作相关的。

3.3.6 机器人操作系统的发展趋势

前面介绍的都是ROS 1.0的相关知识，ROS 1.0的创始人在设计初期并没有预料到其发展如此迅速、应用如此广泛。正因为如此，ROS 1.0在框架设计上有当时的局限性，包括仅针对单个机器人、依赖工作站级别的计算资源、没有考虑实时性、假设网络通信是理想的、仅面向科研用户等。随着ROS 1.0的广泛应用，一些新的需求已经得不到满足或者很难满足，比如说，虽然能够通过一些方法支持多机器人系统，但是依然无法绕开单个主节点的强制约束；无法在计算资源有限的微型嵌入式计算机上适配；实时系统得不到良好的支持。

ROS 2.0的提出就是为了应对上述新的挑战，在ROS 2.0的实现过程中，引入了更加先进的理念和技术，例如零配置网络、websockets通信协议和DDS（数据分发服务）等。ROS 2.0的优势包括如下几个方面。

1. 支持多机器人系统

ROS 2.0增加了对多机器人系统的支持，提高了多机器人之间通信的网络性能，更多的多机器人系统及应用将出现在ROS社区中。

2. 消除原型与产品之间的鸿沟

ROS 2.0不仅针对科研领域，还关注机器人从研究到应用之间的过渡，可以让更多机器人直接搭载ROS 2.0系统走向市场。

3. 支持微控制器

ROS 2.0不仅可以运行在现有的X86和ARM系统上，还将支持MCU等嵌入式微控制器，比如常用的ARM-M4、M7内核。

4. 支持实时控制

ROS 2.0加入了对实时控制的支持，可以提高控制的时效性和机器人的整体性能。

5. 跨系统平台支持

ROS 2.0不仅能运行在Linux系统之上，还增加了对Windows和MACOS等系统的支持，让开发者的选择更加自由。

3.4 移动机器人嵌入式软件架构设计

3.4.1 软硬件结合的嵌入式软件特点

有别于传统的PC（个人计算机）端软件，面向机器人底层控制的嵌入式软件，其程序设计受平台和应用等多方面的制约，具有自身的特殊性。

1. 有限的硬件平台资源限制

出于成本、功耗和功能的考虑，采用的微处理器单元MCU往往资源非常有限，一般主频不高，如几MHz到几百MHz，RAM（随机存储器）和ROM（只读存储器）也相对较小，这就对程序的实现效率有一定的要求。

2. 程序设计语言限制

以结构化、面向过程的编程语言为主，比如 C 语言，相比于面向对象的语言，具有编程难度大、代码质量难以控制的缺点。

3. 实时性的要求

机器人有别于消费电子应用类产品，比如手机，具有更高的实时性要求。实时性包括软实时和硬实时，其中软实时只需要使各个任务运行得越快越好，并不要求限定某一任务必须在多长时间内完成，硬实时不仅需要各任务执行无误而且要做到准时。本质上对实时性的要求就是对确定性的要求，包括多个事件发生的前后顺序的确定性和发生时刻的确定性。

4. 软硬件的紧密结合

有别于单纯的软件开发过程，机器人控制系统程序设计往往要跟硬件紧密结合，有相当一部分代码需要直接操作硬件，程序的功能也因具体应用不同而千差万别，这就导致了程序的可移植性差。

鉴于上述程序设计的特点，传统的基于不涉及底层硬件的软件架构方法并不适合直接用于机器人控制系统程序的开发。下面将给出一种适合于机器人底层控制的实时性较高的模块化、层次化软件设计方法。

3.4.2　软件架构设计

一种好的嵌入式程序架构一方面应该较好地服务于程序设计过程，具有很好的可操作性，对程序开发提供指导；另一方面，基于这种架构设计的程序应该具有较高的代码质量，具备很好的可读性、可维护性、可扩展性、可移植性等。

机器人控制系统程序构建在特定的硬件平台基础之上，整个程序开发过程可以大致概括为：在特定的硬件平台上实现特定的应用需求。也就是根据具体的应用需求来控制硬件的工作。但由于缺乏统一的框架，每个人根据自己的理解、习惯和喜好进行设计，往往表面上看似相同功能的程序，其实现方式却千差万别，从而导致代码的质量良莠不齐。针对这个问题，本章介绍一种基于模块化、分层化的程序架构，如图 3-20 所示。整个软件分为四层：应用层、应用适配层、设备层、硬件适配层，而最底层的硬件是对其上各层软件的支撑。基于该程序框架进行控制系统程序开发，有利于更清晰地理解整个系统的结构和行为特性，更容易进行模块化和层次化设计，从而提高代码质量。

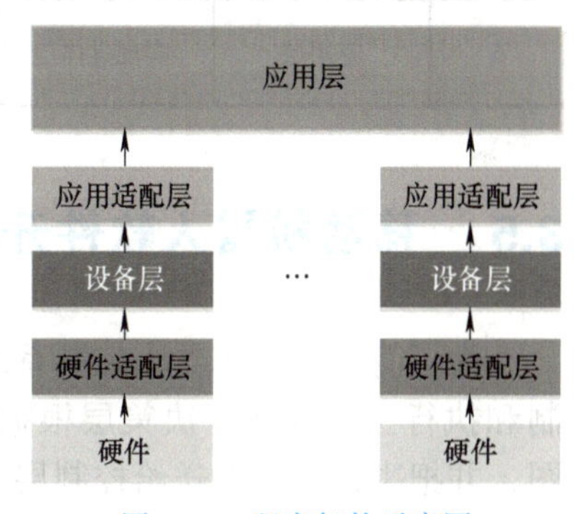

图 3-20　程序架构示意图

3.4.3　软件各层设计思路

如图 3-20 所示的程序架构，从纵向看，整个系统分成多个设备模块，每个设备模块对应于特定的硬件或功能，比如"电动机控制模块""按键模块""LED（发光二极管）模块""UART（通用异步接收发送设备）通信模块"等，模块内部保持高内聚，模块之间尽量低耦合，这样可以简化程序设计，便于对每个模块进行单独调试；从横向看，整个系统分成5个层次，软件部分从下到上依次是硬件适配层、设备层、应用适配层、应用层。这种层次化的设计架构，大大提高了程序的可维护性和可移植性。与硬件打交道的只有硬件适配层，可在不修改其他层内容的基础上，只需修改硬件适配层就可实现不同硬件平台之间的迁移；与具体应用打交道的只有应用适配层和应用层，对于硬件平台相同，而实际应用功能不同的项目，无须修改硬件适配层和设备层；而设备层独立于硬件和应用，可在其他项目中使用，具有很好的继承性。由此可见，当需要在系统中加入新的功能，只需要把该功能按照上述模块化设计的思路，分别设计硬件适配层、设备层、应用适配层三个层的代码，并通过应用层调用相应的应用适配层，即可把新功能嵌入整个系统。然而，在实际开发过程中，有时会发现并不是所有模块都具有上述完整的三层，因此，需要设计者灵活应对。

另外，一种好的文件命名规则，有利于软件开发者和阅读者快速了解整个系统的功能和各模块间的关系，表3-1中给出了不同层次的命名方法参考，比如hal_xxx.c代表的是硬件适配层文件，"xxx"表示具体是哪个模块。比如对于LED控制的模块，硬件适配层文件名可以命名为"hal_led.c"，其中"hal"代表硬件适配层，"led"代表LED模块。

表3-1 各层定义和功能说明

序号	层次	定义	功能	文件名
1	硬件	泛指MCU内部自带的硬件资源	MCU运行的硬件基础	
2	硬件适配层	连接硬件和设备层	对硬件功能进行最基本的抽象和控制，并服务于设备层	hal_xxx.c hal_xxx.h
3	设备层	独立于硬件和应用，对设备完整功能的描述和实现	在硬件适配层提供的服务基础上，实现硬件对应设备的基本和扩展功能	dev_xxx.c dev_xxx.h
4	应用适配层	连接应用和设备层	为设备和应用建立关系	app_xxx.c app_xxx.h
5	应用层	实现具体应用功能	实现与应用有关的逻辑和功能	app.c app.h

3.5 移动机器人软件开发

为了简化移动机器人控制系统设计，在设计时，很多时候会把整个系统分为决策、控制和执行三个层次。决策层根据传感器信息结合相关算法（如大模型算法）给出决策意图，并把决策结果发送给控制层，控制层在接收到命令后结合自身模型结构，解算出具体的控制命令，并发送给执行层，从而执行相应的动作，比如控制电动机运行实现机器人行走或机械臂动作。但在进行机器人设计开发时，某个功能到底归属到哪一层，并没有唯一标准，除了需要考虑某个功能特性外，还与设计者的认识与喜好有关。

本节主要分析控制层中的移动机器人软件设计，该层主要包含机器人的行走控制以及低速率、少量数据的传感器采集，而对于数据量大的传感器，比如激光雷达、双目视觉等传感器往往会放在具备高性能计算能力的决策层或者单独的处理器进行分析，不在本节软件设计的考虑范围。

3.5.1　移动机器人控制层软件总体设计

在进行程序编写前，首要步骤是进行详尽的需求分析。这一过程中，需要清晰地定义系统的功能，明确每个功能的具体要求，以及各个功能之间的关联和交互方式。只有在这样的基础上，才能进行系统的设计和开发。本节面向机器人控制的简单应用需求，针对机器人电动机控制、超声波检测以及遥控指令接收三个简单模块开展讨论。图 3-21 给出了结合 3.4.2 节软件架构设计思路的程序框架。图中除了后续分析的三个模块外，还有看门狗、软定时等基本模块，从而构建一个相对完整的程序。

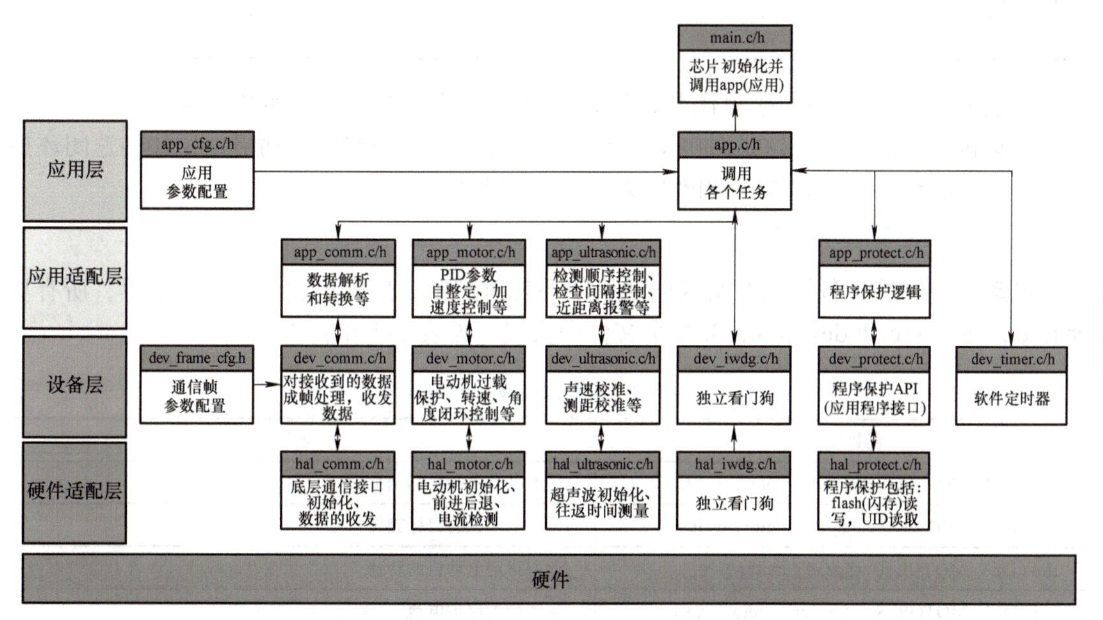

图 3-21　程序框架示意图

3.5.2　电动机控制模块软件设计

1. 电动机控制模块硬件适配层

电动机控制的硬件适配层的主要作用是完成电动机控制引脚的初始化、转动控制和转速测量等工作，所需功能包含在 hal_motor.c 和 hal_motor.h 两个文件中，其中 “hal” 表示该文件属于硬件适配层，“motor” 表示该文件为电动机控制模块，正好分别对应 3.4 节介绍的程序架构中的横向和纵向划分。表 3-2 和表 3-3 列出了上述两个文件的主要接口，从这两个表格中可以知道，该层主要完成硬件的初始化以及最简单的电动机控制，但与具体的应用没有任何关系。

表 3-2　硬件适配层 hal_motor.c

函数接口	说明
void HAL_MOTOR_Init（motor）	本函数用于对 motor 对应控制和转速采集引脚的初始化。如果直接控制 H 桥，那么相应引脚为 PWM（脉宽调制）输出
void HAL_MOTOR_Set（motor，dir，duty）	设置指定电动机的转向（正 / 反转速）和油门比例（0 ～ 100）
float HAL_MOTOR_GetSpeed（motor）	读取指定电动机的转速
float HAL_MOTOR_GetCur（motor）	读取指定电动机当前工作电流

表 3-3　硬件适配层 hal_motor.h

结构体 / 宏定义	说明
#define HAL_MOTOR_1 0x0001	MOTOR1 代表的比特位
#define HAL_MOTOR_2 0x0002	MOTOR2 代表的比特位
…	

通过 hal_motor.c 中的接口函数，可以对电动机进行正反转和加减速控制，也能得到当前电动机转速的反馈。这是对电动机的最基本操作，但一些高级功能，比如转速闭环控制、角度控制还不具备，这些功能可以放在设备层完成。

2. 电动机控制模块设备层

电动机控制的设备层主要实现电动机闭环转速控制、角度控制、过载保护等，所有功能在 dev_motor.c 和 dev_motor.h 两个文件中实现，见表 3-4 和表 3-5。

表 3-4　设备层 dev_motor.c

函数接口	说明
void DEV_MOTOR_SetSpeed（motor，value）	设置电动机的目标速度
void DEV_MOTOR_SetAngle（motor，value）	设置电动机的目标旋转角度
float DEV_MOTOR_GetSpeed（motor）	读取指定电动机的转速
void DEV_MOTOR_SetMaxCur（motor，value）	设置最大保护电流
void DEV_MOTOR_SetPidPar（motor，type，p，i，d）	设置 PID 控制器的参数，type 代表所设置的控制器为速度 PID 还是角度 PID 控制器
void DEV_MOTOR_UpdatePoll（motor）	该函数会被循环调用，更新电动机的状态，用于实现闭环控制以及过电流保护等功能

表 3-5　设备层 dev_motor.h

结构体 / 宏定义	说明
#define DEV_MOTOR_1 0x0001	MOTOR1 代表的比特位
#define DEV_MOTOR_2 0x0002	MOTOR2 代表的比特位
typedef enum { DEV_MOTOR_PAR_TYPE_SPEED = 0x00, DEV_MOTOR_PAR_TYPE_ANGLE }DEV_MOTOR_Par_Type_e;	代表 DEV_MOTOR_SetPidPar 中 type 的取值范围，为速度参数还是角度参数

本层为设备层，核心是 void DEV_MOTOR_UpdatePoll（motor）函数，用于实现电动机转速和角度位置闭环控制，并且通过实时监测电动机电流，来防止电动机过载，起到一定的保护效果。由于本层基于参数进行电动机转速和角度控制，而参数又来自上面的应用适配层，因此，本层的代码实际上独立于应用和硬件。

3. 电动机控制模块应用适配层

电动机控制的应用适配层主要解决电动机与应用直接相关的问题，比如在设备层中会用到 PID 参数，但参数的具体值与所采用的电动机特性、负载情况直接相关，这部分功能跟具体应用有关，所以为了使电动机控制更好地适配具体应用，应用适配层就应运而生。正因为取决于具体应用，本层要解决的问题没有统一的标准，会随着应用需求的不同而具有较大差异。这里针对 PID 参数的自整定和机器人软起动进行分析，相应的软件功能接口放在 app_motor.c 和 app_motor.h 两个文件中，见表 3-6 和表 3-7。

表 3-6　应用适配层 app_motor.c

函数接口	说明
void APP_MOTOR_SetSpeed（motor， value）	设置电动机的目标速度
void APP_MOTOR_SetAngle（motor， value）	设置电动机的目标旋转角度
float APP_MOTOR_GetSpeed（motor）	读取指定电动机的转速
void APP_MOTOR_SetMaxCur（motor， value）	设置最大保护电流
void APP_MOTOR_SetPidPar（motor， type， p， i， d）	设置 PID 控制器的参数，type 代表所设置的控制器为速度 PID 还是角度 PID 控制器
uint8_t APP_MOTOR_GetPid（motor， type， *p， *i， *d）	结合电动机特性，通过自整定得到合适的 PID 参数
void APP_MOTOR_SetAcc（motor， acc）	设置指定电动机的加速度
void APP_MOTOR_UpdatePoll（motor）	该函数会被循环调用，更新电动机的状态，用于实现闭环控制及过电流保护等功能

表 3-7　应用适配层 app_motor.h

结构体 / 宏定义	说明
#define APP_MOTOR_1 0x0001	MOTOR1 代表的比特位
#define APP_MOTOR_2 0x0002	MOTOR2 代表的比特位
typedef enum { APP_MOTOR_PAR_TYPE_SPEED = 0x00, APP_MOTOR_PAR_TYPE_ANGLE }APP_MOTOR_Par_Type_e;	代表 APP_MOTOR_SetPidPar 中 type 的取值范围，为速度参数还是角度参数

细心的读者可能会发现，应用适配层表 3-6 中的很多函数功能与设备层表 3-4 中几乎一样，在应用适配层重新定义是否是多余的？当在应用层需要设置电动机转速时，只需要调用 void DEV_MOTOR_SetSpeed（motor， value）就可以。从功能实现上确实可以，但这种做法破坏了软件架构设计的初衷，大大降低了软件的可读性和可维护性，应尽量避免跨层调用，下层功能只服务于其上层，除非在迫不得已的情况下方可少量突破这个原则。

3.5.3 超声测距模块软件设计

按照上述电动机控制模块软件设计思路，在此开展超声测距模块软件的设计。

1. 超声测距模块硬件适配层

超声测距的硬件适配层主要实现与超声波硬件控制引脚有关的初始化工作、超声往返时间计算等，相关功能包含在 hal_ultrasonic.c 和 hal_ ultrasonic.h 两个文件中。表 3-8 和表 3-9 列出上述两个文件的主要接口。从这两个表格中可以知道，该层主要完成硬件的初始化以及超声往返时间获取，跟具体的应用没有任何关系。

表 3-8 硬件适配层 hal_ultrasonic.c

函数接口	说明
void HAL_ULTRASONIC_Init（ult）	ult 对应控制引脚的初始化，包括超声波启动测量触发引脚和回波检测引脚
void HAL_ULTRASONIC_Start（ult）	启动 ult 指定的超声波模块，整个系统中可能存在多个超声波
void HAL_ULTRASONIC_EchoCallback（ult）	超声回波检测到后的回调函数
float HAL_ULTRASONIC_GetRTT（ult）	获得 ult 的超声往返时间

表 3-9 硬件适配层 hal_ultrasonic.h

结构体 / 宏定义	说明
#define HAL_ULTRASONIC_1 0x0001	ULTRASONIC1 代表的比特位
#define HAL_ULTRASONIC_2 0x0002	ULTRASONIC2 代表的比特位
…	

表 3-8 只列出了本层可供上层调用的函数接口，对于完成超声测距功能是不够的。这需要根据所采用超声波模块的工作方式添加具体的代码，比如关键的回波检测功能，需要中断和定时器配合，实现高效和精确的测量。本模块只给出了超声往返时间，障碍物距离的计算放在设备层完成。

2. 超声检测模块设备层

本层的主要目标是得到较精确的障碍物距离，一方面根据硬件适配层获得往返时间，另一方面为了提高精度需要做相应的校准。主要接口在 dev_ultrasonic.c 和 dev_ultrasonic.h 中，见表 3-10 和表 3-11。

表 3-10 设备层 dev_ultrasonic.c

函数接口	说明
float DEV_ULTRASONIC_SV（temp）	根据温度获得当前声速
float DEV_ULTRASONIC_GetDist（ult， rtt， sv）	根据声速和往返时间计算 ult 测量距离
float DEV_ULTRASONIC_GetDistAdj （ult， dist）	校准后的测量距离

表 3-11　设备层 dev_ultrasonic.h

结构体 / 宏定义	说明
#define DEV_ULTRASONIC_1 0x0001	ULTRASONIC1 代表的比特位
#define DEV_ULTRASONIC_2 0x0002	ULTRASONIC2 代表的比特位
…	

温度、气压、湿度等诸多因素都会对声速产生影响，这里只是考虑温度因素，根据实时测量到的温度来校准声速。如果系统对超声测距的精度要求不高，DEV_ULTRASONIC_SV（temp）可以返回一个固定的声速值，也就是忽略温度对声速的影响。考虑到每个超声波硬件模块可能存在一些系统偏差，还需要采用标定、校准的方法来提高精度，这里用 DEV_ULTRASONIC_GetDistAdj（ult， dist）函数实现。

3. 超声检测模块应用适配层

设备层已经可以作为一个独立模块对障碍物的距离进行有效测量，可以完成基本功能了，但在实际应用中，可能还存在其他特殊要求。比如，系统中存在多个超声模块需要同时测量，考虑到超声波的反射、绕射特性，间隔距离较近的多个模块不能同时检测，否则会导致超声波相互干涉问题。为了适配具体的应用需求，相应的接口函数和参数定义见表 3-12 和表 3-13。

表 3-12　应用适配层 app_ultrasonic.c

函数接口	说明
void APP_ULTRASONIC_SetRank（ults[]）	设置多个超声波检测顺序
void APP_ULTRASONIC_SetInterval （ms）	设置超声波检测间隔
float APP_ULTRASONIC_GetDist （ult）	获得指定超声波检测结果
void APP_ULTRASONIC_SetAlarm（uit， dist）	设置障碍物近距离报警
voidAPP_ULTRASONIC_AlarmCallBack（uit， dist）	障碍物达到近距离报警的回调函数

表 3-13　应用适配层 app_ultrasonic.h

结构体 / 宏定义	说明
#define APP_ULTRASONIC_1 0x0001	ULTRASONIC1 代表的比特位
#define APP_ULTRASONIC_2 0x0002	ULTRASONIC2 代表的比特位
…	

表中只是示意性地给出部分功能的接口，读者可以根据自己的具体应用需求添加相应功能。至于特定功能到底是添加在硬件适配层、设备层还是应用适配层，没有绝对的对与错，只有合适与不合适。原则是尽量满足硬件适配层只跟硬件打交道，功能越简单越好，设备层是让设备成为一个独立的功能块，分别独立于硬件和应用，而应用适配层是为了更好地服务于具体应用而进一步优化相应的设备功能。

3.5.4 遥控接收模块软件设计

前面分别从三个层次对电动机控制和超声波测距模块的接口函数做了设计说明。对于遥控接收模块各层次的软件设计可以参照上述两个模块展开。限于篇幅，本节只给出三个层次的设计思路以及需要考虑的一些因素。

1. 遥控接收模块硬件适配层

遥控信号经过遥控接收机发送给控制器，因此，本层的功能主要是接收遥控接收机发送过来的数据。如果两者的接口为 UART，即实现 UART 引脚的初始化，接收相应的数据，并放入缓冲区，则是本层的主要任务。

2. 遥控接收模块设备层

本层根据帧格式，把硬件适配层接收到的单字节数据组成帧，并进行校验以及帧解析，分离出有效载荷，发送给应用适配层。如果需要一些帧接收应答、错误报告等处理，也可以在本层完成。

3. 遥控接收模块应用适配层

本层接收来自设备层的有效载荷，并基于应用层协议对有效载荷进行解析、数据转换等操作，然后发送相应信息给应用层。

本章小结

本章主要介绍了移动机器人的软硬件组成部分，其中重点介绍了当前典型运动平台的结构设计，及其硬件组成部分；接下来，从机器人操作系统的应用需求和历史发展出发，介绍了操作系统 ROS 的基本使用方法，最后从自主设计和开发机器人系统的角度出发，详细介绍了如何搭建软件控制架构，以及怎样进行软件系统的设计，从平台设计、硬件选择与搭配、操作系统的引入与使用以及最后的自主软件系统开发四个大方向详细介绍了机器人系统的建构方式。

参考文献

[1] JACKSON J. Microsoft robotics studio：A technical introduction[J]. IEEE Robotics & Automation Magazine，2007，14（4）：82–87.

[2] JOHNSON G W. LabVIEW graphical programming：Practical applications in instrumentation and control[M]. 2 nd. New York：McGraw–Hill，1997.

[3] BAUM D. Dave Baum's definitive guide to LEGO mindstorms[M]. Berkeley：APress，2003.

[4] GERKEY B P，VAUGHAN R T，HOWARD A. The player/stage project：Tools for multi–robot and distributed sensor systems[C]. Coimbra：Proceedings of the International Conference on Advanced Robotics，2003（3）：317–323.

[5] MONTEMERLO M，ROY N，THRUN S. Perspectives on standardization in mobile robot programming：The Carnegie Mellon Navigation（CARMEN）toolkit[C]. Las Vegas：Proceedings 2003 IEEE/RSJ International Conference on Intelligent Robots and Systems，2003（3）：2436–2441.

[6] BALAGUER B，BALAKIRSKY S，CARPIN S，et al. USARSim：A validated simulator for research

in robotics and automation[C]//Nice：Workshop on Robot Simulators：Available Software，Scientific Applications，and Future Trends at IEEE/RSJ，2008.

[7] DIANKOV R，KUFFNER J. OpenRAVE：A planning architecture for autonomous robotics：CMU-RI-TR-08-34[R]. Pittsburgh：Robotics Institute，Tech. Rep，2008.

[8] BRADSKI G. The openCV library[J]. Dr. Dobb's Journal：Software Tools for the Professional Programmer，2000，25（11）：120-123.

[9] ENDO Y，MACKENZIE D C，STOYTCHEV A，et al. User manual for missionLab version 4.0[Z]. 2000.

[10] HARRIS A，CONRAD J M. Survey of popular robotics simulators，frameworks，and toolkits[C]//Nashville：2011 Proceedings of IEEE Southeastcon，2011：243-249.

[11] QUIGLEY M，GERKEY B，CONLEY K，et al. ROS：An open-source Robot Operating System[C]//[S.l.]：ICRA Workshop on Open Source Software，2009.

[12] QUIGLEY M，BERGER E，NG A Y. Stair：Hardware and software architecture[C]//Vancouver：AAAI 2007 robotics workshop，2007：31-37.

[13] 杰森 . 机器人操作系统浅析 [M]. 肖军浩，译 . 北京：国防工业出版社，2016.

[14] 卢惠民，肖军浩，郑志强，等 . ROS 与中型组足球机器人 [M]. 北京：国防工业出版社，2016.

第 4 章　移动机器人通信与人机交互设计

导读

本章首先从网络与通信基础知识出发，介绍了计算机网络相关基本定义及网络分类，引出了通信协议的概念，针对移动机器人介绍了应用层的通信协议设计。然后面向移动机器人与人之间的信息交互介绍了常用的人机交互方法，最后以常用的 Qt 图形函数库和机器人操作系统 RVIZ 工具为例，介绍了图形化的人机交互界面程序设计方法。

本章知识点

- 网络通信基本定义
- 应用层通信协议设计
- 常用的人机交互技术

4.1　网络与通信基础知识

4.1.1　计算机网络定义

计算机网络，通常简称为网络，是由多个计算机系统通过通信设备和传输介质连接起来，以共享资源、交换数据为目的的系统。采用网络协议来实现计算机之间的通信和数据传输，具有分布处理、资源共享、负载均衡等特点。计算机网络已经深入到人类社会的各个角落，极大地推动了信息化社会的发展。

具体来说，计算机网络涵盖以下几个要点。

1）硬件和软件组件：包括计算机、服务器、路由器、交换机、传输介质（如光纤、电缆等）以及网络协议和应用程序等。

2）传输介质：用于在设备之间传输数据，可以是物理介质（如电缆、光纤等）或无线介质（如微波、激光、卫星、数据链等）。

3）网络协议：是计算机网络中各个实体（或层）之间进行通信的规则的集合。这些协议定义了数据如何被格式化、寻址、路由和传输。常见的网络协议包括 TCP/IP、HTTP（超文本传送协议）、FTP（文件传送协议）、SMTP（简单邮件传送协议）等。

4）数据通信：允许在不同地理位置的设备之间交换数据，这种数据通信可以是实时的，也可以是存储转发的。

5）资源共享：允许网络中的用户共享硬件资源（如打印机、服务器）、软件资源（如数据库、应用程序）和数据资源。

6）分布式处理：通过将任务分配给网络中的多个计算机来执行，可以提高处理能力和效率。这种分布式处理模式在云计算和大型数据中心中尤为常见。

4.1.2　网络分类

从不同角度分析，计算机网络可以被分为不同的类型。

1. 按覆盖的地理范围分类

1）局域网（LAN）：局域网是一种在小区域内使用的，由多台计算机组成的网络。其覆盖范围通常局限在 10km 范围之内，属于一个单位或部门组建的小范围网。

2）城域网（MAN）：城域网的作用范围在广域网与局域网之间，其网络覆盖范围通常可以延伸到整个城市。它通过通信光纤将多个局域网联通，形成大型网络，使局域网内的资源以及局域网之间的资源都可以共享。

3）广域网（WAN）：广域网是一种远程网，涉及长距离的通信。其覆盖范围可以是一个国家或多个国家，甚至整个世界。由于广域网地理上的距离可以超过几千 km，所以信息衰减非常严重。这种网络一般要租用专线，通过接口信息处理协议和线路连接起来，构成网状结构，解决寻径问题，如图 4-1 所示。

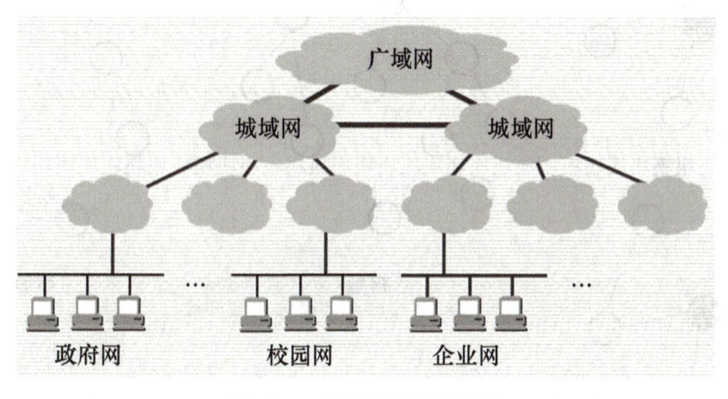

图 4-1　不同范围的网络

2. 按传输介质分类

1）有线网：采用同轴电缆或双绞线来连接的计算机网络。同轴电缆网是常见的一种联网方式，比较经济，安装较为便利，但传输率和抗干扰能力一般，传输距离较短。双绞线网则价格便宜，安装方便，但易受干扰，传输速率较低，传输距离比同轴电缆要短。

2）光纤网：光纤网采用光导纤维作传输介质。光纤传输距离长，传输速率高，可达数千 Mbit/s，抗干扰性强，不易受到电子监听设备的监听，是高安全性网络的理想选择。不过其价格较高，且需要高水平的安装技术。

3）无线网：用电磁波作为载体来传输数据。联网方式灵活方便，是构建局域网常用的一种联网方式。但由于无线信号容易受干扰，通信误码率较高，并且由于电磁波随距离衰减较快，因此，难以兼顾远距离和高速率两方面的要求。

3. 按拓扑结构分类

1）星型网络：各站点通过点到点的链路与中心站相连。特点是容易在网络中增加新的站点，数据的安全性和优先级容易控制，易实现网络监控，但中心节点的故障会引起整个网络瘫痪。

2）树型网络：实际上是星型拓扑的扩展，其中某些节点可能作为其他节点的中继或集线器。特点是易于扩展和维护，因为新增节点只需要连接到最近的子节点或集线器，但如果根节点或关键节点故障，可能会影响整个网络或子网络的通信。

3）环形网络：各站点通过通信介质连成一个封闭的环形。环形网容易安装和监控，但容量有限，网络建成后，难以增加新的站点。

4）总线型网络：网络中所有的节点共享一条数据通道。总线型网络安装简单方便，需要铺设的电缆最短，成本低，某个站点的故障一般不会影响整个网络。但介质的故障会导致整个网络瘫痪，总线型网安全性低，监控比较困难，增加新站点也不如星型网容易。

5）网状网络：网络节点间通过动态路由的方式来进行资料与控制指令的传送。这种网络可以保持每个节点间的连线完整，当网络拓扑中有某节点失效或无法服务时，这种架构允许使用“跳跃”的方式形成新的路由后将信息送达传输目的地。这种网络可靠性高、冗余性强，但结构也比较复杂，如图 4-2 所示。

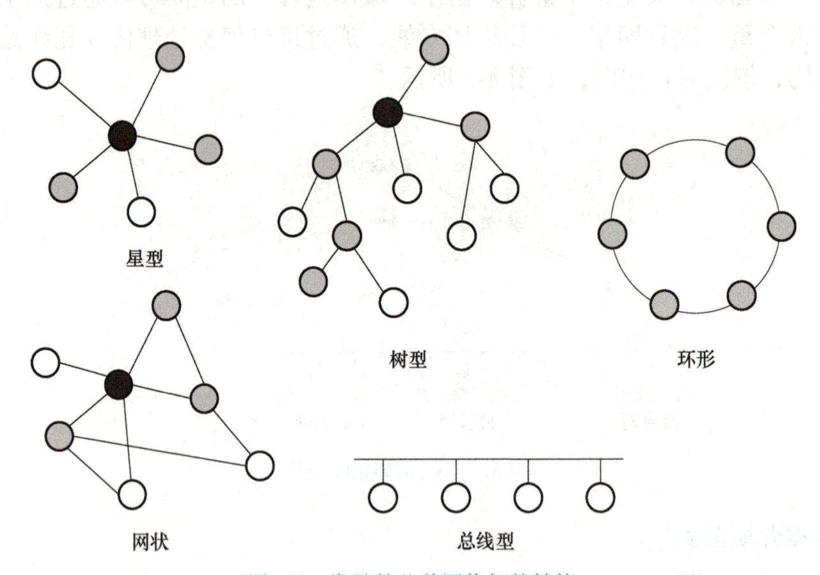

图 4-2 常见的几种网络拓扑结构

4.1.3 通信协议

1. 通信协议的定义与组成

通信协议是指双方实体完成通信或服务所必须遵循的规则和约定。这些规则明确规定了所交换信息的格式、同步方式、传送速度、传送步骤、检纠错方式以及控制字符定义等。通信协议可以视为通信计算机双方必须共同遵守的一种约定。只有遵守这个约定，计算机之间才能进行通信。

以下是通信协议的主要组成部分及其定义。

1）语法：定义通信中消息的格式，包括数据格式、编码以及信号电平等。

2）语义：定义通信中各个控制信息的意义，以及特定的约定含义，如用于协调双方动作的一系列控制命令。

3）同步：定义收发双方的时序关系，包括如何建立通信、何时以及如何进行通信、通信结束的条件等。

通信协议可以根据不同的应用场景进行分类，如网络通信协议、串口通信协议、蓝牙通信协议等。每种协议都有其特定的用途和优势。

2. 常见通信协议比较

不同的应用需求催生了不同的网络技术，进而推动了通信协议的发展和多样化，表 4-1 中列出了几种常见的通信协议。

表 4-1　几种常见的通信协议

序号	协议名词	应用场景	特点
1	TCP/IP 协议簇	因特网	互联网基础通信协议，支持端到端的数据传输，可靠性高、扩展性强，包含 TCP、UDP（用户数据报协议）、ICMP（因特网控制消息协议）等数十个协议
2	WiFi	高速无线局域网	短距离、高速率
3	CAN	工业自动化和车辆网络等	具有高可靠性、高实时性和低错误率
4	ZigBee（蜂舞协议）	物联网	低功耗、低速率、延迟短、近距离、大容量、低成本
5	Modbus	工业自动化系统的串行通信	支持多种电气接口，具有简单、可靠、易于实现的特点
6	Lora	物联网	低功耗、传输距离远、抗干扰能力强、低速率
7	蓝牙	短距离便携式设备	低功耗、短距离、低成本
8	RS-485	工业控制	差分传输、距离远、抗干扰能力强
9	NB-Iot	窄带物联网	低功耗、覆盖面广、低成本、低速率

4.1.4　网络设备

不同的网络技术对网络设备的要求是不一样的，一般功能相对简单的网络，网络设备也相对单一，比如 ZigBee 网络，主要包含三类网络设备：终端节点、路由节点和协调器节点，而功能复杂的因特网技术包含的网络设备尤为多样。下面简单介绍因特网中常见的几种网络设备。

1. 路由器

功能：路由器是连接两个或多个网络的硬件设备，在网络间起网关的作用。它能够读取每一个数据包中的地址，并根据选定的路由算法决定如何传送。

特点：路由器能够理解不同的协议，如以太网协议和 TCP/IP，并能将非 TCP/IP 网络的地址转换成 TCP/IP 地址，或者反之。路由器是网络层设备，其可靠性直接影响网络互连的质量。

2. 交换机

功能：交换机是一种用于电（光）信号转发的网络设备，它可以为接入交换机的任意两个网络节点提供独享的电信号通路。

特点：交换机有多个端口，每个端口都具有桥接功能，可以连接一个局域网或一台高性能服务器或工作站。交换机能够经济地将网络分成小的冲突网域，为每个工作站提供更高的带宽。

3. 防火墙

功能：防火墙技术通过有机结合各类用于安全管理与筛选的软件和硬件设备，帮助计算机网络与其内、外网之间构建一道相对隔绝的保护屏障。

特点：防火墙能够及时发现并处理计算机网络运行时可能存在的安全风险、数据传输等问题。只有在防火墙同意的情况下，用户程序才能够进入计算机内。防火墙还能对信息数据的流量实施有效查看，并且还能够对数据信息的上传和下载速度进行掌握。

4. 服务器

功能：服务器是计算机网络上最重要的设备之一，它运行相应的应用软件，为网络中的用户提供共享信息资源和服务。根据服务器的功能不同，又可以分为多种类型，比如VPN（虚拟专用网）服务器、邮件服务器、文件传输服务器等。

特点：服务器具有高速的CPU（中央处理器）运算能力、长时间的可靠运行能力、强大的I/O外部数据吞吐能力以及更好的扩展性。服务器与网络中的其他计算机相比，在处理能力、稳定性、可靠性、安全性、可扩展性、可管理性等方面存在很大的差异。

4.2 移动机器人应用层通信协议设计

4.2.1 帧格式定义

在移动机器人通信设计中，应用层协议往往是运行在已有基本网络协议基础之上、用户自己定义的协议，比如基于TCP的应用层通信协议设计，主要关注设备之间的通信内容，而数据怎么通过网络从一端发送到另一端，则不需要应用层关心。因此应用层主要关心与具体应用有关的事项。

帧格式的定义往往决定了设备之间信息交互的内容，从而基本确定整个系统的功能。通常情况下，设计者会根据机器人之间或机器人内部各设备之间的功能需求设计应用层协议的帧格式。图4-3中的帧格式是一种很容易想到的设计方案。

SOP	CMD	LEN	DATA	FCS
1字节	2字节	1字节	LEN字节	1字节

图4-3 一种帧格式方案

图4-3表示的数据帧包含SOP、CMD、LEN、DATA和FCS总共5个域。其中，SOP为帧起始字节，代表一个帧的开始；CMD为具体应用相关的命令字符，表示本帧数据代表什么命令；LEN代表数据帧DATA域的字节数；DATA代表本帧的具体内容，它

与 CMD 一起组成完整的通信信息；FCS 为用于校验数据帧是否错误的校验码。这里每个域占用多少个字节可以按照设计者的需求进行调整，不做过多的讨论。

上述帧格式设计，对于某个特定的应用来说，看上去可以很好地工作，也能解决两个设备应用层之间的信息交互。但当把这种设计应用到不同项目中时，这种帧格式设计方案缺乏可移植性。比如，移动机器人中的主控制器要分别控制前进电动机和转向电动机，需要与前进电动机控制器和转向电动机控制器进行信息交互。当采用图 4-3 的设计方案时，两个通信协议在 CMD 域就存在不一致，特别是如果 CMD 域的字节数不一致时，用于解析一种帧格式的方法，就无法直接运用于另一种帧的解析中，会给设计和调试带来不便。

图 4-4 给出了一种考虑通用性和可移植性的帧格式设计方案。相比于图 4-3 的方案，把原本的 CMD 域合并到 DATA 域中，并且在 DATA 域中添加 projID 域、VER 域和 appData 域。其中，CMD 域代表命令类型，appData 域代表命令的具体内容，与图 4-3 的设计方案功能一样。新增加的 projID 代表本帧格式被设计用于哪个项目或者设备，VER 域代表本帧格式的版本，可用于版本控制，有效提高协议的兼容性。这种帧格式方案，由于把 CMD 域移进了 DATA 域，也就是把与具体应用相关的内容放入了 DATA 域，使整个帧格式在外部看来只有 SOP、LEN、DATA 和 FCS 四个域，它们都与具体应用无关，该设计可以不做修改直接用到其他项目中，提高了可移植性。这 4 个域直接决定了发送与接收数据设备的成帧软件代码，不同项目可以采用相同的帧格式，也就无须修改相应代码直接复用即可，提高了通信代码的复用性。

SOP	LEN	DATA				FCS
		projID	VER	CMD	appData	
1字节	2字节	1字节	1字节	2字节	LEN–4字节	1字节

图 4-4　优化后的帧格式方案

4.2.2　通信协议设计

下面利用图 4-4 中给出的帧格式设计方案，针对机器人前进电动机控制，设计一个简单的应用层通信协议。在设计协议前，首先要弄清楚具体的控制需求，比如包含哪些控制参数、哪些返回参数、参数类型是什么、参数含义是什么等。

1. 确定参数

根据电动机的控制需求，可以确定通信协议涉及的参数。表 4-2 为部分机器人电动机所需控制参数。

表 4-2　部分机器人电动机所需控制参数

序号	参数名词	说明
1	电动机转速	表示电动机转速，单位：转 / 分
2	电动机转向	表示电动机的转动方向
3	电动机电流	表示电动机工作实时电流
4	电动机最大电流	表示电动机最大限制电流
5	PID 参数	表示电动机的 PID 控制参数

2. 设计命令

基于表 4-2 中的参数以及控制需求，设计相应的命令，包括两个方向的命令：主控发送给电动机控制器和电动机控制器发送给主机。

主控发送给电动机控制器的命令可以分为 3 类。

1）设置参数命令，见表 4-3。

2）查询参数命令，见表 4-4。

3）查询状态命令，见表 4-5。

电动机控制器发送给主机的命令为对主控命令的应答，见表 4-6。

表 4-3　主控设置电动机参数

序号	CMD	作用	说明
1	0x0001	设置电动机转速	用于设置电动机的目标转速，单位：转 / 分
2	0x0002	设置电动机转向	用于设置电动机的转动方向
3	0x0003	设置电动机最大电流	用于设置电动机工作时的最大限制电流，单位：A
4	0x0004	设置 PID 参数	用于设置电动机的 PID 控制参数

表 4-4　主控查询电动机参数

序号	CMD	作用	说明
1	0x0081	查询电动机转速	询问电动机目标转速，单位：转 / 分
2	0x0082	查询电动机转向	询问电动机目标转向
3	0x0083	查询电动机最大电流	询问电动机被限制的最大电流，单位：A
4	0x0084	查询 PID 参数	询问电动机被设置的 PID 参数

表 4-5　主控查询电动机状态

序号	CMD	作用	说明
1	0x0005	查询电动机当前转速	询问电动机当前的转速，单位：转 / 分
2	0x0006	查询电动机当前转向	询问电动机当前的转动方向
3	0x0007	查询电动机当前电流	询问电动机当前的电流，单位：A

表 4-6　电动机状态返回

序号	CMD	作用	说明
1	0x8001	返回所设置电动机转速命令	对主控 CMD=0x0001/0x0081 的应答
2	0x8002	返回所设置电动机转向命令	对主控 CMD=0x0002/0x0082 的应答
3	0x8003	返回所设置电动机最大电流命令	对主控 CMD=0x0003/0x0083 的应答
4	0x8004	返回所设置电动机 PID 参数	对主控 CMD=0x0004/0x0084 的应答
5	0x8005	返回电动机当前转速	对主控 CMD=0x0005 的应答
6	0x8006	返回电动机当前转向	对主控 CMD=0x0006 的应答
7	0x8007	返回电动机当前电流	对主控 CMD=0x0007 的应答

3. 命令详细定义

这里采用图 4-4 定义的帧格式方案设计命令。由于篇幅有限，只给出了 CMD 为 0x0001 和 0x8001 的命令详细设计参考，这 2 个命令具有很好的代表性，其他命令读者可以按照类似的思路自行给出完整设计。

表 4-7 和表 4-8 共同给出了主控对电动机转速设置的命令，其中 SOP 为 0x55，LEN 为 0x0C，对应于十进制的 12，也就是 DATA 域有 12 个字节，projID 和 VER 都设置为 0x01，在实际使用中，读者可以根据自己的要求设置相应值。CMD 为 0x0001，为表 4-3 中定义的主控设置电动机转速命令。appData 域包含 3 个字段，分别是：srcDevID 代表发送本命令的主机的 ID 号；dstDevID 代表本命令发送给哪个从机设备，从机（这里也是电动机控制器）用于判断收到的数据帧是否是发给自己的，因为在系统（网络）中可能存在多个电动机控制器；targetSpeed 代表所设置的电动机目标转速。

表 4-7　CMD=0x0001 命令设计

格式	SOP	LEN	DATA				FCS
			projID	VER	CMD	appData	
字节	D_0	D_1D_2	D_3	D_4	D_5D_6	$D_7 \sim D_{14}$	D_{15}
说明	0x55	0x0C	0x01	0x01	0x0001	见表 4-8	CRC（循环冗余校验）校验结果
应答	电动机控制器返回数据帧 CMD=0x8001						

表 4-8　CMD=0x0001 命令 appData 域定义

字节	名称	分辨率	数据格式	默认值	设定范围
D_7D_8	srcDevID 源设备号	—	16 进制 u16	—	1 ~ 65535
D_9D_{10}	dstDevID 目的设备号	—	16 进制 u16	—	1 ~ 65535
$D_{11}D_{12}D_{13}D_{14}$	targetSpeed 目标速度	1RPM（每分钟转数）	Float	—	0 ~ 30 RPM

电动机控制器在接收到 CMD=0x0001 命令后会发送应答命令 CMD=0x8001，其详细定义见表 4-9 和表 4-10。

表 4-9　CMD=0x8001 命令设计

格式	SOP	LEN	DATA				FCS
			projID	VER	CMD	appData	
字节	D_0	D_1D_2	D_3	D_4	D_5D_6	$D_7 \sim D_{14}$	D_{15}
说明	0xAA	0x0C	0x01	0x01	0x8001	见表 4-10	CRC 校验结果
应答	电动机控制器返回数据帧 CMD = 0x8001						

表 4-10　CMD=0x0081 命令 appData 域定义

字节	名称	分辨率	数据格式	默认值	设定范围
D_7D_8	srcDevID 源设备号	—	16 进制 u16	—	1 ~ 65535
D_9D_{10}	dstDevID 目的设备号	—	16 进制 u16	—	1 ~ 65535
$D_{11}D_{12}D_{13}D_{14}$	targetSpeed 目标速度	1RPM	Float	—	0 ~ 30 RPM

本命令（CMD=0x8001）可作为电动机控制器在收到主控发来的设置电动机转速命令CMD=0x0001或查询电动机转速设置命令CMD=0x0081的应答。该命令与CMD=0x0001的主体内容是一致的。其中，SOP从0x55变为0xAA，这是为了调试工具在监测命令时，方便区分数据帧的方向。本命令中的srcDevID代表电动机控制器的设备号，即发送本命令的设备，而dstDevID代表主控的设备号。targetSpeed代表电动机控制器目前存储的电动机目标速度，也是主控发送过来的目标速度。

其他命令读者可以参考上述两个命令的思路和格式自行补全。本书中介绍的是采用二进制格式对命令进行设计和编码的方法。这种编码方式传输效率比较高，但也存在灵活性不够的缺点。当命令中的内容改变时，比如命令的发送方增减了字段，可能存在接收方无法解析的问题，因此，需要同步修改接收方程序才能正确解析。另一种比较灵活的方式是JSON格式，它采用一个无序的“名称/值”对集合来表达信息，比较适合于轻量级网络通信中使用，而且其扩展性比较强，特别是当发送方新增字段后，不会影响接收方对原有字段的解析。但由于其采用ASCII编码（美国信息交换标准代码），因此有编码效率低、帧解析计算复杂度高等问题，不太适合于高实时性要求的场合。想进一步了解JSON格式的读者，可以自行查找相关资料深入学习。

4.3 常用人机交互技术

人机交互是指用户通过输入、输出设备，以有效的方式实现人与“机”之间信息传递与交换的技术。这里的“机”，既可以是各种各样的机器，也可以是计算机化的系统和软件。生活中常见的键盘、鼠标都属于人机交互设备的范畴——人们通过用手来操控这些设备向系统发送消息，实现与系统之间的交互。随着技术的发展，人机交互技术得到不断扩展，人们和“机”之间交互的方式越来越多样化，出现了如手势交互、语音交互、眼动交互、脑机交互等技术。

在机器人应用中，人机交互应用的框架如图4-5所示。人通过人机交互设备进行操作，比如按下键盘的“W”键，计算机端的驱动程序负责和键盘进行底层交互，扫描键盘的按键是否被按下，当确定“W”键被按下时，生成键盘消息。用户程序监听键盘消息，将“W”按键映射为机器人向前运动指令“move-forward”，并将指令传输至机器人，机器人接收到“move-forward”指令后，执行向前运动的动作。当使用机器人操作系统时，用户程序可以在监听到“W”按键消息时，发布Twist类型的消息（一种机器人操作系统的标准消息，常用来表示机器人运动的平移速度和旋转速度），当机器人接收到该消息时，执行向前运动。需要说明的是，当机器人控制的功能较多，或者人机交互技术（比如眼动交互、脑机交互等）本身依赖于特定的图形界面时，还需要引入图形用户界面，它为人机交互提供必要的交互信息指引（比如机器人复杂的姿态控制）。另外，图形用户界面接收机器人反馈的信息，比如前景摄像头的实时画面，为用户决策提供依据。

本节以下部分将分别介绍常见人机交互方法的原理，以及如何获取其交互指令。在获取到交互指令后，配合本书其他章节的内容即可将交互指令转化为控制机器人的标准消息，实现对机器人的控制。

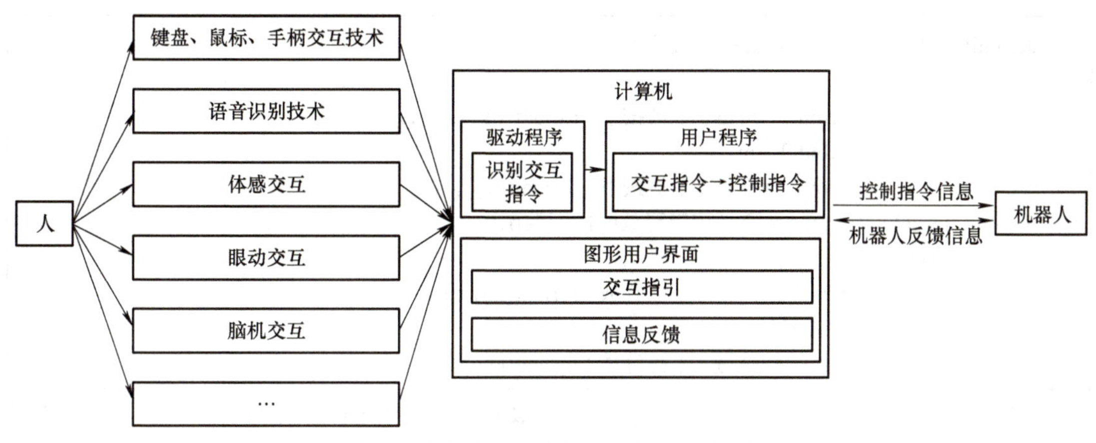

图 4-5　机器人系统中的人机交互应用框架

4.3.1　键盘、鼠标、手柄交互

1. 键盘、鼠标、手柄交互的基本原理

鼠标、键盘、手柄（图 4-6）是最传统的人机交互设备，人通过直接操控该设备发送消息给计算机或者直接发送消息给机器使之做出相关的动作。键盘、鼠标、手柄的按键被按下或者摇杆被推动时，其内部的电路识别到该动作并生成消息，每一个动作对应唯一编码的消息，用户程序通过监听键盘 / 鼠标 / 手柄消息来进行具体的操作。目前，鼠标、键盘、手柄已经成为计算机、游戏以及工业应用中的标准化设备，键盘、鼠标、手柄消息均遵循标准格式，因此不同品牌的键盘鼠标、同一类型的手柄均可以直接替换，用户编写程序监听键盘、鼠标、手柄消息进行应用开发十分方便。

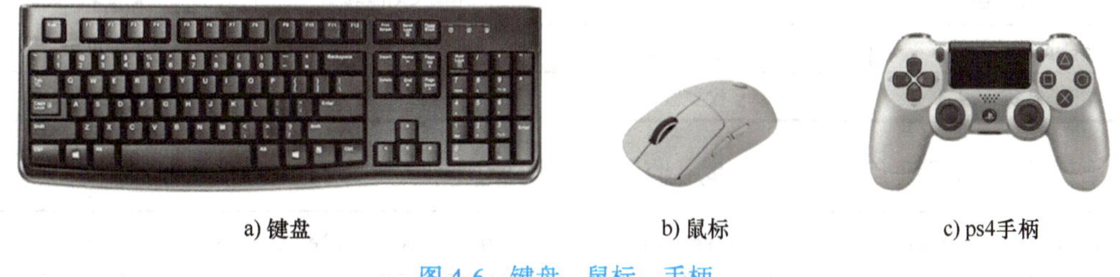

a) 键盘　　b) 鼠标　　c) ps4手柄

图 4-6　键盘、鼠标、手柄

2. 键盘、鼠标、手柄交互实验

（1）基于键盘的人机交互　在 python 编程环境下，可以通过 pynput 库进行键盘、鼠标消息的监听，进一步实现人机交互。使用 pynput 库响应键盘事件的一般流程如下。

第一步：从 pynput 库导入 keyboard 模块（需提前通过 pip install pynput 安装该库）。

```
from pynput import keyboard
```

第二步：定义键盘事件回调函数，即定义键盘按键被按下 / 释放时对应的操作。

```
def onPressFun(key):   # 定义按键按下时的回调函数
        try:
                print(' 字符键 :{} 被按下 '.format ( key.char))
        except AttributeError:
                print(' 特殊键 :{} 被按下 '.format(key))
def onReleaseFun(key):   # 定义按键释放时的回调函数
        try:
                print(' 字符键 :{} 被释放 '.format(key.char))
        except AttributeError:
                print(' 特殊键 :{} 被释放 '.format(key))
```

当回调函数和键盘监听器完成绑定后，键盘有击键动作时（击键动作又被细分为按下和释放两个动作）回调函数被调用，key 作为参数传递给该函数。其中，参数 key 分为两大类。一类为字符键，此时 key 具有 char 属性，可以通过 key.char 来得到该按键对应的字符，包括数字键 0 ～ 9，字母键 a ～ z，符号键 '.'、'/'、';'、'['、']' 等；另一类为特殊键，如空格键、<Enter> 键等。此时 key 为枚举类型，特殊键与枚举值的对应关系见表 4-11。

表 4-11　特殊键对应的枚举值（部分）

按键	Key 枚举值	按键	Key 枚举值
<Esc> 键	Key.esc	左方向键	Key.left
左侧 <Shift> 键	Key.shift_l	右方向键	Key.right
右侧 <Shift> 键	Key.shift_r	上方向键	Key.up
<Tab> 键	Key.tab	下方向键	Key.down
Windows 键	Key.cmd	左侧 <Ctrl> 键	Key.ctrl_l
退格键	Key.backspace	右侧 <Ctrl> 键	Key.ctrl_r
<Enter> 键	Key.enter	左侧 <Alt> 键	Key.alt_l
<CapsLock> 键	Key.caps_lock	右侧 <Alt> 键	Key.alt_r
按键	Key 枚举值	按键	Key 枚举值

第三步：创建键盘监听器，绑定监听器与回调函数。

```
listener = keyboard.Listener(on_press= onPressFun,   on_release= onReleaseFun)
```

第四步：启动监听器。

```
listener.start()   # 启动监听器
listener.join()   # 等待监听器线程工作完成
```

运行以上程序即可对键盘的消息进行监听，可以观察到每当有按键被敲击时，控制台会立刻打印出当前按下 / 释放的按键，如图 4-7 所示。

以上代码展示了如何对键盘事件进行监听。在此基础上可以做一个键盘控制机器人的实验。以下代码展示利用 pynput 库监听键盘的“I”“J”“K”“L”按键的动作，利用 rospy 通过 /turtle/cmd_vel 话题发布机器人运动的消息。当运行本脚本以及启动 turtlesim_node（小海龟）节点后，即可通过键盘控制小海龟前后左右移动。

```
>python keypress.py
特殊键:Key.enter被释放
字符键:j被按下
字符键:j被释放
字符键:q被按下
字符键:q被释放
字符键:r被按下
字符键:r被释放
特殊键:Key.tab被按下
特殊键:Key.tab被释放
特殊键:Key.caps_lock被按下
特殊键:Key.caps_lock被释放
```

图 4-7　键盘监听程序运行截图

```
import rospy
from geometry_msgs.msg import Twist
from pynput import keyboard
velMsg = Twist()
def onPressFun(key):
    global velMsg
    try:
        if key.char == 'i':   # 向前运动
            velMsg.linear.x = 0.5
            velMsg.linear.y = 0
            velMsg.linear.z = 0
            velMsg.angular.z = 0
        elif key.char == 'j': # 向左旋转
            velMsg.linear.x = 0
            velMsg.linear.y = 0
            velMsg.linear.z = 0
            velMsg.angular.z = 0.1
        elif key.char == 'l': # 向右旋转
            velMsg.linear.x = 0
            velMsg.linear.y = 0
            velMsg.linear.z = 0
            velMsg.angular.z = -0.1
        elif key.char == 'k': # 后退
            velMsg.linear.x = -0.5
            velMsg.linear.y = 0
            velMsg.linear.z = 0
            velMsg.angular.z = 0
        else:
            pass
    except AttributeError:
        pass
def onReleaseFun(key): # 释放按键时立即停止当前运动
    global velMsg
    try:
        if key.char in ['i', 'j', 'k', 'l']:
```

```
                velMsg.linear.x = 0
                velMsg.linear.y = 0
                velMsg.linear.z = 0
                velMsg.angular.z = 0
        except AttributeError:
            pass
def velocityPublisher ():
        global velMsg
        # ROS 节点初始化
        rospy.init_node('VelPublisher', anonymous=True)
        # 创建键盘监听器，启动监听器
        listener = keyboard.Listener (on_press = onPressFun, on_release = onReleaseFun)
        listener.start()
        # 发布 cmd_vel 主题
        velPub = rospy.Publisher('/turtle1/cmd_vel', Twist, queue_size=10)
        # 设置循环的频率
        rate = rospy.Rate(10)
        while not rospy.is_shutdown():   # 发布消息
            velPub.publish(vel_msg)
            rate.sleep()
if __name__ == '__main__':
        velocityPublisher ()
```


（2）基于鼠标的人机交互　在 python 编程环境下，使用 pynput 库响应鼠标事件的一般流程如下。

第一步：从 pynput 库导入 mouse 模块。

```
from pynput import mouse
```

第二步：定义鼠标事件回调函数，即定义鼠标移动或按键单击时对应的操作。如下：

```
def onMoveFun(x, y):   # 鼠标移动回调函数
    print(' 鼠标位置 :{}'.format((x, y)))
def onClickFun(x, y, button, pressed): # 鼠标单击回调函数
    print(' 按键 :{}, 在 {}, {}'.format(button, (x, y)，  ' 按下 ' if pressed else ' 释放 '))
```

当回调函数和鼠标监听器完成绑定后，在发生鼠标移动事件时，鼠标的当前坐标“x，y”作为参数传递给回调函数；当鼠标单击事件发生时，鼠标的当前坐标“x，y”、鼠标按钮值（Button.left/Button.middle/Button.right）以及布尔值 pressed（按下 / 释放）作为参数传递给该函数。

第三步：创建鼠标监听器，绑定监听器与回调函数。

```
listener = mouse.Listener(on_move=onMoveFun，on_click=onClickFun)
```

第四步：启动监听器。

```
listener.start()   # 启动监听器
listener.join()   # 等待监听器线程工作完成
```

运行以上程序即可对鼠标消息进行监听，可以观察到每当有鼠标移动或者鼠标单击发生时，都会打印对应的信息，如图 4-8 所示。

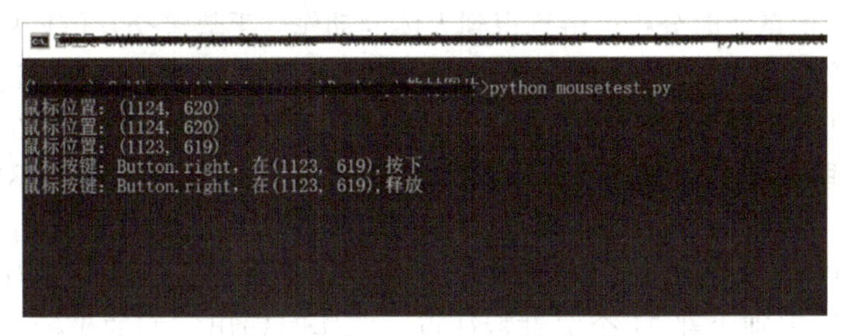

图 4-8　鼠标监听程序运行截图

（3）基于 ps4 手柄的人机交互　在 ROS 中，可以直接通过 joy 包来驱动手柄，并通过订阅 joy 节点发布的 sensor_msgs/Joy 消息来获得手柄当前的动作。用户程序可进一步将手柄事件转换为控制机器人运动的消息实现对机器人的控制。在 ROS 中获取手柄消息的一般流程如下：

第一步：安装手柄的 ROS 工具包。

```
sudo apt-get install ros-xxxx-joy 其中 xxxx 是指 ROS 版本的名称
```

第二步：启动 joy 节点。

```
rosrun joy joy_node
```

该节点启动后将发布一个名为 /Joy 的话题，其消息格式为 sensor_msgs/Joy，如图 4-9 所示。该消息包含两个数组：axes 和 buttons。其中 axes 对应 ps4 手柄两个摇杆在 x、y 方向上的偏移范围，取值为 [-1,1]。Buttons 数组中的每一个元素则对应手柄上的按钮，取值为 0/1，为 1 时代表该按钮被按下。

sensor_msgs/**Joy Message**

File: sensor_msgs/Joy Message

Raw Message Definition

```
# Reports the state of a joysticks axes and buttons.
Header header          # timestamp in the hesder is the time the data is receive from the joystick
float32[ ] axes             # the axes measurements from a joystick
int32[ ] buttons        # the buttons measurements from a joystick
```

图 4-9　Joy 消息格式

第三步：订阅 /Joy 话题，获取 /Joy 消息。将手柄摇杆运动或者按键动作映射到控制机器人的指令，发布控制机器人运动的 Twist 消息实现对机器人的控制。

4.3.2　体感交互

体感交互是一种直接利用身体动作与环境进行互动，由机器对用户的动作识别、解析，并做出反馈的人机交互技术。由于在交互过程中，人不需要和设备发生直接接触，因而大大降低了对用户的约束、提高了人机交互的沉浸感和舒适度。

1. 体感交互的基本原理

体感交互的基本原理是利用可见光、红外光等非接触式传感器捕获人体的姿态、运动信息，进一步对传感信息实时分析、解算得到人体的动作、手势等交互信息从而识别人的交互意图。目前，比较常见的体感交互设备所使用的传感器和技术方案有以下几类。

1）基于可见光摄像头的手部关键点识别。利用摄像头拍摄人体图片或视频，基于图像处理技术提取人体的关键特征点，比如人手部关节特征点，构造不同预设动作的特征数据分类模型，实现对静态或者动态手势的识别。应用较为广泛的有谷歌的开源框架 MediaPipe，其内置了人体脸部、手部等多种不同的人体关键特征点识别模型。该框架的手部识别模型可以识别手部 21 个关键特征点，并实时输出它们的坐标，如图 4-10 所示。在此基础上，可进一步构建不同手势特征数据的分类模型，实现手势识别。

图 4-10　基于谷歌 MediaPipe 的手部 21 个关键点识别

2）基于深度相机的人体骨架识别。深度相机包括双目相机、结构光相机或者基于 TOF（Time Of Flight，飞行时间）原理的相机等。代表产品有微软公司的 Kinect 以及英特尔公司的 Realsense。深度相机可以测量带深度的图像信息，实现对人体三维数据的捕获。基于三维数据进行人体动作识别可以达到更高的精度和识别更多姿态的动作。Kinect 以及 Realsense 均内置了人体骨架识别算法，通过官方提供的用户开发接口（SDK）可以直接读取人体骨架数据，并以此为基础进行人机交互应用开发。图 4-11 展示了某科技公司基于 kinect 骨架数据的人体姿态识别效果。

图 4-11　基于 kinect 骨架数据的人体姿态识别

3）基于红外传感器的手势识别。用于手势识别的红外光传感器一般包括红外 LED 和红外摄像头，与可见光摄像头直接感知环境反射的光线不同，LED 主动发射特定波长的红外光，经过被测物体反射之后被红外摄像头感知成像。由于摄像头只对特定波长的红外光敏感，因此这种方案不易受环境光照的影响，在不同光照亮度、夜间均能正常工作。用于手势识别的红外传感器代表产品有 Ultraleap 公司的 Leap Motion（图 4-12）、Ultraleap 3Di、Stereo IR 170 模组等。

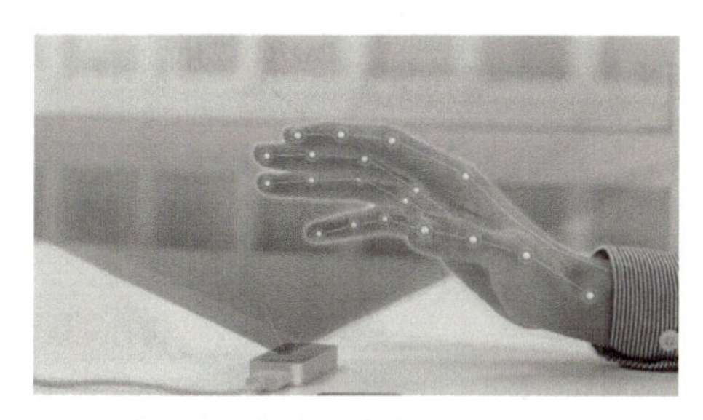

图 4-12　Leap Motion 手势识别

4）其他方案。包括基于超声波、电磁等传感器的手势识别方案。它们的原理是利用人体在不同姿态、动作状态下传感器感知数据的差异来实现对不同手势的分类。

总的来说，体感交互是一种新兴的交互技术，相关的传感器以及算法都在快速发展。上面所介绍的设备只提供原始传感数据或者至多提供特征级数据，在机器人控制实验中进行体感交互还需要有专门的算法对传感器输出的数据进行建模，才能识别出特定的人体交互意图。

2. 体感交互实验

本书介绍一款手势识别芯片 PAJ7620F2，并基于它进行体感交互实验。该款芯片集成了红外感光阵列来感知环境，同时内置了手势识别算法单元，支持识别 9 种手势，包括向上、向下、向左、向右、向前、向后、顺时针旋转、逆时针旋转、挥手。图 4-13 展示了该芯片内部的原理框图，可以看到该芯片有两组 940nm 红外光（IR）LED 和一组 60 × 60 红外感光阵列。当芯片上方 20cm 以内有人手活动时，红外感光阵列对人手进行成像，成像数据经过平滑滤波之后转换为 30 × 30 像素的红外图像，经过目标提取和手势识别单元的分析和处理，识别得到当前的手势。该芯片需要由一颗 MCU 通过 I^2C（集成电路总线）进行初始化配置，读取其检测到的手势数据。

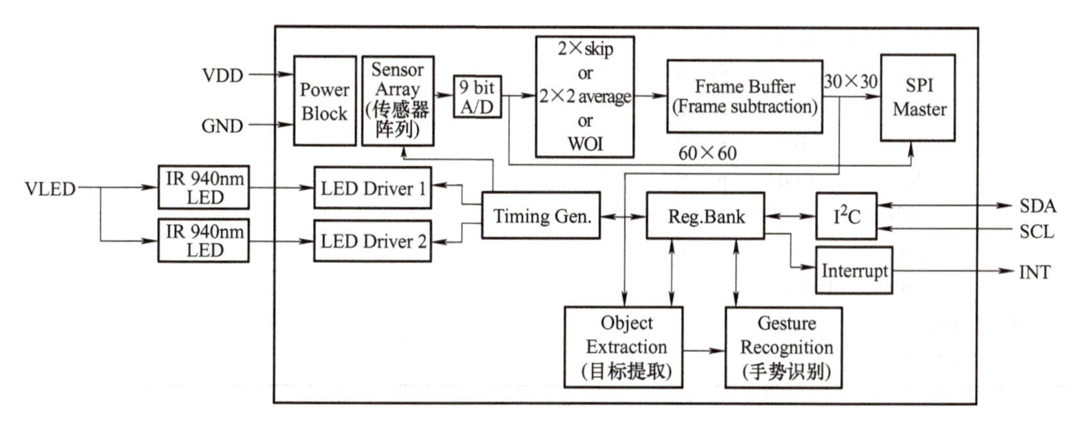

图 4-13　手势识别芯片 PAJ7620F2 原理框图

目前，已有不少商家基于PAJ7620F2芯片推出了手势识别模组，实现了“即插即用”。以某公司生产销售的PAJ7620模组为例，如图4-14所示，该模组在使用时，只需将串口线插入计算机USB口，当传感器检测到手势时，模组将通过串口向计算机发送手势数据。模组上传数据的格式为0xAA 0x??，其中第一字节0xAA为帧头，第二字节0x??为手势数据，代表相应动作，数据与动作对应关系见表4-12。

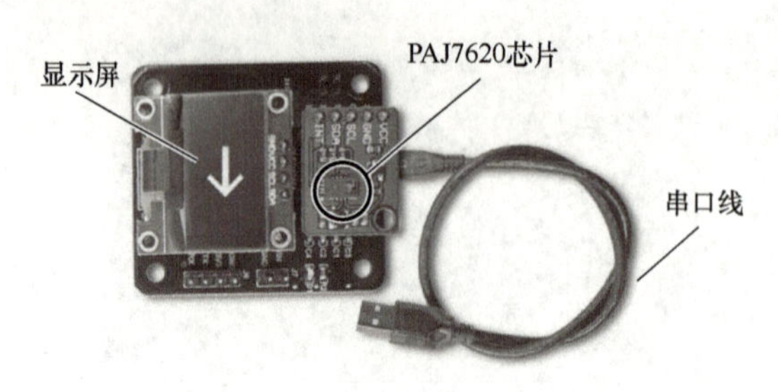

图4-14 PAJ7620手势识别模组

表4-12 PAJ7620模组数据与动作对应关系

数据	0x01	0x02	0x03	0x04	0x05
动作	向前	向后	向左	向右	顺时针
数据	0x06	0x07	0x08	0x09	
动作	逆时针	向下	向上	挥手	

以下程序展示了通过串口读取PAJ7620模块数据，运行该程序后用手在模组的上方20cm范围内做出动作“向前挥手”“向后挥手”“向左挥手”“向右挥手”“向下挥手”，可观察到控制台打印出对应的命令。基于此可进一步编写程序通过ROS发布机器人运动的Twist消息实现对机器人的控制。

```
#coding:utf-8
import serial
def main ():
    ser = serial.Serial('/dev/ttyUSB0',  9600) # 打开串口
    while True::
        data = ser.read(1) # 解析手势数据
        if data == 0x01:      print(" 向前 ")
        elif data == 0x02:    print(" 向后 ")
        elif data == 0x03:    print(" 向左 ")
        elif data == 0x04:    print(" 向右 ")
        elif data == 0x07:    print(" 向下 ")
        else:                 pass
        time.sleep(0.1)
if __name__ == '__main__':
    main ()
```

4.3.3　语音交互

语音交互是指人与计算机设备通过自然语音进行交互的过程，比如小度、小爱同学、Siri 等语音聊天机器人和人之间进行语音对话，实现对手机、家用电器的操作控制。按信息传递的方向来分，计算机接收人的语音并理解语义的过程称为语音识别，计算机将想要表达的内容以语音的形式呈现出来依赖于语音合成技术。完整的语音交互过程一般包含语音识别和语音合成两个部分，而本书所讨论的语音交互侧重于语音识别的过程，即计算机通过信号处理和模式识别等技术，将语音信号转换为文本或指令的过程，通俗地说就是一种能让机器“听懂”人在说什么，并做出反应的技术。

1. 语音识别的基本原理

假设通过送话器和声卡采样声音得到的数字信号序列为 $\boldsymbol{S}$，经过音频处理之后得到特征向量序列为 $\boldsymbol{X}=\{\boldsymbol{x}_1,\boldsymbol{x}_2,\cdots,\boldsymbol{x}_n\}$，其中 $\boldsymbol{x}_i$ 为一帧特征向量。该段语音对应的文本序列假设为 $\boldsymbol{W}^*=\{\boldsymbol{w}_1,\boldsymbol{w}_2,\cdots,\boldsymbol{w}_n\}$，其中 $\boldsymbol{w}_i$ 为基本组成单元，如单词、字符。在概率模型下，语音识别的任务就是从所有可能产生特征向量 $\boldsymbol{X}$ 的文本序列中找到概率最大的 $\boldsymbol{W}^*$，可以用式（4-1）来表示该优化问题（由于 $\boldsymbol{X}$ 为给定序列，式中 $P(\boldsymbol{X})$ 可以忽略）。

$$\boldsymbol{W}^*=\mathrm{argmax}P(\boldsymbol{W}\mid\boldsymbol{X})=\mathrm{argmax}\frac{P(\boldsymbol{X}\mid\boldsymbol{W})P(\boldsymbol{W})}{P(\boldsymbol{X})}\propto\mathrm{argmax}P(\boldsymbol{X}\mid\boldsymbol{W})P(\boldsymbol{W}) \tag{4-1}$$

从上式知，要找到最可能的文本序列，必须使得 $P(\boldsymbol{X}\mid\boldsymbol{W})$ 和 $P(\boldsymbol{W})$ 的乘积最大，其中 $P(\boldsymbol{X}\mid\boldsymbol{W})$ 为条件概率，即对于一段文本来说产生这段语音的概率，它由声学模型决定；$P(\boldsymbol{W})$ 为先验概率，即产生这一段文本序列的概率，或者说这一段文本存在的概率，由语言模型决定。由此可见，在语音识别中的两个基本模型是声学模型和语言模型。声学模型负责对输入的语音信号进行建模，建立语音特征到音素之间的映射关系，即将语音信号片段转换到基本的文本单元，如字符、单词等。声学模型通常通过隐马尔可夫模型（HMM）或深度学习等方法来实现。在这些模型中，声学模型通过匹配输入语音的特征参数与预定义的发音模板来工作，以找到最佳的语音到文字的转换。语言模型则是通过分析句子的上下文特征来预测字符（词）序列产生的概率，判断一个语言序列是否为正常词句。通俗地说，声学模型是对语音片段或者单词的翻译，而语言模型则是对句子合理性的检查。当某一种翻译既能满足声学模型也能满足语言模型且 $P(\boldsymbol{X}\mid\boldsymbol{W})$ 和 $P(\boldsymbol{W})$ 乘积最大，也就找到了最佳的语音到文本的转换。

从技术发展的角度来看，语音识别已经取得了长足的进步，能够和人进行对话的聊天机器人、客服机器人已经出现。它们已经完全能够胜任在特定场景下的语音识别需求，比如对智能家居设备的控制、汽车车机的语音控制、手机运营商的语音客服等，甚至在和人的“聊天”中还表现得比较“聪明”。

2. 语音识别实验

本书介绍两种语音识别解决方案，可为机器人应用中的语音交互提供参考。

（1）基于天问 ASR01 模块的语音识别实验　ASR01 是天问科技公司推出的离线语音

识别模块，采用图形化编程的方式修改词条，可支持修改 100 个词条。如图 4-15 所示，ASR01 模块板载拾音送话器，可外接扬声器用于语音播报；有一路串口用于将语音识别的指令发送至其他设备（如机器人）；具有一路温度传感器接口；具有 8 路通用输入输出口，可配合继电器实现对机器人或者电气设备的开关控制。

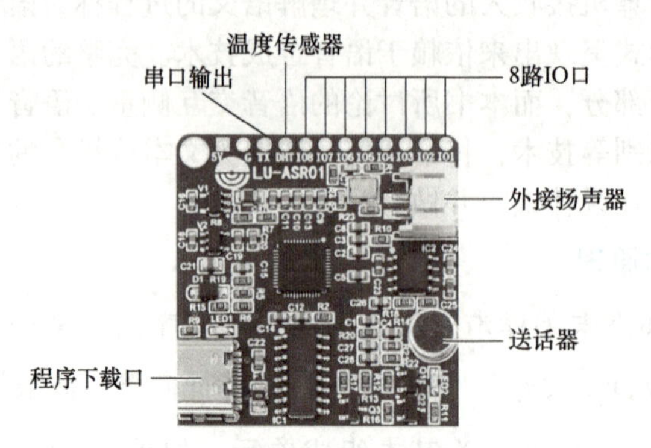

图 4-15　天问 ASR01 语音识别模块

ASR01 语音识别模块的使用步骤如下。

1）使用天问 block 软件进行图形化编程，设置命令词以及命令词对应的操作。如图 4-16 所示，在软件中设置了一个唤醒词和五个命令词（“前进”“后退”“左转”“右转”“停止”），并将五个命令词设置为串口输出字符 1 ～ 5。当模块检测到命令词后，会通过串口发送对应字符，收到该字符的机器人可执行相关动作。

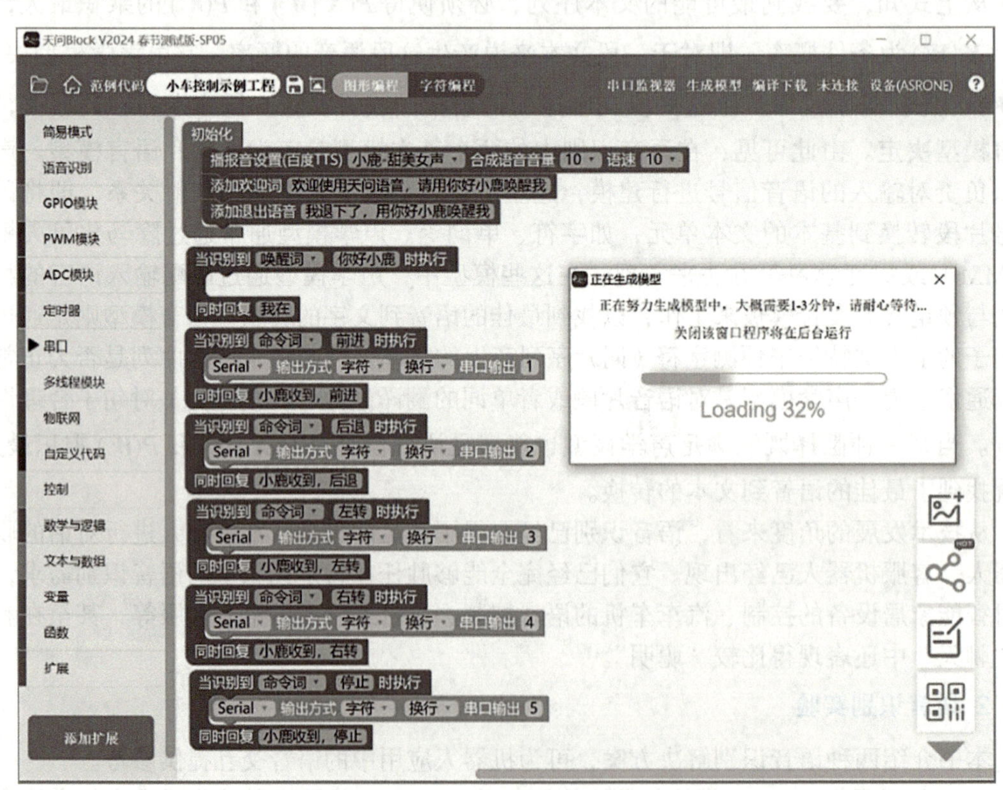

图 4-16　使用天问 block 进行图形化编程

2）生成模型并编译下载。

3）将模块通过串口连接至计算机，利用天问 block 软件的串口监视器选择打开设备串口。

4）语音识别实验。通过“你好小鹿”唤醒 ASR01 模块，成功后可听到语音播报“我在”。唤醒成功后，可说“前进”“后退”“左转”“右转”“停止”，当 ASR01 模块正确识别到命令词后会有对应语音播报，同时在串口监视器中可收到对应的字符 1/2/3/4/5。基于此原理，可编写程序脚本，通过读串口的数据来解析指令并通过 ROS 发布机器人的控制消息实现对机器人的控制。

（2）基于百度语音识别云服务的语音识别实验　天问 ASR01 模块由于芯片算力有限，最多只能支持 100 个词条，适合控制指令不多的场合。当需要进行更加复杂的语音交互时，可以使用在线语音识别服务。这种方式是将本地的录音文件上传到云端的服务器上进行计算。由于服务器算力更强，语音识别模型更好、精度更高（往往采用的是最先进的算法），所以在线语音识别可以获得更好的交互体验，其缺点是运营商的语音识别一般是有偿服务，而且需要联网使用。下面以百度的语音识别为例介绍在线语音识别服务的使用方法，其步骤包括两步：

1）使用送话器录制音频并保存为音频文件。

2）调用百度语音识别服务识别录音文件，并输出结果。

下面是语音识别的示例代码，运行该代码后，可以说“前进”“后退”“左转”“右转”“停止”，通过控制台可以查看语音识别的结果。基于此原理，可进一步编写程序，通过 ROS 发布控制机器人运动的 Twist 消息实现对小车的运动控制。


```
# 导入百度语音识别 API 模块，需提前通过 pip install AipSpeech 安装该库
from aip import AipSpeech
import pyaudio, wave
# 定义录音函数
def record_audio(record_seconds, output_wave_file):
    '''
    :param record_seconds: 录音时长（秒）
    :param output_wave_file: 录音文件路径
    :return: None
    '''
    # 录音参数
    CHUNK = 1024
    FORMAT = pyaudio.paInt16
    CHANNELS = 1
    RATE = 16000
    # 初始化录音
    p = pyaudio.PyAudio()
    stream = p.open(format=FORMAT,channels=CHANNELS,rate=RATE,
                    input=True,frames_per_buffer=CHUNK)
    print(" 开始录音 ...")
    frames = []
```

```
        for _ in range(0, int(RATE / CHUNK * record_seconds)):
            data = stream.read(CHUNK)
            frames.append(data)
        print(" 录音结束 ")
        # 停止并关闭录音
        stream.stop_stream()
        stream.close()
        p.terminate()
        # 保存录音到 Wave 文件
        wf = wave.open(output_wave_file, 'wb')
        wf.setnchannels(CHANNELS)
        wf.setsampwidth(p.get_sample_size(FORMAT))
        wf.setframerate(RATE)
        wf.writeframes(b''.join(frames))
        wf.close()

# 调用百度语音识别 API 识别本地音频文件
def recognize_local_file(file_path,client):
    '''
    :param file_path: 待识别的录音文件
    :param client: 百度语音识别服务客户端
    :return: 识别结果
    '''
    # 读取数据
    with open(file_path, 'rb') as fp:
        audio_data = fp.read()
    # 调用百度语音识别 API 识别语音
    result = client.asr(audio_data, 'pcm', 16000,
                        {'dev_pid': 1537,}) # 1537 对应普通话
    # 解析结果
    if result['err_no'] == 0:
        return result['result'][0]
    else:
        return None

def main():
    # 设置百度语音识别的 APPID/AK/SK, 通过注册获取
    APP_ID = '67750645 '
    API_KEY = 'p3ZQ7wpBjNzGVKbppKZAe7AD'
    SECRET_KEY = 'QKb5ak27nOkE9kOKMsuofCFuFvVtYCmV'

    # 初始化客户端
    client = AipSpeech(APP_ID, API_KEY, SECRET_KEY)

    while True:
```

```
            record_audio(3,"./output.wav")
            res = recognize_local_file("./output.wav",client)
            if res is not None:
                if " 前进 " in res:       print(' 小车前进 ')
                elif " 后退 " in res:    print(' 小车后退 ')
                elif " 左转 " in res:    print(' 小车左转 ')
                elif " 右转 " in res:    print(' 小车右转 ')
                elif " 停止 " in res:    print(' 小车停止 ')
                elif " 退出 " in res:
                    print(' 退出 ')
                    break

if __name__ == '__main__':
    main()
```

4.3.4　眼动交互

眼动交互是指利用计算机技术捕获眼球的位置、运动等信息并分析人的注视点或注视方向、注视 / 扫视 / 平滑跟踪等情况从而理解人的意图的一种新型人机交互技术。图 4-17 展示了人的眼球模型，物体表面的反射光线经过瞳孔进入视网膜成像从而形成人对该物体的“印象”。当人需要注视某个目标时，眼球将会转动到该方向来获取其反射的光线，人体两个眼球视轴延长线的交汇点即人眼的注视点。直观来说，如果把眼球看成一个圆球，则其转动到不同方向时的角度可以通过瞳孔中心在眼球轮廓中的相对位置来进行估计，如图 4-18 所示。

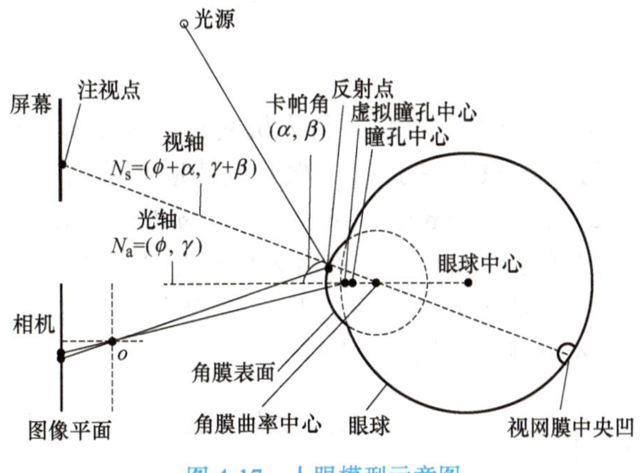

图 4-17　人眼模型示意图

1. 眼动交互的基本原理

眼动交互的主流方案一般是采用摄像头来捕获人的面部或眼睛图像，进一步通过图像处理的方式检测人眼的关键信息如眼球中心、瞳孔中心、眼角位置等特征，最终基于眼球的三维模型或者采用端到端学习的方法进行视线方向的估计。一般来说，眼动仪总是配合一块显示屏（或者是假想的一块显示屏）来使用。眼动仪检测算法所估计的视线延长线穿透显示屏上的点即为人在显示屏上的注视点。进一步，依据人眼注视点坐标在时间维度上的变化情况，可得到人眼的注视、扫视、平滑跟踪情况。综合这些信息，可以有效判断人的意图。

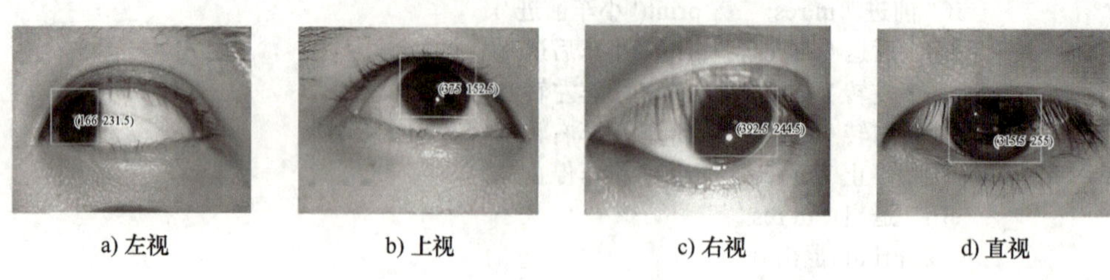

图 4-18　不同注视方向时眼睛的图像及瞳孔中心

眼动交互技术经历了几十年的发展，近年来已经取得了较大的进步，其中比较具有代表性的是 Tobii 公司推出的一系列眼动仪，其推出的消费级眼动仪 Tobii eye tracker 5 （以下简称 Tobii5），如图 4-19 所示，已经具备了相当程度的实用性。目前，通过电商平台能够很方便地购买到 Tobii5 眼动仪，其使用方法也十分简单。

图 4-19　Tobii eye tracker 5 及安装使用示意图

2. 眼动交互实验

为了能够在机器人应用中使用眼动仪进行人机交互，需要实时获取眼动仪估计的注视点坐标。为此，可以使用官方 SDK 来进行二次开发读取其数据。本书介绍使用第三方的 python 库（https://gitee.com/guoguomumu/tobiipy）来读取 Tobii5 的眼动仪数据。图 4-20 定义了显示屏幕上眼睛注视点区域对应的机器人控制命令。当注视点在对应区域停留 2s 以上，将触发对应的指令。基于此，可进一步编写程序，通过 ROS 发布机器人运动的 Twist 消息实现对机器人的控制。示例代码如下。

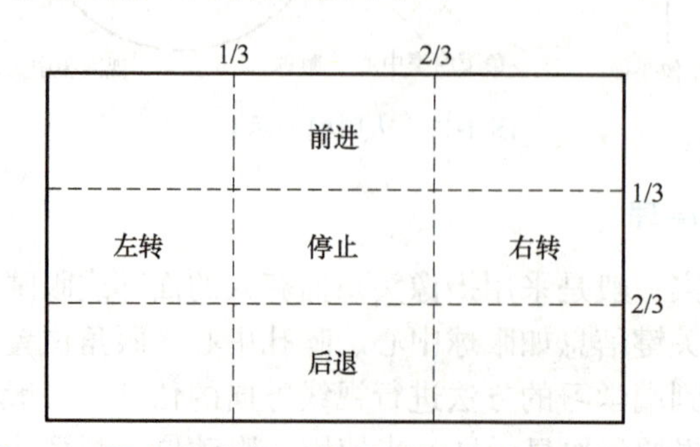

图 4-20　眼动交互注视区域和机器人控制命令对应示意图

```
# coding:utf-8
# 需下载 python 库文件并安装
# 地址：https://gitee.com/guoguomumu/tobiipy
from utobiipy.core import TobiiPy,ROIDetector
import time
scr_w = 1920   # 屏幕的宽和高
scr_h = 1080

def demo():
    tb = TobiiPy()
    # ROIDetector 感兴趣区检测，检测当注视点在设定区域内是否停留超过设定时间
    # 参数一：感兴趣区域尺寸
    # 参数二：缩放因子，一般为 1
    # 参数三：感兴趣区域中心点坐标
    # 参数四：注视时间
    frd = ROIDetector((scr_w/3, scr_h/3), (1,1),(scr_w/2, scr_h/6),2) # 前向
    brd = ROIDetector((scr_w/3, scr_h/3), (1,1),(scr_w/2, 5*scr_h/6),2) # 后向
    lrd = ROIDetector((scr_w/3, scr_h/3), (1,1),(scr_w/6, scr_h/2),2)# 左侧
    rrd = ROIDetector((scr_w/3, scr_h/3), (1,1),(5*scr_w/6, scr_h/2),2)# 右侧
    crd = ROIDetector((scr_w/3, scr_h/3), (1,1),(scr_w/2, scr_h/2),2)# 中间
    while True:
        pos = tb.gazepos # 获取注视坐标点
        _, gazed_f = frd.update(pos) # 检查注视点在设定区域停留超过 2s
        _, gazed_b = brd.update(pos)
        _, gazed_l = lrd.update(pos)
        _, gazed_r = rrd.update(pos)
        _, gazed_c = crd.update(pos)

        if gazed_f: print(' 向前 ')
        if gazed_b: print(' 后退 ')
        if gazed_l: print(' 左转 ')
        if gazed_r: print(' 右转 ')
        if gazed_c: print(' 停止 ')

        time.sleep(0.1)

if __name__ == '__main__':
    demo()
```

4.3.5　脑机交互

脑机交互又称脑机接口（Brain-Computer Interface，BCI），是一种允许大脑直接和外界环境之间进行信息交互的技术。它利用计算机技术采集并分析人的大脑活动信号从而识别出人的意图，以做出相关的反应，比如在脑控机器人系统中，脑机接口算法通过分析

人的脑电信号识别出人想要让机器人直行，则系统立即控制机器人直行。借助脑机接口技术，人可以直接通过“意念”来与外部世界进行交互。

1. 脑机接口的基本原理

完整的脑机接口系统如图 4-21 所示，脑信号采集模块负责采集人的脑活动信号，比如脑电。脑信号解码模块则负责对脑信号进行信号分析，比如信号预处理、特征提取、模式识别等，最终解码出人的意图，得到控制指令并发送至机器人。

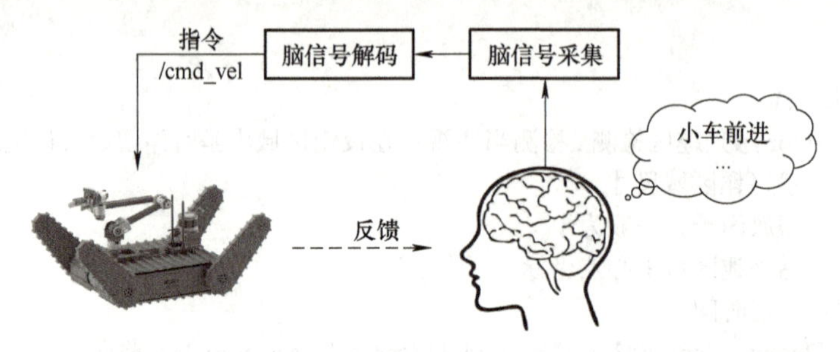

图 4-21　脑机交互系统的组成

（1）脑信号采集模块　脑信号采集模块的目的是捕获能有效表征人脑活动状态的信号，从而提供给后端的脑信号解码模块来处理。目前能够用于记录大脑活动信号的方法比较多，但用于脑机接口技术的脑活动信号主要有皮层脑电图（Electrocorticography，ECoG）、局部场电位（Local Field Potential，LFP）和头皮脑电图（Electroencephalogram，EEG），如图 4-22 所示。其中，皮层脑电图（ECoG）是将电极薄膜贴附到大脑皮层表面而获得的，局部场电位（LFP）是将微电极阵列穿刺到大脑皮层组织中。由于这两种脑信号采集方式需要将电极放置进人体，因此称为侵入式采集方法。侵入式脑信号的信噪比很高，因此能够获得很高的解码精度，但由于其存在感染的风险，一般在动物体上开展实验，目前国际上也仅有数例真人侵入式脑机接口实验（图 4-23a）。头皮脑电图（EEG）则是将电极粘贴在头皮表面来捕获大脑信号（图 4-23b），是一种安全无损的脑信号采集方式，其采集技术非常成熟。脑电图已经成为神经系统疾病（如癫痫）诊断的依据之一，也是目前脑机接口普遍采用的信号。

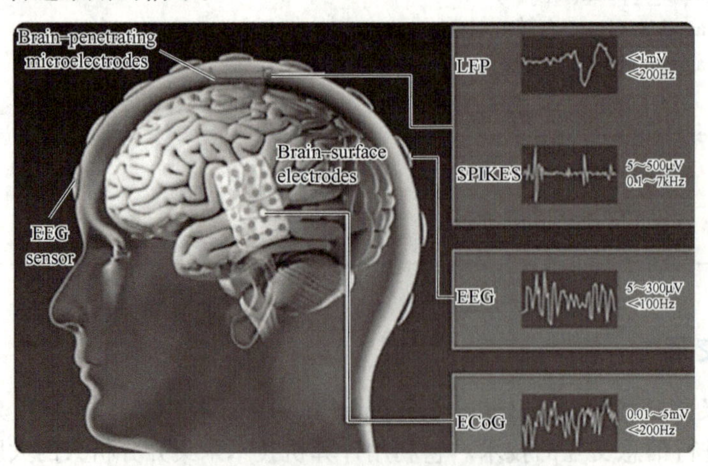

图 4-22　常用于脑机接口的脑信号采集技术

注：图片来源为《2022 脑机交互神经调控前沿进展白皮书》。

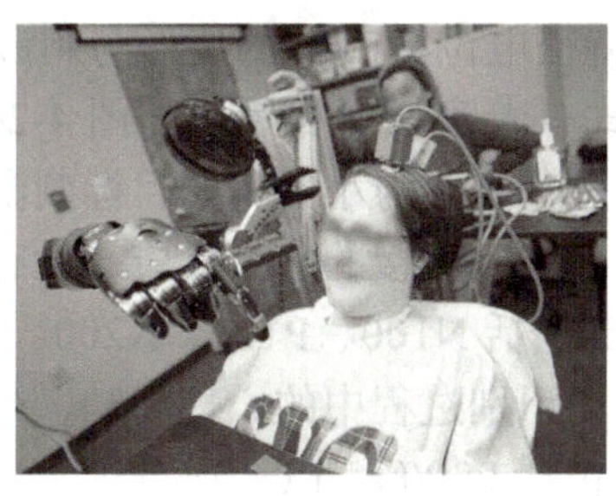
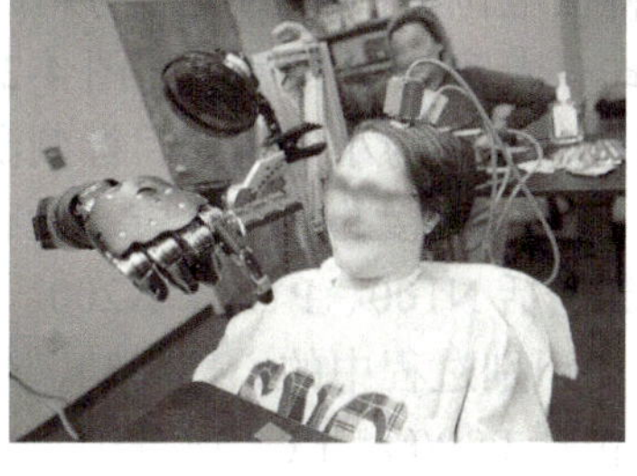
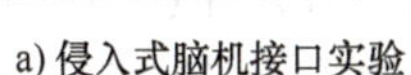

a) 侵入式脑机接口实验

b) 非侵入式脑机接口实验

图 4-23　脑机接口实验

（2）脑信号解码模块　脑电图是在人脑头皮表面布置电极捕获到的电信号，这种信号来自大脑神经元放电，是经过混叠、传播，然后穿透大脑硬膜、颅骨等最终表现出的电压信号，其特点是幅值小、信噪比低、易受干扰。一般脑电节律信号的有效频域范围是 2 ～ 40Hz，因此在脑机接口研究中一般对脑电信号进行带通滤波以提高信噪比。

在进行了脑电信号的预处理之后，基于一段脑电信号来估计人的意图主要有两种方法：模式识别和深度学习。

1）模式识别方法包括特征提取和分类两个过程。特征提取是对一段经过预处理的脑电信号进行特定数学变换，得到 EEG 信号的某种度量。这种度量常被称为特征，比如计算一段信号的平均值、一段信号的标准差等。一般来说，脑电信号的特征分布在时频域和空间域。所谓时频域特征就是指脑电信号在时间和频率上表现出的特征，具体方法包括快速傅里叶变换（FFT）、有限 / 无限脉冲响应数字滤波（IIR/FIR）、小波分析（CWT）、自回归模型（AR）等；而空间域特征则是脑电信号在多个信号通道的分布上表现出的特征，方法包括独立成分分析（ICA）、主成分分析（PCA）、空间滤波（CSP）等。特征提取之后则可以建立分类器来进行分类识别。在脑机接口中一般使用有监督的分类器，也就是会预先采集一组已知任务的信号，使用这组信号来进行预处理、特征提取，用任务标签 - 特征向量构成的数据集进行分类器训练，以得到分类器模型。在脑机接口中常用的分类器包括线性判别分析（LDA）、支持向量机（SVM）等。在建立了分类器之后，就可以对实时采集的脑电信号片段进行预处理、特征提取、特征分类，以得到预测的结果。

2）深度学习方法作为一种端到端学习方法，不同于传统模式识别方法，其特征提取过程不依赖于经验或者专家知识，而是直接实现原始信号到类别标签的映射，具有参数自学习的能力。这意味着它能够自动提取、筛选、组合特征以达到最优的分类效果。目前来看，深度学习是一种简单、高效的脑信号解码方法，在训练数据较为充分时，往往更容易达到期望的分类效果。

2. 常见的脑机接口范式

（1）基于事件相关电位（Event-Related Potential，ERP）的 BCI 范式　ERP 是一种由特定的刺激范式（如 Oddball 范式）诱发的瞬时特征电位信号。Oddball 范式一般有两类刺激，一种为出现概率很大的标准刺激（非目标刺激），另一种为小概率的偏差刺激（目标刺激）。该范式中，目标与非目标刺激随机出现，当目标刺激突然出现时，由于被试对其出现没有预期，被试将会产生类似惊讶的认知响应。这种响应会诱发大脑神经元放电，进而产生具有特定波形和潜伏期的 ERP 特征电位。ERP 的波形与刺激事件具有时锁性（Time–Locked），且通常与被试和刺激方式有着密切的关系。如图 4-24a 所示， ERP 主要可分为早期成分和晚期成分。其中，早期成分主要与小概率的目标刺激所引发的感知上的新奇性有着密切的关系，表现了大脑对外部刺激直接的应激反应，没有经过高级认知过程的加工，潜伏期一般在 300ms 之前，主要包括 N100、P100、N200、P200 等特征成分；晚期成分主要反映了被试对目标刺激的主动识别过程中的心理活动，与人的认知过程有着密切的关系，潜伏期常大于 300ms，主要包括 P300 和 LPC 成分等，潜伏期越长，对应被试的认知处理过程所耗时间越长，认知任务越复杂。在 ERP 成分的描述中，P 表示正波，N 表示负波。例如 P300 表示潜伏期大约为 300 ms 的正波。

P300 拼写器是 ERP–BCI 最经典的系统，由 Farwell 和 Donchin 在 1988 年共同提出。如图 4-24b 所示，经典的 P300 拼写器由 6 × 6 的字符矩阵组成，其中包括 26 个英文字母、数字 1 ～ 9，以及一个控制键。该 BCI 范式采用的是按行列随机闪烁的方式对被试施加视觉刺激，这也是之后被广泛传用的行 / 列（Row/Column，RC）范式。在 P300 拼写器的字符拼写过程中，被试只需要注视所希望拼写的字符，并且心里默念该字符上刺激出现的次数。此时脑电信号被同步采集，系统对信号片段进行 P300 特征检查，由于 P300 特征和目标字符之间在时间上具有时锁关系，因此系统将被试脑电信号中 ERP 特征最为明显的时刻所对应的刺激行和刺激列交叉处的字符判定为目标字符。图 4-25 展示了国防科技大学脑机接口小组在进行 P300 中文打字实验。

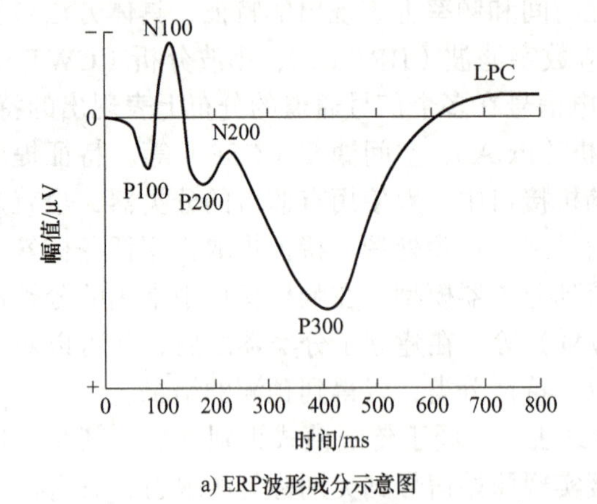

a) ERP波形成分示意图

b) 经典P300拼写器范式界面

图 4-24 BCI 范式

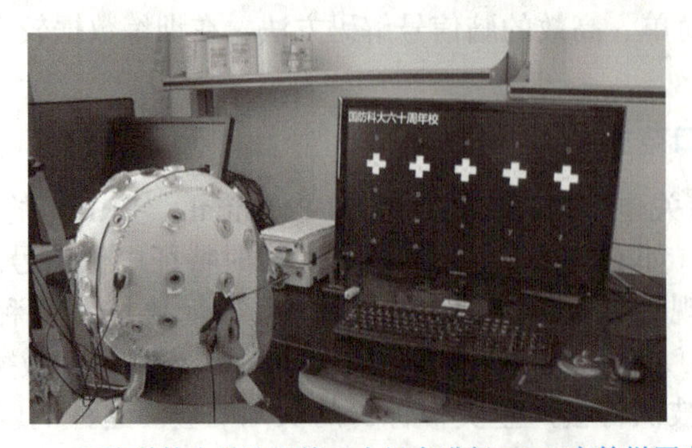

图 4-25 国防科技大学脑机接口小组在进行 P300 字符拼写实验

（2）基于稳态视觉诱发电位（Steady-State Visual Evoked Potential，SSVEP）的 BCI 范式　SSVEP 是一种由周期性视觉刺激调制产生的特征电位。当被试受到外界周期闪烁刺激时，被试大脑枕部初级视觉皮层会产生相应频率的调制信号。如图 4-26a 所示，当被试注视某一个特定频率的视觉闪烁目标时，被试 EEG 信号在该频率及其 2、3 次谐波处的能量均会有明显的增强。由于通常位于视场中心的 SSVEP 频率特征最为强烈，并呈近似高斯分布逐渐向外衰减，因此被试需要直视刺激物，并且减弱对非目标刺激的选择性注意。用于诱发 SSVEP 的视觉刺激频率一般介于 6 ~ 50Hz，分为低频段（6 ~ 12Hz）、中频段（12 ~ 30Hz）和高频段 SSVEP（30 ~ 50Hz）。特征响应的强度通常随着频率值的升高而呈减弱趋势。

SSVEP-BCI 系统由清华大学最先提出。SSVEP-BCI 的经典刺激界面如图 4-26b 所示，显示器上布置有多个不同频率闪烁的刺激块，通过实时采集 EEG 信号，并采用算法 [如快速傅里叶变换（FFT）、典型相关分析（CCA）等] 匹配出最相关的刺激频率，从而解码出被试主动选择的注视目标。由于 SSVEP 特征非常稳定，它已经成为目前最易实现的脑机接口范式。

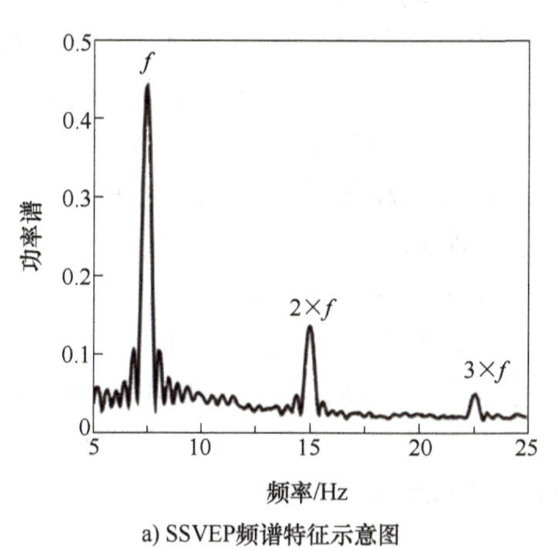

a) SSVEP频谱特征示意图

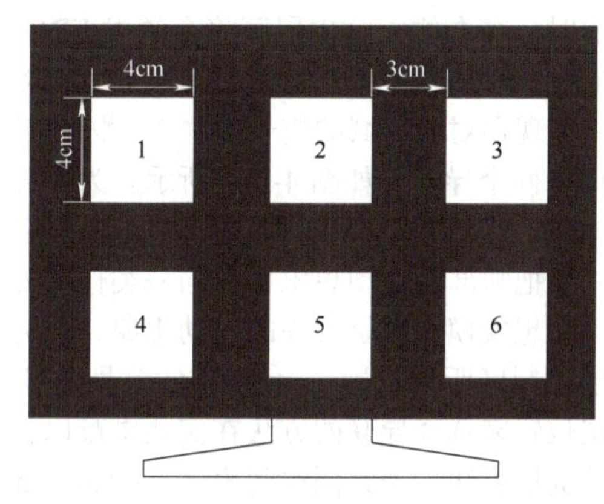

b) 经典 SSVEP-BCI系统刺激范式界面

图 4-26　SSVEP-BCI 范式

（3）基于运动想象的自发式 BCI 范式　不同于前面两种被动诱发式脑机接口范式，自发式 BCI 范式是被试主动执行某些特定的意识任务，从而改变 EEG 信号中相应的特征模式。运动想象（Motor Imagery，MI）是自发式 BCI 范式中最常用的大脑意识任务，当被试在想象身体某个肢体运动时（如想象左 / 右手运动），可以改变大脑感觉运动皮层 mu、beta 节律（Sensorimotor Rhythms，SMRs，8 ~ 30Hz）的能量变化，如图 4-27 所示。当人体从安静状态开始执行运动或者想象运动任务时，SMRs 能量会降低，称为事件相关去同步（Event-Related Desynchronization，ERD）现象。当停止运动任务之后，SMRs 能量会重新上升，称为事件相关同步（Event-Related Synchronization，ERS）现象。这里所指的“事件”和 ERP 中的事件有所不同，ERD/ERS 特征中的“事件”是指被试自主执行运动或者想象运动，而 ERP 中的“事件”指的是外界产生的刺激事件。

基于 ERD/ERS 特征尚且只能区分被试在进行运动想象任务或者停止运动想象任务，为了进一步构建具有多分类能力的运动想象 BCI，即区分不同类别的运动想象任务，还

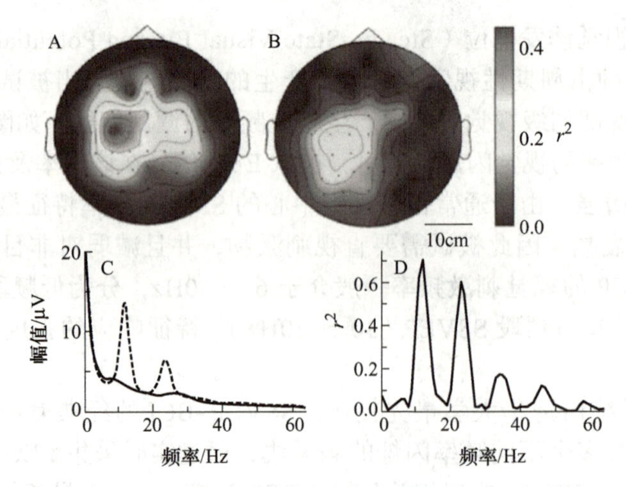

图 4-27　进行 / 不进行运动想象任务时的 ERD/ERS 特征

需引入空间特征。如图 4-28a 所示，对身体不同部位进行运动控制的大脑皮层分区是不同的，且整体上呈现左右侧对称分布。以想象左 / 右手运动为例，当进入 / 退出左手运动想象模式时，在右侧大脑皮层区将会诱发 ERD/ERS 特征；与之对应，当进入 / 退出右手运动想象模式时，在左侧大脑皮层区会诱发 ERD/ERS 特征。这种脑电特征在空间分布上的差异将体现在对应区域的信号导联上，因此最简单的左右手两类运动想象脑机接口仅使用 C3 和 C4 两个导联，如图 4-28b 所示。为了进一步增加运动想象的类别，通常会加入腿的运动想象，从图 4-28a 可以看到，左右腿控制皮层区距离很近，很难区分。因此在运动想象中一般把腿部的运动想象作为同一类任务处理，而不对左右腿加以区分。另一个常被加入的运动想象模式则是舌头的运动想象，因为舌头运动控制区相对较大且与其他身体部位的皮层控制区距离较远。由于 EEG 信号本身空间分辨率不高，因此依据不同身体部位运动皮层位置来选择导联的方法在实践中难以获得很好的效果，取而代之的是数据驱动的空间特征提取方法，如共同空间模式（Common Spatial Pattern，CSP）等。

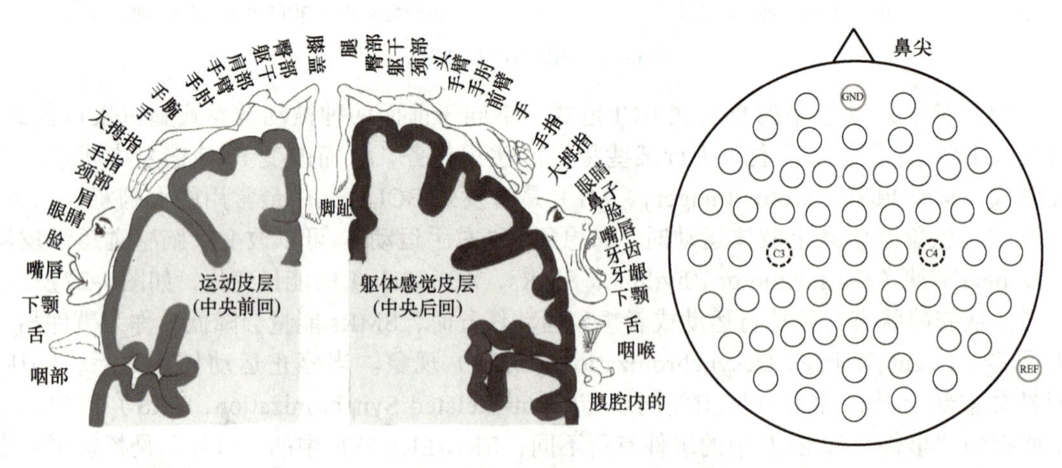

a) 大脑皮层对不同身体部位运动控制的分区　　b) 用于左右手运动想象BCI的导联配置

图 4-28　基于运动想象的自发式 BCI 范式

4.4　图形化人机交互界面设计

人机交互是人与机器进行双向信息交互的过程，在信息交互过程中人类习惯于立即从对方获得反馈以确保交流能够顺畅进行。通过 4.3 节的介绍可以了解到，机器人可以直接通过其本身的动作（比如移动）或者合成的语音来实现反馈，而另一种业界广泛流行的方法是构建图形化的人机交互界面来为双方提供交互信息指引以及反馈。本节将以常用的 Qt 图形函数库和机器人操作系统 RVIZ 工具为例，分别介绍图形化人机交互界面程序实现。

4.4.1　设计需求分析

人机交互界面硬件通常包括显示模块、输入模块、处理模块、通信模块、数据存储模块等。软件上，人机交互界面通常包括用户不可见的后台处理程序和用户可见的显示界面。本节将以机器人远程遥控为典型应用，介绍人机交互界面的图形化显示和键盘鼠标操作输入的设计与实现。这个过程中，人机交互界面需要重点处理机器人状态信息的显示和人类操作的输入。机器人状态信息的显示包括机器人各类传感器数据显示、机器人运动状态显示等；人类操作输入主要包括屏幕按钮、键盘按键等功能。

图形用户界面是最广泛使用的一种人机交互界面形式，又称图形用户接口（Graphical User Interface，GUI），它采用图形化的方式显示机器人信息和接收用户操作输入。与命令行界面相比，图形界面对于用户来说更简便易用，特别是对于机器人视觉信息、环境地图信息等显示内容具有明显优势。

假设机器人远程遥控的总体系统连接关系如图 4-29 所示。其中机器人携带 USB 相机，相机图像通过网络发送至远程控制站；控制站连接控制手柄接收用户控制输入，并通过图形化界面显示远程图像信息及控制信息。

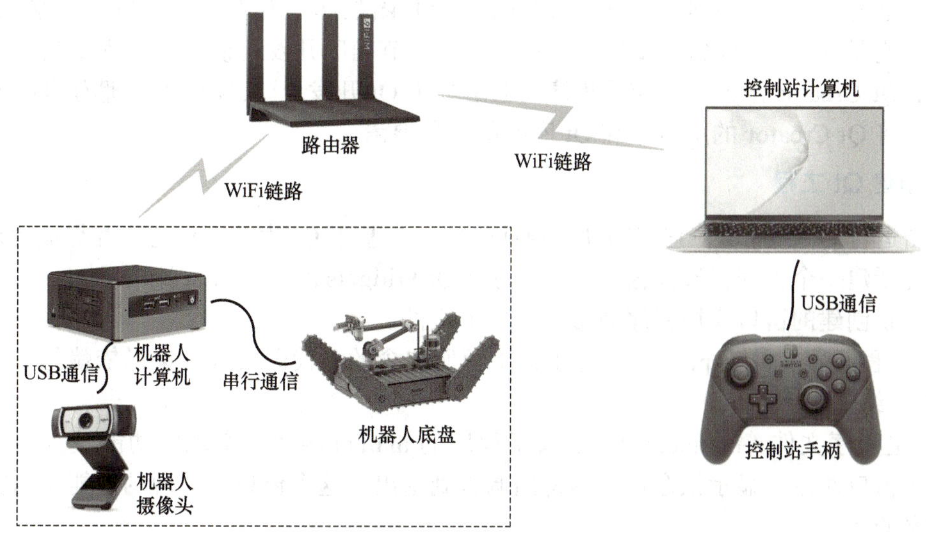

图 4-29　机器人远程遥控的总体系统连接

下面以机器人远程遥控为典型应用，分别使用常用的Qt图形函数库和机器人操作系统RVIZ工具，设计实现图形化人机交互界面程序。

4.4.2 基于Qt的交互界面设计

Qt是于1991年由Qt Company开发的跨平台图形用户界面应用程序开发框架。Qt具有优良的跨平台特性，支持Windows、Linux、MacOS等。它拥有丰富的API（应用程序接口），多达250个以上的C++类，支持2D/3D图形渲染，支持OpenGL。它既可以开发GUI程序，也可用于开发非GUI程序，比如控制台工具和服务器。

下面以Qt库函数和开发工具为例，设计并实现人机交互界面程序。包括利用Qt的多媒体组件、手柄组件和各类图形化控件，编程实现人机交互界面的图像显示、手柄输入等功能。

1. Qt环境安装

Qt函数库经过多年的发展，已经拥有多个版本更新，目前常用的Qt版本为Qt5和Qt6。Qt5和Qt6的组件库变化比较大，在跨版本编译时可能存在版本兼容性问题。本节以Qt5为例，介绍图形化交互界面的编程实现。

Qt库的安装可以使用离线安装包、在线安装或源代码编译安装的方式。需要注意的是，官方从Qt5.15开始，不再提供离线安装包。

以安装Qt5.14.2为例，可以在官网或第三方网站上下载离线安装包，Windows下的安装包为qt-opensource-windows-x86-5.14.2.exe，Linux下的安装包为qt-opensource-linux-x64-5.14.2.run。

运行安装程序，首先需要用户登录或注册。如果暂时不需要登录或注册，可以先断开计算机的网络连接，重新启动安装程序，即自动跳过登录环节。

Qt的安装程序同时提供了组件库安装和开发工具安装，用户在安装时，需要把Qt5.14.2勾选上，这也是本节程序开发所需的Qt函数库。开发工具中默认安装的是Qt Creator，它是一个图形化的Qt开发工具，也是本节程序开发所使用的编程工具。需要注意的是，Qt Creator作为一个应用程序（也是基于Qt开发），其发行版本拥有自己的版本号，不要将Qt Creator的版本号和Qt库的版本号混淆。

2. 创建Qt工程

双击运行Qt Creator，它将辅助快速地开发一个基于Qt库的图形化交互界面程序。

首先新建一个工程，选择窗口应用程序（Qt Widgets Application），如图4-30所示。

一个新创建的窗口应用程序通常包括以下文件。

1）工程配置文件（.pro）：描述了该工程所包含的源代码文件、编译依赖与参数、所使用的Qt组件等。

2）主程序文件（main.cpp）：定义了程序的main()函数。实现的功能较为简单，即创建一个窗口对象、显示该窗口、等待回调直到退出。这个窗口所实现的功能是由窗口类文件定义的。

3）窗口类文件（mainwindow.h、mainwindow.cpp）：定义了窗口中所包含的控件及其实现的功能，是程序开发过程中主要关注的源文件。

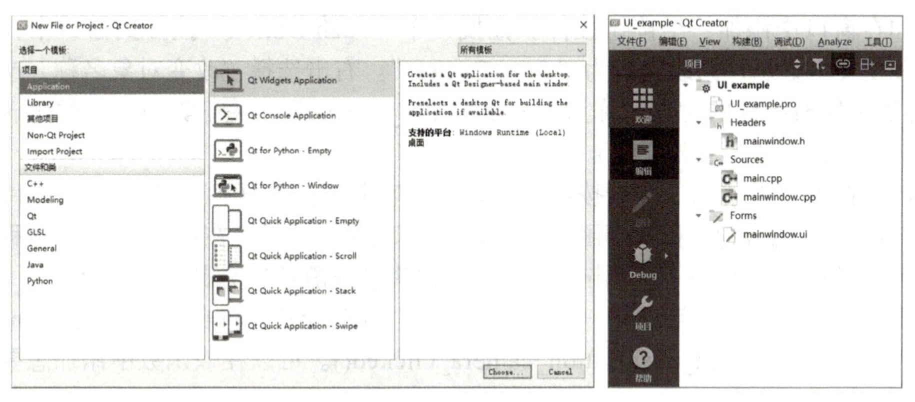

图 4-30　创建 Qt 工程

4）界面描述文件（mainwindow.ui）：描述了 Qt 窗口的布局。它使用 XML 格式存储，既可以通过文本编辑，也可以通过 Qt Creator 进行图形化设计。它不能直接被 C++ 编译器编译，需要使用 Qt 编译工具编译为 C++ 代码后，被 mainwindow.cpp 所使用（#include "ui_mainwindow.h"）。

3. 添加窗口控件

在 Qt Creator 中双击 mainwindow.ui 文件，自动跳转到“设计”页面。可以在设计页面中对用户窗口进行图形化设计，相应的设计操作会自动保存到 mainwindow.ui 文件中。如图 4-31 所示。此时如果单击“编辑”页面，能够看到 mainwindow.ui 文件的内容变化。

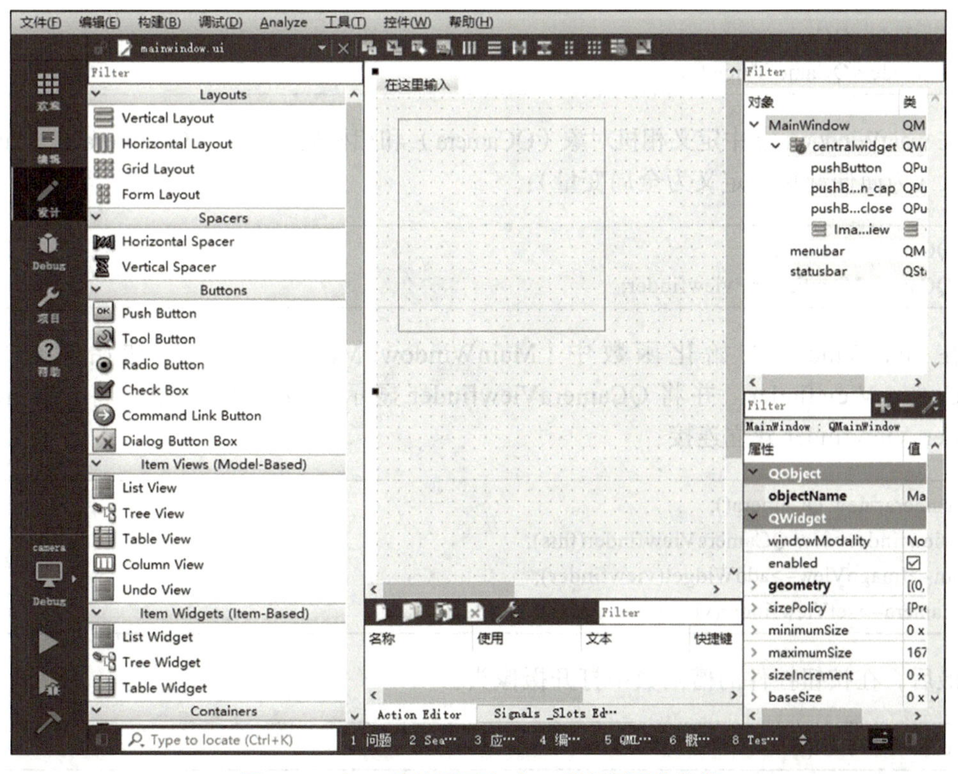

图 4-31　在 Qt 设计页面中对 .ui 进行图形化编辑

例如在窗口中添加一个按钮控件。拖拽一个“Push Button”控件到窗口中，双击按钮可以改变文本显示，修改文本为“OpenCamera”。右击选择“改变对象名称”或在右侧Filter界面中修改控件的对象名称为“pushButton_camera”（关于类与对象的概念可自学C++相关知识，本章不展开介绍）。

至此，在窗口中增加了一个按钮，但是目前它并未实现任何功能。Qt中控件的功能是通过“信号（Signal）”和“槽函数（Slot）”实现的。对于正在运行中的GUI程序，当用户单击按钮时，将产生一个单击的信号，通过映射到槽函数实现对应功能。

右击按钮控件选择“转到槽…”，选择单击“clicked()”，将自动跳转至mainwindow.cpp并生成一个槽函数on_pushButton_camera_clicked()。可以在该函数中添加想要实现的功能，例如打开摄像头。

4. 使用QCamera组件打开摄像头并显示

Qt5.14中提供了multimedia和multimediawidgets多媒体组件，能够实现简单的音视频等多媒体数据处理。使用multimedia组件中的QCamera类打开摄像头，并用multimediawidgets组件中的QCameraViewfinder类显示视频流。

首先在.pro文件添加“QT +=multimedia multimediawidgets”，才能够在工程中使用对应功能。

然后在主窗口中添加一个Layout控件，并重命名为“ImageView”，将用于显示视频流。

在mainWindow.cpp中添加头文件：


```
#include <QCamera>
#include <QCameraViewfinder>
```

在mainWindow.cpp中定义相机对象（QCamera）和相机显示对象（QCameraViewfinder）的指针（为简便起见，定义为全局变量）：

```
QCamera *camera;
QCameraViewfinder *viewfinder;
```

在MainWindow初始化函数中（MainWindow::MainWindow()）初始化QCamera和QCameraViewfinder，并将QCameraViewfinder显示到窗口控件中，将QCamera和QCameraViewfinder建立连接：

```
camera=new QCamera();
viewfinder=new QCameraViewfinder(this);
ui->ImageView->addWidget(viewfinder);
camera->setViewfinder(viewfinder);
```

最后，在按钮控件的槽函数中打开摄像头：

```
camera->start();
```

编译并运行程序。单击按钮可以看到摄像头可以被打开并实时显示视频流，如图 4-32 所示。

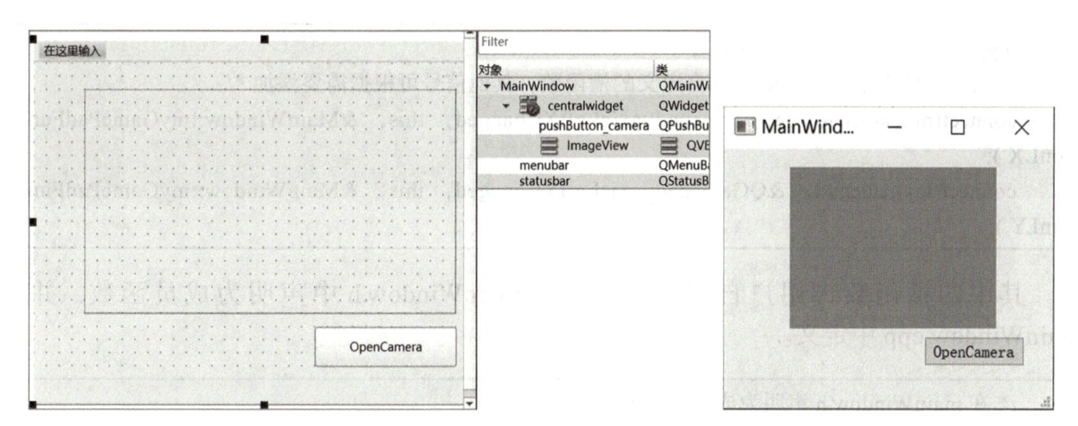

图 4-32　设计包含 Push Button 和 Layout 控件的界面，实现打开摄像头并显示视频的功能

如果设备连接了多个摄像头，可以使用 QCameraInfo 指定设备。

```
#include <QCameraInfo>
/* 在窗口初始化函数中指定设备 */
    QList<QCameraInfo> cam_info = QCameraInfo::availableCameras();
    camera=new QCamera(cam_info[0]);/* 设备编号从 0 开始 */
```


如果想要从视频流中抓取一帧图像，可以使用 QCameraImageCapture 类抓取图像。

```
#include <QCameraImageCapture>
QCameraImageCapture *mycapture;
/* 在窗口初始化函数中初始化 QCameraImageCapture 指针 */
  mycapture = new QCameraImageCapture(mycamera);
  mycapture->setCaptureDestination( QCameraImageCapture:: CaptureToBuffer); // 需 要 注 意，
Qt5.14 的 CaptureToBuffer 功能在 linux 下不起作用，需要更高版本的 Qt 修复该 Bug
  mycapture->setBufferFormat(QVideoFrame::PixelFormat::Format_Jpeg);
  connect(mycapture, &QCameraImageCapture::imageCaptured, this, &MainWindow::
myImageCapFunction );
/* 根据需要抓取一帧图像，例如新建一个按钮，每点击一次则抓取一帧 */
  mycapture->capture();
```

5. 基于 gamepad 组件打开手柄

Qt5.14 中提供了 gamepad 组件，能够打开手柄并获取按键信息。

首先在 .pro 文件添加 “QT +=gamepad”，并在 mainWindow.cpp 中添加头文件和创建指针：

```
#include <QGamepad>
QGamepad *mygamepad;
```

在 MainWindow 初始化函数中初始化 gamepad 对象，并将手柄的按键信号映射到对应的槽函数：

```
mygamepad = new QGamepad();
/* 将手柄的左摇杆信号映射到自定义的槽函数，其他信号可根据需要添加 */
connect(mygamepad, &QGamepad::axisLeftXChanged, this, &MainWindow::myGamePadFunct
ionLX );
connect(mygamepad, &QGamepad::axisLeftYChanged, this, &MainWindow::myGamePadFunct
ionLY );
```

其中的槽函数为用户自定义，需要在 mainWindow.h 中声明为成员函数，并在 mainWindow.cpp 中定义。

```
/* 在 mainWindow.h 声明为成员函数 */
private slots:
    void myGamePadFunctionLX(double leftx);
    void myGamePadFunctionLY(double lefty);
/* 在 mainWindow.cpp 定义函数 */
void MainWindow::myGamePadFunctionLX(double leftx)
{// TODO
}
void MainWindow::myGamePadFunctionLY(double lefty)
{// TODO
}
```


以上基于 Qt5.14 实现了简单的打开摄像头并获取图像，以及打开手柄读取按键信息的功能。还可以通过 Qt 提供的其他控件和功能组件实现更多的功能，例如使用 QLineEdit 和 QTextBrowser 控件显示输入输出文本信息、使用 network 组件实现 TCP/IP 通信等（QT+=network）。

另外，Qt 作为一个函数库，也可以方便地与其他函数库结合使用。例如将 Qt 程序封装为一个 ROS 节点，从而与其他 ROS 节点进行通信，以及可视化显示相关 ROS 话题信息。

4.4.3 基于 RVIZ 的交互界面设计

RVIZ 是机器人操作系统（ROS）中的三维可视化工具，提供了丰富的消息显示功能和简单的控制输入功能，在机器人遥操作、机器人自主探索与建图等应用中被广泛使用。

本节将以 RVIZ 工具为例，设计并实现人机交互界面程序。利用 RVIZ 提供的各类显示插件，实现机器人传感器数据和机器人状态的显示。

1. 安装并运行 RVIZ

RVIZ 已经集成在桌面完整版 ROS 中，所以一般不需要单独安装 RVIZ。如果 ROS 没有安装完全，也可独立安装 RVIZ（以 Ubuntu18.04 为例）。

```
$ sudo apt-get install ros-melodic-rviz
```

安装完成后打开 rviz：

```
$ rosrun rviz rviz
```

或

```
$ rviz
```

RVIZ 运行后将显示图形化主界面，RVIZ 初始界面如图 4-33 所示。

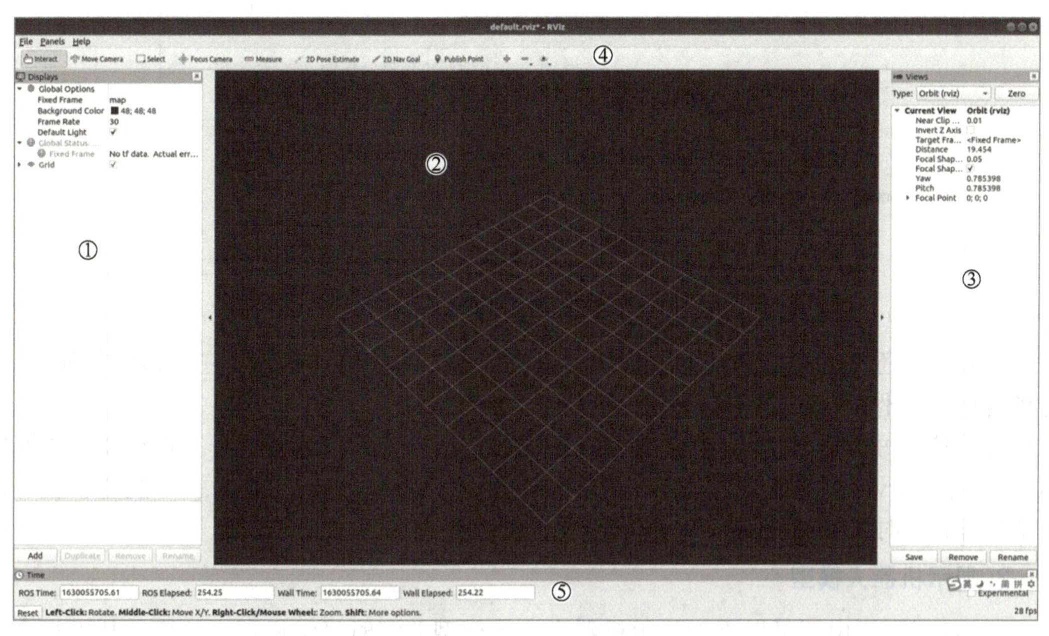

图 4-33　RVIZ 初始界面

该界面主要包含以下几个部分：

① 显示项列表，用于显示当前选择的显示插件，可以配置每个插件的属性。

② 3D 视图区，用于可视化显示数据。目前仅显示了默认网格。

③ 视角设置区，可以选择多种观测视角。

④ 工具栏，提供视角控制、目标设置、发布地点等工具。

⑤ 时间显示区，显示当前的系统时间和 ROS 时间。

2. 添加显示插件

在显示项列表中默认已经显示地面网格（Grid），可以通过 Add 按钮添加其他显示插件，例如订阅图像话题并显示。

单击 Add 按钮后选择 Image，则在 RVIZ 窗口中增加了一个图像显示子窗口。展开 Image 显示项可以在 image topic 中选择想要订阅的图像话题，该话题的消息图像将被显示在 RVIZ 中。在 RVIZ 中添加图像显示如图 4-34 所示。

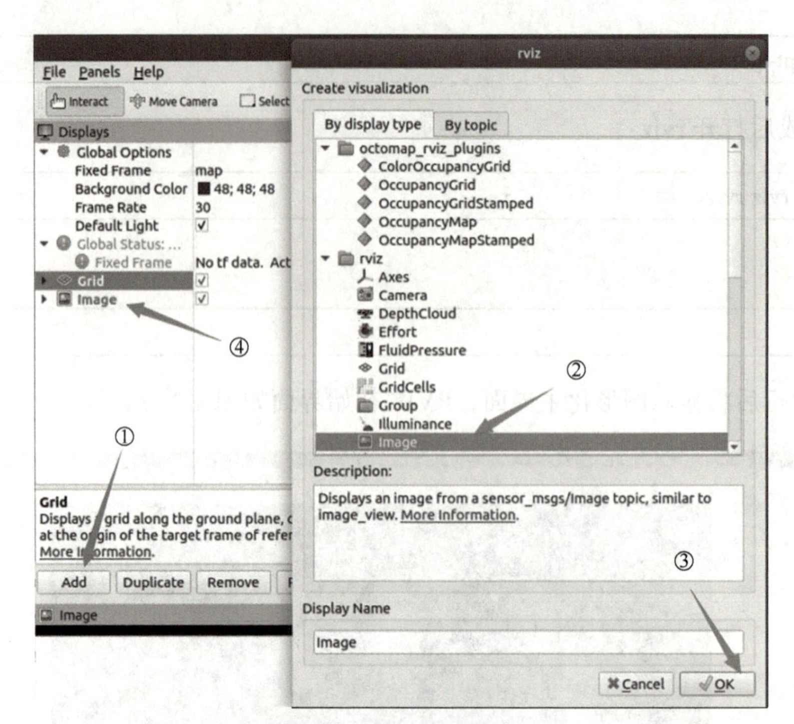

图 4-34 在 RVIZ 中添加图像显示

类似地，还可以添加激光雷达扫描点或三维点云的显示、二维或三维地图的显示等。这些具有三维坐标的数据信息一般被显示在 3D 视图区。

为了避免每次启动 RVIZ 后都重复进行添加显示插件和设置等操作，可以将设置好的 RVIZ 保存为 .rviz 配置文件。在工具栏的 File 中可以随时保存或加载 .rviz 配置，也可以在命令行启动时或 roslaunch 启动时作为配置参数输入。

3. 显示机器人模型

在 3D 视图区中还可以添加显示机器人三维模型并实时显示机器人位姿，从而提高机器人遥操作的效率。

在 ROS 中一般用 URDF（Unified Robot Description Format，统一机器人描述格式）文件描述机器人模型。URDF 文件采用 XML 格式编写，可以由其他三维模型文件转换得到，例如在 SolidWorks 中导出机器人的 URDF 文件。

在 RVIZ 中可以通过添加显示插件的方式将机器人三维模型显示在 3D 视图区，即 RobotModel 显示插件。但是需要注意的是，对于自定义的机器人模型，为了使 RVIZ 能够正确找到 URDF 模型文件，需要将其完整路径名添加到参数服务器中，默认为 robot_description 参数，在 RobotModel 显示插件中可以手动指定。例如在 roslaunch 文件中增加参数：

```
<!—模型文件是 .urdf 文件 -->
<param name="robot_description" textfile="$(find package_name)/urdf/robot.urdf "/>
<!—模型文件是 .xacro 文件 -->
<param name="robot_description"
    command="$(find xacro)/xacro '$(find package_name)/urdf/robot.xacro'"/>
```

RobotModel 显示插件将自动订阅相关 TF 坐标变换，从而实现机器人底盘（默认名为 base_link）和各关节（由 URDF 模型定义）的位姿状态显示。若 TF 坐标变换未被正确发布，机器人模型则无法确定其显示位置，显示为灰色。此时可以手动将 RVIZ 的 Fixed Frame 设置为 base_link，以查看机器人模型。

RVIZ 还支持第三方插件实现额外的信息显示，以提升可视化视觉效果。其中 rviz_visual_tools 是一款基于 RVIZ 的视觉工具，通过发布标记的辅助函数在 RVIZ 中显示文字和形状。如图 4-35 所示，展示了将机器人三维模型和文本、箭头图形同时显示在 3D 视图区。

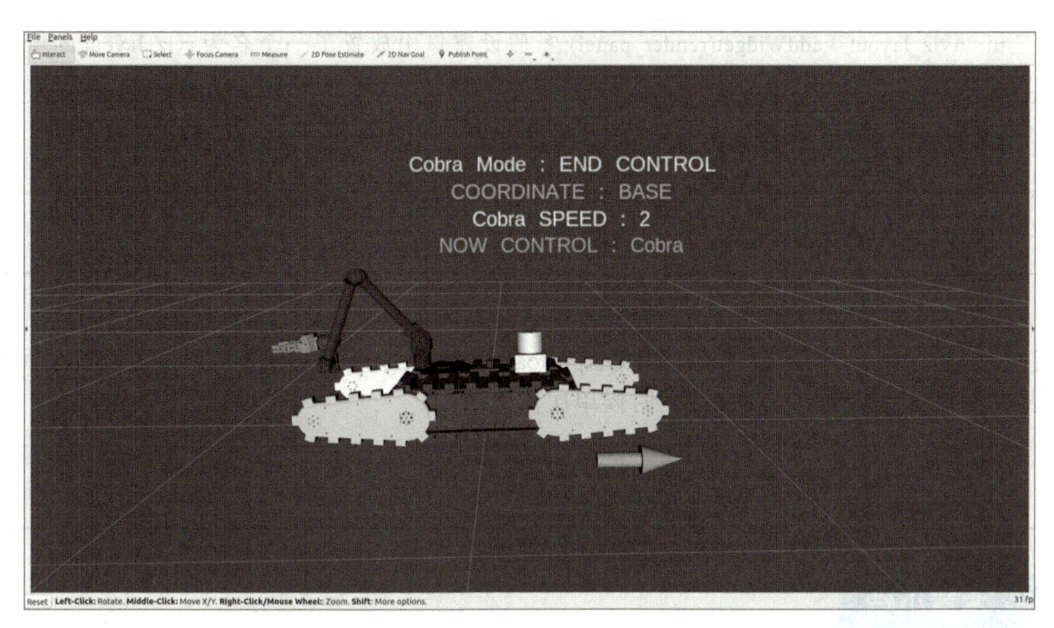

图 4-35　RVIZ 的 3D 视图区中同时显示机器人三维模型、文本、箭头图形

4. RVIZ 和 Qt 结合使用

RVIZ 和 Qt 也可以结合使用进行图形化用户界面的设计，即将 RVIZ 窗口集成到 Qt 窗口界面中。

首先对于 Qt 程序，需要包含 ROS 相关头文件，从而使 Qt 能够使用 RVIZ 的 API 功能。

```
#include <ros/ros.h>
#include <rviz/visualization_frame.h>
#include <rviz/render_panel.h>
#include <rviz/display.h>
```

在 Qt 主函数中需要初始化 ROS 节点，即将该 Qt 程序封装为一个 ROS 节点，从而使 Qt 程序能够与其他节点通信。

```
ros::init(argc, argv, "my_rviz_app");
ros::NodeHandle nh;
```

创建 RVIZ 可视化窗口对象 VisualizationFrame，它将提供一个可被嵌入到 Qt 界面的窗口渲染面板 RenderPanel。

```
rviz::VisualizationFrame* frame = new rviz::VisualizationFrame();
frame->initialize(nh);
rviz::RenderPanel* render_panel = frame->getRenderPanel();
frame->load(QString("/path/to/your/config.rviz"));/* 如果有 .rviz 配置文件 */
```

将 RenderPanel 嵌入 Qt 界面，这个过程需要借助于 Qt 的 Layout。

```
ui->rviz_layout->addWidget(render_panel);/* 假设窗口中放置了一个名为 rviz_layout 的窗口 Layout 控件 */
```

最后，在 Qt 应用程序中启动 Rviz，以显示可视化信息。

```
frame->onInitialize();
frame->onEnable();
```

作为一个被封装为 ROS 节点的 Qt 程序，还需添加一个必不可少的监听回调函数。需要注意的是，在 Qt 主函数中已经由 QApplication::exec() 监听 GUI 回调，因此 ROS 回调需要在其他线程中使用，或在适当时候单次监听回调。


```
ros::spin();/* 在单独的线程中阻塞监听 ROS 回调 */
ros::spinOnce();/* 或单次监听 ROS 回调 */
```

本章小结

本章从网络与通信基础知识出发，围绕计算机通信介绍了计算机网络相关基本定义及网络分类，引出了通信协议的概念，同时介绍了常用的网络设备。然后针对移动机器人介绍了其应用层的通信协议设计；接着介绍了键盘、鼠标、手柄交互，体感交互、语音交互、眼动交互、脑机交互等常用的人 - 机交互方式；最后以常用的 Qt 图形函数库和机器人操作系统 RVIZ 工具为例，分别介绍了图形化人机交互界面程序的设计与实现。

参考文献

[1] TANENBAUM A S. 计算机网络：原版第 4 版 [M]. 潘爱民，译 . 北京：清华大学出版社，2004.

[2] 奥尔森，凯洛格 . 人机交互之道：研究方法与实例 [M]. 付志勇，王大阔，译 . 北京：清华大学出版社，2022.

[3] LUGARESI C，TANG J，NASH H，et al. MediaPipe：a framework for building perception pipelines[C].[S.l.]：CoRR，2019.

[4] Microsoft Ignite. Azure Kinect DK 文档 [EB/OL]. [2024-08-07]. https://learn.microsoft.com/zh-cn/azure/Kinect-dk/.

[5] 伍建军，姚志博，李嘉豪，等 . 基于手势传感器技术的移动机器人设计 [J]. 制造业自动化，2022，

44(9)：73–76.

[6] 洪青阳，李琳 . 语音识别：原理与应用 [M]. 2 版 . 北京：电子工业出版社，2023.

[7] 思必驰科技股份有限公司 . 思必驰官网 [EB/OL]. [2024–08–07]. https://www.aispeech.com/about/introduction.

[8] 杨晓楠，王帅，牛红伟，等 . 眼动交互关键技术研究现状与展望 [J]. 计算机集成制造系统，2024，30（5）：1595–1609.

[9] 刘亚东，周宗潭，胡德文 . 脑机交互系统技术 [M]. 北京：科学出版社，2019.

[10] KRUSIENSKI D J，SELLERS E W，MCFARLAND D J，et al. Toward enhanced P300 speller performance [J]. Journal of Neuroscience Methods，2008，167（1）：15–21.

[11] BLANCHETTE J，SUMMERFIELD M. C++ GUI Qt 4 编程：原版第 2 版 [M]. 闫锋欣，曾泉人，张志强，等译 . 北京：电子工业出版社，2018.

第 5 章　机器人智能感知系统设计

导读

本章首先围绕机器人本体感知型传感器、测距传感器以及视觉感知三个方面介绍机器人常用传感器。然后分别从传感器选择、感知算法设计以及世界模型构建三个方面来设计和构建机器人的智能感知系统。最后详细介绍了机器人同步定位与建图以及目标识别算法设计。

本章知识点

- 机器人常用传感器
- 机器人感知系统设计
- 机器人同步定位与建图算法设计
- 机器人目标识别算法设计

5.1　机器人常用传感器

对人类来讲，要有效地改造世界，必须正确地认识世界。对机器人也是一样，要想与环境交互并适应环境的变化，必须要感知环境，其物质基础就是各种传感器。传感器是一种能将具有某种物理表现形式的信息转换成机器可以处理的信息的转换器。可以说，传感器是机器人智能化的基础和执行各种任务的前提，是智能机器人必不可少的组成部分。一般来讲，传感器用于测量机器人自身的位置、姿态、关节角度、速度、加速度等内部信息和环境的纹理、亮度、声音、距离等外部信息，目前大部分机器人常用的传感器都支持数字量输出。近些年来，随着传感器技术的发展，机器人领域可选择的传感器种类愈加丰富。伴随着各种传感器在机器人领域的成功应用，机器人的智能化程度随之不断提高。而且，目前机器人传感器的感知能力与生物（包括人类）的感知能力互有千秋，比如说，相机对于光照条件的适应能力不及人眼，而激光雷达的测距精度就远远优于人类。

在构建智能机器人系统时，针对不同的环境和任务，可以有针对性地选择传感器。一般来讲，环境和任务越复杂，传感器的成本也越高。下面通过两款机器人，认识一下常用传感器。第一款是价格昂贵的 PR2 机器人，这是 willow garage 公司为了推广机器人操作系统研制的服务机器人。为了能够更好地与人交互以及执行各种服务型任务，PR2 机器人配备了大量传感器，如图 5-1 所示。第二款是价格低廉的米家扫地机器人，是目前市场上众多扫地机器人产品中的一款，主要用于清扫相对平整的地面，其传感器配置如图 5-2 所示。

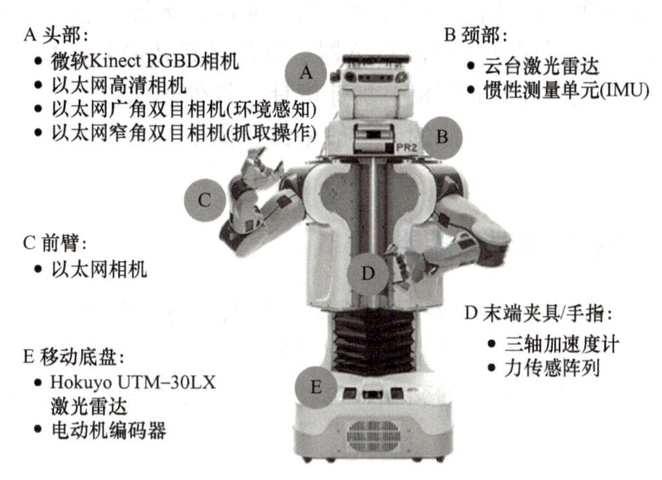

图 5-1　PR2 机器人集成的主要传感器

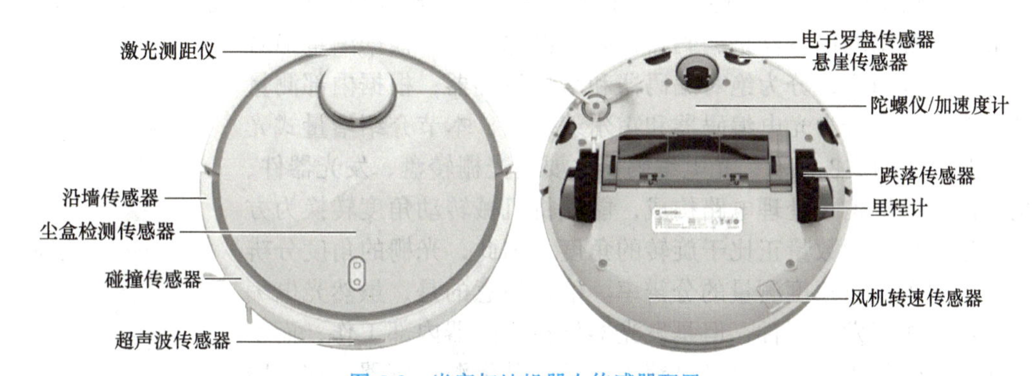

图 5-2　米家扫地机器人传感器配置

PR2 机器人的目的是为用户提供二次开发平台，换句话说，不同的用户可能会基于 PR2 研究不同的自主功能。虽然都是研究机器人在室内环境下如何为人类服务，但是取送物品、整理衣物、清理桌面甚至洗衣做饭等任务仍然区别很大。因此，PR2 的目标是打造“全能”服务机器人，所以配备了大量环境感知传感器，如各种相机和激光雷达，以及与环境交互相关的传感器，包括底盘的避障激光雷达和手部的力传感阵列。而米家扫地机器人则不同，其任务和环境定义得非常明确，即在室内平坦环境提供自动吸尘器功能。此外，由于是产品，基本没有硬件升级的需求，因此米家机器人配备了相对简单和廉价的传感器。从这两款机器人能够看出，传感器的选型以及感知系统的设计是智能机器人设计中的重要组成部分，传感器的成本在智能机器人本体成本中也占据了较大比重。

根据感知对象和感知方式，传感器的分类方式很多。根据传感器的感知对象是机器人自身状态还是外部环境，可以将机器人传感器分为本体感知型传感器和环境感知型传感器两大类。本体感知型传感器用于感知机器人自身状态，包括关节角度、位置、速度、加速度、电池电量、关键零部件温度等，这些是机器人运动和作业必需的信息。环境感知型传感器用于感知作业对象与作业环境的状态，是适应环境和完成任务必需的信息。

根据传感器是否向环境辐射能量，可以将机器人传感器分为有源传感器（也称主动传感器）和无源传感器（也称被动传感器）。其中，有源传感器向环境中辐射某种能量，然后根据环境的反射能量测量其某种物理特性。与之对应，无源传感器是不向环境辐射能量的传感器。典型有源传感器包括超声波传感器、红外接近传感器、RGB–D 相机和激光雷达等，典型无源传感器包括可见光相机、加速度计、红外热像仪、陀螺仪等。此外，前面所述的本体感知型传感器通常是无源的。一般来讲，由于有源传感器可以对测量信号施加控制，其鲁棒性优于无源传感器。

5.1.1　机器人的本体感知型传感器

机器人的本体感知型传感器主要用于感知机器人自身的状态，如关节角度、已移动距离、轮子转速等。一般来讲，这些量是控制机器人必不可少的反馈信息。此外，由于本体感知型传感器一般不涉及与环境的交互，也就不向环境中辐射能量，故而以无源传感器居多。

1. 增量式光电编码器

不论是机械臂的关节，还是对轮式机器人的驱动电动机来讲，角度测量都是非常基础的要求。最常用的传感器是编码器，有时也称码盘。根据测量绝对角度还是增量角度，分为绝对编码器和增量编码器；根据内部测量信号类型，又可分为光电编码器和霍尔编码器，本节介绍增量式光电编码器。如图 5-3 所示，光电编码器主要由光栅转盘、发光器件、感光器件和后端信号处理电路构成，能够将机械转动角度转换为方波电信号，方波的数量正比于旋转的角度。因此，光栅的角度分辨率决定了编码器对角度测量的分辨率。值得注意的是，虽然光电编码器内部集成了发光器件，但是发光器件在传感器内部工作，而不是向环境中辐射光能，所以光电编码器是一种无源传感器。在实践中，对于有减速箱的电动机来讲，光电编码器一般安装在电动机输出轴，而不是减速器输出轴上，这样可以提高减速器输出轴转动角度测量的精度。随着加工工艺和制造水平的提高，目前市面上能够买到的光电编码器分辨率能够达到每圈 1 万脉冲甚至更高。

图 5-3　典型增量式光电编码器示意图

如果在编码器中集成一对发光和感光器件，则称之为单相编码器，可以测量转动角度。然而，如果在转动中转向转变，则此时无法确定电动机的转动方向，导致测量得到的角度可能是错误的。为了能够在测量角度的同时确定转动方向，一般要在编码器中集成两对发光和感光器件。这两对光学器件在圆周上的分布，使得在光栅转盘转动过程中，其方波相位相差 90°，构成最常用的正交编码器。图 5-4 所示为正交编码器的输出信号，根据 A 相早于 B 相 90° 还是 B 相早于 A 相 90° 就可以判断编码器的转动方向。与此同时，正交编码器对角度的测量分辨率比光栅转盘的角度分辨率提高了 4 倍，这是因为 A 相或 B 相的一个完整脉冲中包含了 4 组状态。

有些旋转编码器除 A 相和 B 相之外还有一个输出，一般称为 Z 相，每旋转一圈 Z 相信号会有一个方波输出，如图 5-4 所示。Z 相可以用于判断转轴的绝对位置，例如用在位置控制系统中。

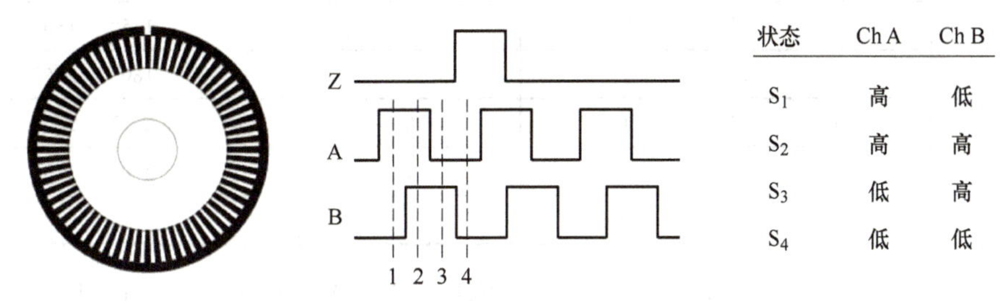

图 5-4 正交光电编码器的输出信号，包括 A、B、Z 三个波形输出

2. 绝对式光电编码器

与增量式光电编码器相同，绝对式光电编码器也是由光栅转盘、发光器件、感光器件和后端信号处理电路构成。不同的是光栅转盘的镂空方式，如图 5-5 所示，绝对式光电编码器在转盘径向上划分多个通道，每个通道对应一个圆环，进而在每个圆环上按照编码镂空。其中，最外侧的通道对应编码的最低位，最内侧的通道对应编码的最高位。通道数量决定了编码器的测量分辨率，若编码器中有 n 个通道，则编码为 n 位二进制，就可以输出 2^n 个不同的编码来表示转轴的位置。

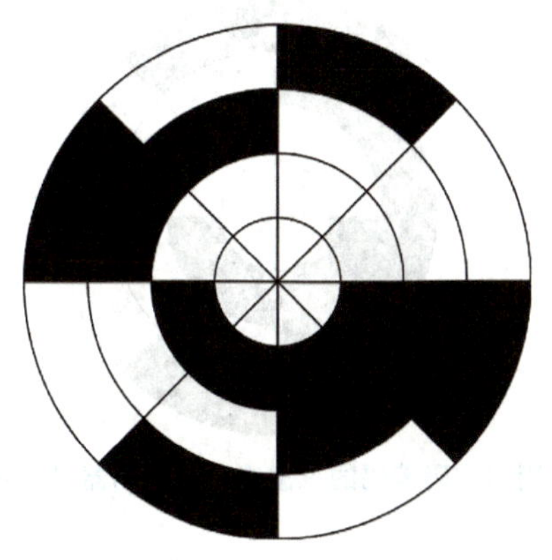

图 5-5 标准二进制编码的三位绝对式编码器光栅转盘示意图

图 5-5 所示的是采用标准二进制编码的三位绝对式编码器，在此例中 $n=3$，因此可以表示 8 个不同的位置，其角度测量精度为 $360°/2^3=45°$。当转轴旋转时光栅转盘也随之旋转，在不同的位置会读到不同的编码，图中黑色代表 0，白色代表 1，最内侧为通道 1，表 5-1 为其在每个不同位置对应的编码。

表 5-1 标准二进制编码的绝对式编码器位置 – 编码对应表

位置	通道 1	通道 2	通道 3	角度
1	1	1	1	0° ～ 45°
2	1	1	0	45° ～ 90°

（续）

位置	通道 1	通道 2	通道 3	角度
3	1	0	1	90° ～ 135°
4	1	0	0	135° ～ 180°
5	0	1	1	180° ～ 225°
6	0	1	0	225° ～ 270°
7	0	0	1	270° ～ 315°
8	0	0	0	315° ～ 360°

对于这种编码方式，由于制造精度、安装质量、光电器件排列误差等原因，将产生编码数据的大幅跳动，导致测量误差甚至错误结果。假设在转动过程中，转盘从位置 4 转到位置 5，按照表 5-1 所示，编码器的输出应该从 100 跳至 011，但在实际应用中，三个通道的编码变化很难做到完全同步，导致中间出现 000（通道 1 最先跳变）、111（通道 1 最后跳变）、101（通道 3 最先跳变）、110（通道 2 最先跳变）等多个错误代码，得到错误的位置测量结果。

为了避免上述问题，目前多数绝对编码器采用格雷码（Gray Code）进行位置编码，其特点是相邻两个代码之间只有一位数字变化。如果在连续的两个代码中发现数字变化超过一位，则认为是违法代码。因此，格雷码有一定的纠错能力。还是以三通道绝对编码器为例，图 5-6 所示为格雷码编码，表 5-2 为每个位置和编码的对应关系。

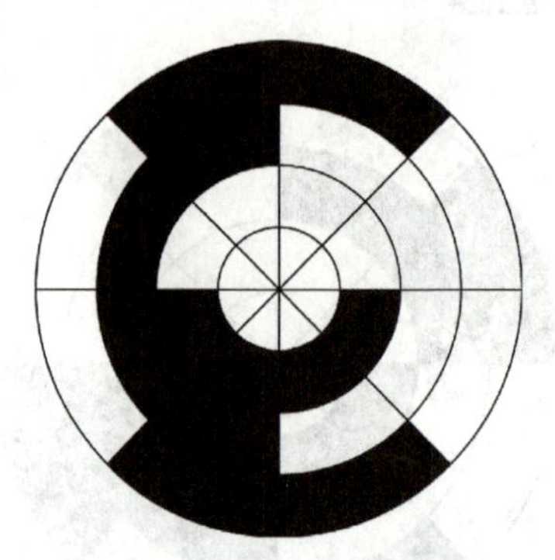

图 5-6　采用格雷码编码的三位绝对式编码器光栅转盘示意图

表 5-2　采用格雷码编码的三位绝对式编码器位置 – 编码对应表

位置	通道 1	通道 2	通道 3	角度
1	1	1	1	0° ～ 45°
2	1	1	0	45° ～ 90°
3	1	0	0	90° ～ 135°
4	1	0	1	135° ～ 180°
5	0	0	1	180° ～ 225°
6	0	0	0	225° ～ 270°
7	0	1	0	270° ～ 315°
8	0	1	1	315° ～ 360°

如果要提高绝对式编码器的角度分辨率，就要增加其通道数。图 5-7 所示为采用格雷码编码的十位绝对式编码器光栅转盘示意图，其角度分辨率为 $360°/2^{10}=0.35°$。提高角分辨率的代价是增大了加工的难度，因为最外面通道光栅的数量与角度分辨率成反比，最外面通道的光栅数达到 $2^{10}=1024$。

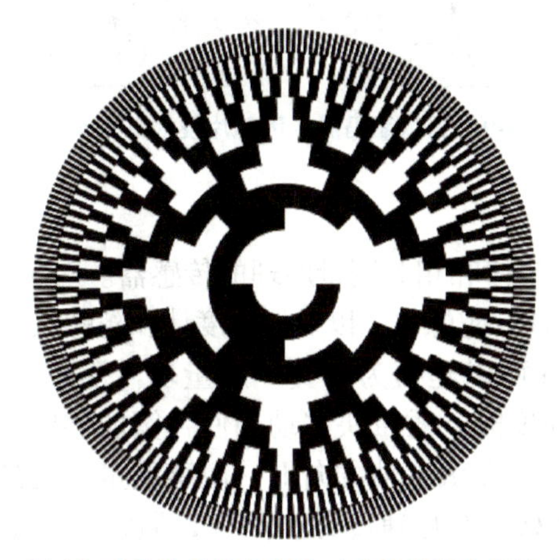

图 5-7　采用格雷码编码的十位绝对式编码器光栅转盘示意图

3. 霍尔效应编码器

顾名思义，霍尔效应编码器是根据霍尔效应设计的编码器，能够将磁场的变化转化为电压输出。与光电编码器相比，霍尔效应编码器有非接触、无磨损、不受灰尘和油污影响、对振动不敏感等诸多优势。然而，早期的传感器设计方案与光电编码器类似，即在转盘上交错集成多个磁极，通过两个霍尔器件感知的磁场变化次数及波形相位差确定旋转角度及方向，如图 5-8 所示。由于工艺水平的限制，这种方案很难实现高分辨率角度编码器。因此，对于角度测量精度要求高的应用，一般都是选用光电编码器。

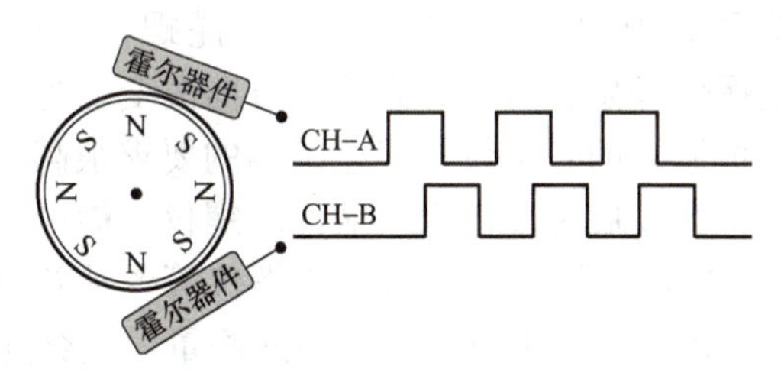

图 5-8　早期霍尔效应编码器方案示意图

随着霍尔编码器专用芯片的问世，霍尔传感器的角度测量分辨率得到了大幅提升，其方案是在芯片内部集成多个霍尔器件构成的霍尔阵列。假设霍尔器件的数量为 4，如图 5-9 所示，当外部磁场转动时，磁感线将以相反方向穿越两两对称的霍尔效应编码器，由于霍尔效应，每个霍尔效应编码器将都会输出正弦波信号，根据这些正弦波信号的组合和插值就可以获得当前磁铁和芯片的相对角度。目前主流芯片的精度已经可以达到 14 位分辨率，即 4096 线，这个指标已经优于主流光电编码器。与光电编码器相比，霍尔编码器的另一个优势是可以测量绝对位置。当前的趋势是，霍尔编码器逐渐占据了更大的市场。

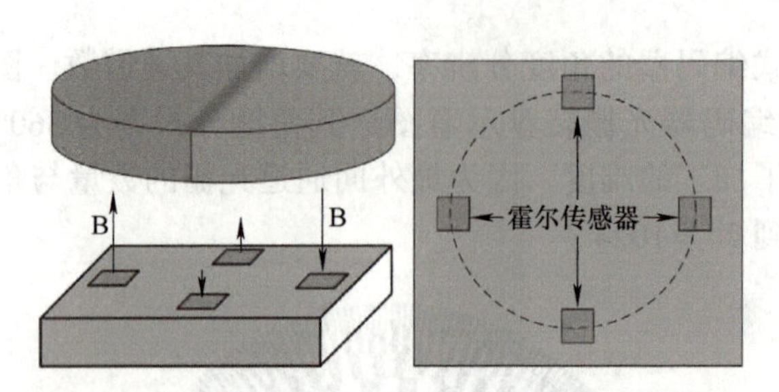

图 5-9　霍尔编码器专用芯片技术方案示意图

4. 惯性传感器

惯性传感器是基于惯性定律和相关测量原理的传感器。对于移动机器人来讲，有三种惯性器件是常用的，即加速度计、陀螺仪，以及加速度计和陀螺仪组合而成的惯性测量单元。

从概念上讲，加速度计可以建模为弹簧－质量块－阻尼系统，其工作原理如图 5-10 所示。当加速度计经历加速度时，质量块移动到使弹簧能够以与壳体相同的速率使质量块加速的程度。在稳定状态时，在敏感轴方向上，敏感质量仅受到弹簧的拉力，根据牛顿第二定律，ma 等于合力，即 kx。在加速度计产品中，通常用压电、压阻和电容等器件将机械运动转换为电信号。需要注意的是，加速度计测量的是作用在机器人的所有外力的合力。要想获得机器人的速度和位置，需要对加速度进行积分和二次积分，因此，加速度误差会随积分放大。加速度计测量的合力里面包含重力，这是因为在地球表面，加速度计在竖直方向一直受到重力的作用，因此，为了获得实际的惯性加速度，需要将重力剔除。如果不剔除重力的话，物体自由落体时加速度计的输出将为 0。需要指出的是，单个加速度计只能测量一个轴向的加速度，为了测量物体的矢量加速度，可以将三个加速度计正交安装，获得一个三轴加速度计。

第二种常用的惯性器件是陀螺仪，是基于角动量守恒的理论设计的，能够测量朝向或者角速率，也可以用于维持朝向，因此多用于导航定位系统。概念上可以认为陀螺仪由一个位于轴心且可旋转的转子、万向节、支架等构成，陀螺仪工作原理如图 5-11 所示。由于转子的角动量，一旦陀螺仪开始旋转，即有抗拒方向改变的趋向。传统的惯性陀螺仪主要是指机械式的陀螺仪，机械式的陀螺仪对工艺结构的要求很高，结构复杂，它的精度受到了很多方面的制约。科技的发展进步催生了液浮陀螺仪、静电陀螺仪、挠性陀螺仪、激光陀螺仪、光纤陀螺仪、MEMS（微机电系统）陀螺仪等各种新型陀螺仪。如果采用速率陀螺，要想获得角度（姿态角）需要进行积分，因此测量误差会随着积分而放大。

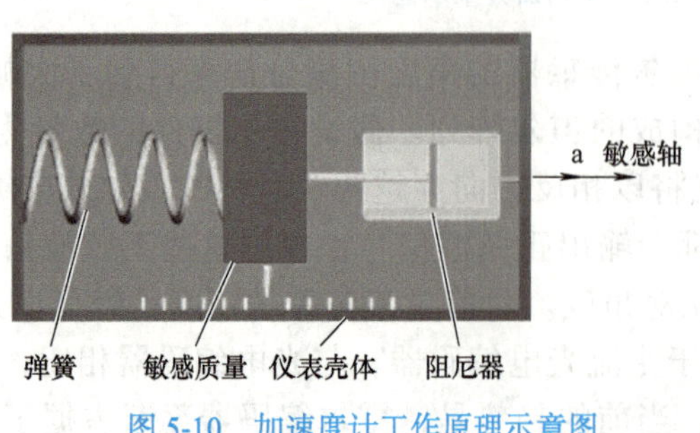

图 5-10　加速度计工作原理示意图

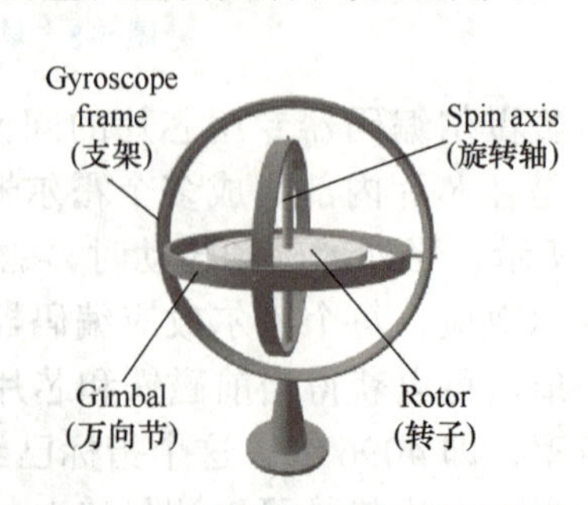

图 5-11　陀螺仪工作原理示意图

惯性测量单元（Inertial Measurement Unit，简称 IMU）是测量物体三轴姿态角（或角速率）以及加速度的装置，IMU 传感器如图 5-12 所示。随着 MEMS 制造工艺的进步，在一枚芯片中集成多个加速度计和陀螺仪成为可能，这种集成度较高的芯片或传感器称为 MEMS IMU，近年来 MEMS IMU 的精度和性价比不断提升，已经越来越多地应用于移动机器人。一般来讲，一个 MEMS IMU 内部集成了三个单轴加速度计和三个单轴陀螺仪，有些还集成了电子罗盘，其数据输出频率较高，主流芯片的输出频率能够达到 200Hz 以上，能够有效反映机器人等运动载体的瞬时运动特性。理论上，只要载体运动平稳，没有突然的振颤，保证较高的采样频率，惯性传感器就可以提供精确的航迹推算结果。然而，实际上为了获得机器人的位置和朝向，需要对传感器数据进行积分，随着时间的推移，很小的测量误差也会由于积分而不断放大，即产生累积误差；由于累积误差的存在，IMU 的漂移是不可避免的。此外，在实际应用中，机器人与物体的碰撞和突然转向可能会超出传感器的量程，因而引起较大的测量误差。为了克服上述问题，机器人领域一般通过 IMU 与 GPS（全球定位系统）、视觉、激光雷达等其他传感器进行数据融合来校正漂移。

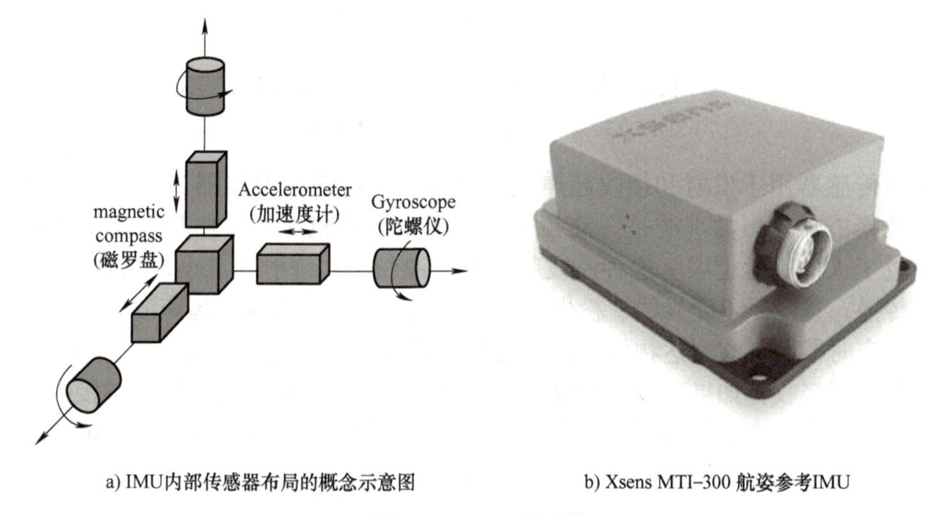

a) IMU内部传感器布局的概念示意图　　b) Xsens MTI-300 航姿参考IMU

图 5-12　IMU 传感器

5.1.2　机器人的测距传感器

对机器人来讲，与所在环境中各种物体之间的距离信息对于环境建模、定位、路径规划、操作等非常重要。因此，能够测量距离是机器人智能地适应环境的重要能力之一。用于在环境中测量或提取距离信息的传感器称为测距传感器。在机器人感知中，距离信息有时也称为深度信息。目前主流的测距传感器包括超声波传感器、激光雷达、RGB-D 相机和立体视觉相机。其中超声波传感器、激光雷达和 RGB-D 相机都属于有源传感器，而立体视觉相机属于无源传感器。本节将简要介绍有源测距传感器用到的测距原理，立体视觉相机的测距原理则在视觉感知部分介绍。

1. 超声波传感器

超声波传感器也称为声呐，是一种主动传感器，向环境发出超声波并测量声音返回的时间。如果已知声波在环境中的传播速度，且能够准确测出声波的传播时间，就可以计算出传感器与物体之间的距离。如图 5-13 所示，假设速度为 v，测得时间为 Δt，待测距离为 d，则

$$d=\frac{1}{2}v\times\Delta t \tag{5-1}$$

这种测距方法称为飞行时间（Time Of Flight）测距法。值得注意的是，声波在不同介质中（空气、水、金属等）的传播速度是不同的，即使是在空气中，也会随空气的温度、湿度、密度等因素变化。

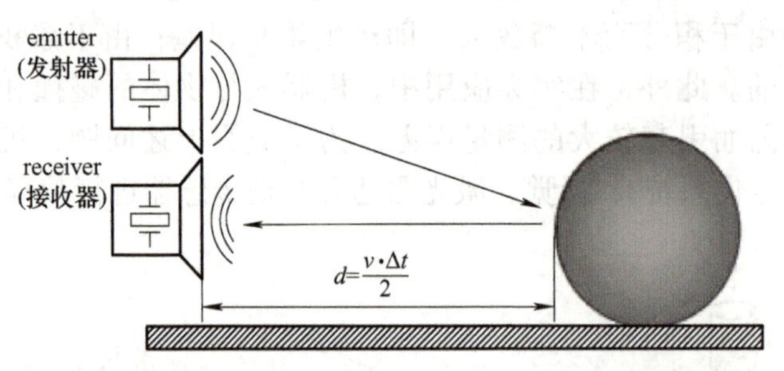

图 5-13　超声波传感器测距原理示意图

超声波传感器用于发射和接收超声波的器件叫作超声波换能器，一般由压电晶片制成。超声波换能器发出的声波是振动频率高于 20kHz 的机械波，称其为超声波是因其频率下限超过了人的听觉上限。这种声波频率高、波长短、绕射现象小，尤其是方向性好、能够定向传播，且几乎不受光线、粉尘、烟雾、电磁干扰等影响。超声波换能器发射声波的同时启动定时器，声波到达物体表面后会被反射回来，回波到达超声波传感器后通过压电等超声换能器接收，如果回波的能量超过一定阈值，则停止计时，发射和接收超声波的时差用来计算被测距离。根据测距量程，超声波传感器的发射和接收换能器可以是相互独立的，也可以是集成于一体的，如图 5-14 所示。

图 5-14　典型双换能器超声波传感器和单换能器超声波传感器

虽说超声波方向性好、能够定向传播，但实际上超声波传播时能量会逐渐发散。图 5-15 所示为超声波向前传播时的典型能量分布，在有效量程范围内，超声波能量主要集中在中间的波瓣，这个波瓣称为主瓣。此外，在超声波换能器发射声波时，还会在主瓣周围产生一系列次级声波，这些次级声波称为侧瓣。注意，这里给出的是一个平面内的能量分布，实际上超声波发射后能量分布是立体的，因此，这个三角形代表的是三维空间的

一个锥体。其中主瓣的开角叫作波束角，图中所示波束角为 30°。波束角的大小受超声波频率和换能器类型的影响，典型取值为 20° ～ 40°。在实际使用过程中，多数机器人系统假设仅主瓣与测距结果有关。值得指出的是，图 5-15 是超声波传播时的剖面，实际上超声波是沿三维锥体传播的。因此，超声换能器收到的回波，实际上是主瓣锥体区域内的物体反射回来的，导致超声测距测量的不是某个点，而是某个区域的距离。

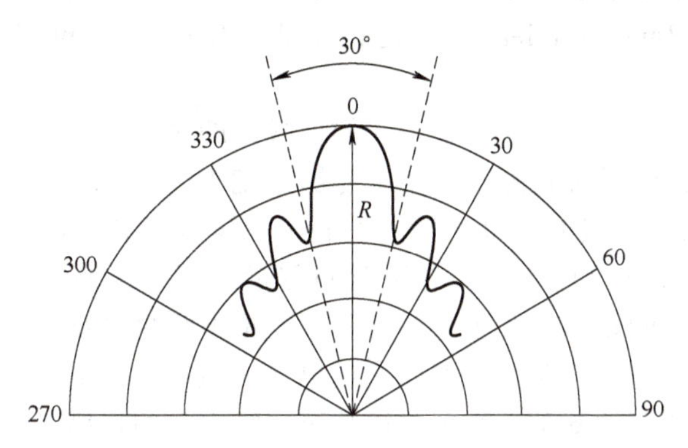

图 5-15　超声波向前传播时的典型能量分布图

超声波主瓣的强度和工作环境决定传感器能够可靠测量的最大距离（量程上限）。并且，如果物体的反射面积较小，距传感器较远时（即使在有效量程内）也不能被传感器检测到，原因是不能反射足够的能量。通常超声波传感器的量程下限是传感器自身特性，即由死区时间决定的。因为发射换能器在发射声波时会在附近产生次级声波，所以要想将这些次级声波与回波有效区分，要等次级声波造成的振动消失后才能检测回波，这个等待时间称为死区时间。如果是发射和接收换能器集于一体的话，死区时间是指换能器的模块从发射声波到振动衰减至停止的时间。

由于单个超声波的视场角有限，无法满足障碍规避或者环境建模的需求，一般做法是在机器人上集成多个超声波传感器。图 5-16 所示为 Pioneer P3-DX 机器人的超声波传感器布局，为了得到 360° 的视场角，机器人安装了两组共 16 个超声波传感器。在组合使用超声波传感器时，要避免传感器之间互相干扰，即某传感器收到了其他传感器的回波，或者某传感器错误地将相邻传感器的次级声波作为回波。上述两种情况称为串扰，会导致错误的测距结果。为了解决串扰问题，可以令超声波传感器交替工作。

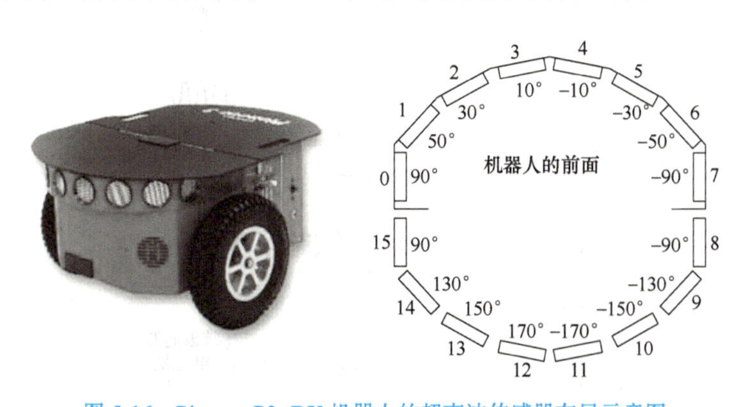

图 5-16　Pioneer P3-DX 机器人的超声波传感器布局示意图

2. ToF 激光雷达

飞行时间测距法也可以应用于光信号。基于光信号进行测距有诸多优势，例如光信号聚焦能力强，可认为短距离内不会发散，且光速不易受温度、湿度等环境因素影响。为了避免环境光照对传感器的影响，一般选择波长为 600 ～ 1000nm 的红外激光用于测距。也正是因为发射和接收的是激光信号，这类传感器设备一般称为激光雷达（LiDAR）、激光测距仪（Laser Range Finder）、激光扫描仪（Laser Scanner）或激光相机（Laser Camera）。

然而，基于光信号进行测距也面临很大的挑战，即对于时间测量的精度要求极高。光速约为 3.00×10^{8}m/s，假设时间测量的精度能够达到 1ns（1.00×10^{-9}s），其对应的光信号传播距离为 0.3m，这个量级的精度依然无法满足障碍规避和环境建模的一般需求。为了能够实用，测距精度要达到厘米级，导致时间测量的精度还要提高一个量级，即 0.1ns。因此，如何精确测量时间是早期基于光信号测距要重点解决的难题之一。

在解决高精度时间测量问题后，可以实现单点测距。为了增大视场角，要解决第二个问题，即如何在单点测距的基础上实现二维甚至三维空间的扫描。在二维空间进行扫描的一般称作平面激光雷达或二维激光雷达，在三维空间进行扫描的则称为三维激光雷达。

下面首先来看平面激光雷达内部的一般构造。如图 5-17 所示，其内部主要包括激光发射模块、镜面、感光模块、后端处理电路和带编码器电动机五大组件。其中前四种组件就可以实现基于激光脉冲的单点测距。当加入高精度位置伺服电动机后，可以旋转镜面，相当于给系统增加了一个转动自由度，每隔一定的角度（步长）就进行一次测距，这个步长决定了平面激光雷达的角分辨率。基于电动机的角度位置反馈和各角度的测距结果，就可以得到平面激光雷达的一帧数据。机器人领域常用的 Hokuyo 30m 量程激光雷达及其视场角和典型数据如图 5-18 所示。目前代表性产品有日本 Hokuyo 公司的 UST 系列、UTM 系列，德国 SICK 公司的 LMS 系列、S 系列，以及奥地利 RIEGL 公司的 VUX-1 系列。上述激光雷达产品量程从几 m 到几百 m 不等，大多数产品既能用于室内也能用于室外环境，精度一般优于 3cm，测绘级产品精度达到 5mm。与此同时，国产激光雷达的性能近年来稳步提升，有望在机器人领域占领越来越多的市场。

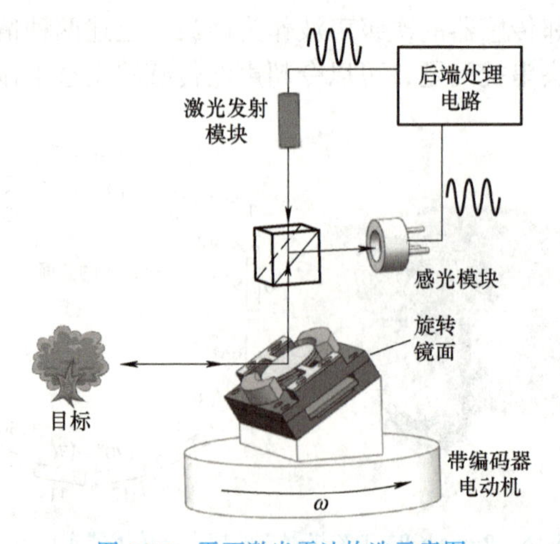

图 5-17　平面激光雷达构造示意图

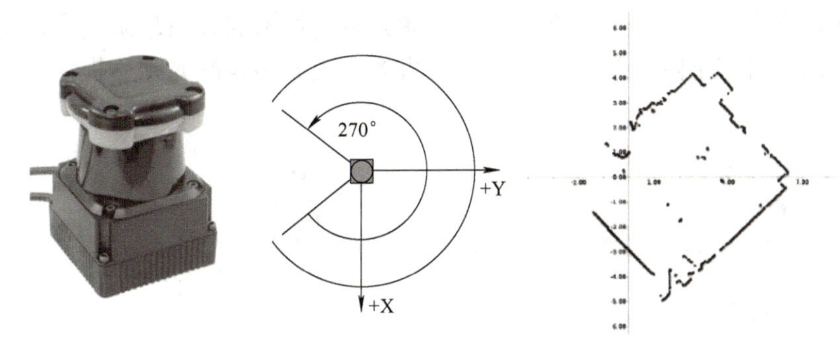

图 5-18　Hokuyo UTM–30LX 激光雷达，以及视场角和典型数据

激光雷达的数据是由一系列扫描点构成的集合，其中每个点的必备属性是空间坐标，根据传感器的类型还可能包含亮度、颜色等属性，这种数据叫作点云（Point Cloud）。值得指出的是，在后期处理中还可能在点云中引入其他属性，包括在各个点处的曲率、法向量等，此时依然称其为点云。其中平面和三维激光雷达获取的点云还可以进一步称为二维点云和三维点云。

从平面激光雷达到三维激光雷达有两种主流方案。第一种，仍然基于一组激光发射和接收模块，在平面激光雷达的基础上再增加一个转动自由度。图 5-19 所示就是在 Hokuyo UTM–30LX 的基础上基于云台增加一个转动自由度实现三维空间扫描，其视野为一个 270° 的球冠。图 5-20 所示为此三维激光雷达一次完成扫描的典型数据，从图中地面缺失的圆对应视野中 90° 球冠的盲区。第二种，增加激光发射和接收模块的数量，同时对空间中的多个平面进行扫描，一般称一个扫描平面为一线，因此也称此类激光雷达为多线激光雷达。这种三维激光雷达对传感器的集成度要求比较高，一般以产品的形式出现。比较知名的产品是 Velodyne 公司的系列产品，如图 5-21a 所示。图 5-21b 所示为其 64 线激光雷达的内部构造示意图，共包括 8 组每组 8 个激光发射器和 2 组每组 32 个激光接收器。其典型点云数据如图 5-21c 所示，从图中也能清晰地看到多个扫描面，尤其是在地面上，来自不同扫描面的数据表现为同心圆。由于能够同时进行多个面的扫描，因此这类三维激光雷达效率更高。但是，一是早期掌握多线三维激光雷达技术的公司数量很少，二是其成本确实很高，造成其价格昂贵，很难在小型移动机器人上推广，因此很多小型移动机器人选

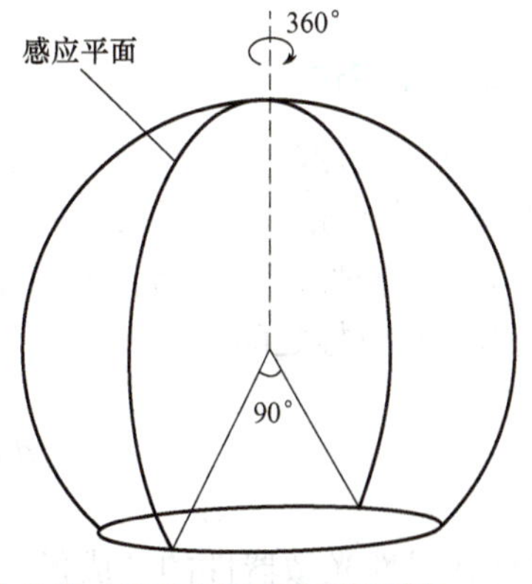

图 5-19　基于平面激光雷达和云台构建的三维激光雷达及其视场角

择了第一种实现方案。近年来，掌握多线三维激光雷达技术的公司越来越多，市场上可选的产品大量增加，价格下降明显，为小型移动机器人集成多线激光雷达提供了可能。

图 5-20 三维激光雷达的典型扫描数据

a) Velodyne的64线、32线和16线三维激光雷达产品

b) Velodyne 64线激光雷达的内部结构示意图

c) Velodyne 64线激光雷达的典型数据

图 5-21 Velodyne 公司的三维激光雷达

3. 三角测距激光雷达

前面介绍了基于飞行时间测距法的激光雷达，目前机器人领域广泛应用的还有一类基于三角测距原理的激光雷达。如图 5-22 所示，激光发射器发射激光脉冲，经目标反射后通过镜头聚焦至光敏器件，光敏器件能够给出激光脉冲聚焦的位置，根据相似三角形，就可以算出激光雷达与目标之间的距离 d 为

$$d=\frac{f}{g}\times e \tag{5-2}$$

式中，g 为目标在线性光敏器件的“成像”长度；f 为镜头焦距；e 为镜头光学中心与激光发射器所在直线的距离。

这种方法避免了时间的高精度测量，能够有效降低传感器成本。与 ToF 激光雷达一样，在能够完成单点测距的基础上，增加一个转动自由度即可构成平面激光雷达。目前代表性产品有思岚科技的 RPLIDAR 系列和镭神智能的 LS01 系列，这些产品用于机器人时面临两个问题：第一，只能用于室内环境且量程有限；第二，精度无法与 ToF 激光雷达的主流产品媲美。

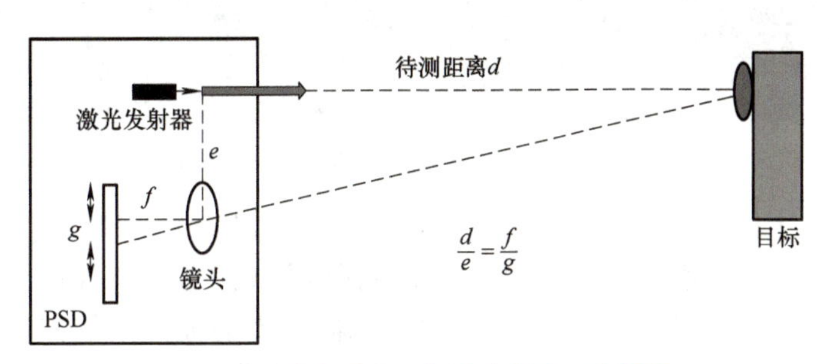

图 5-22　激光雷达三角测距法原理示意图

4. RGB–D 相机

RGB–D 相机有时也称为 RGBD 相机，是近几年在机器人领域应用广泛的传感器，能够同时获取环境的纹理信息和距离（深度）信息，其名称中的 RGB 代表红绿蓝三原色，D 代表 Depth，即深度。第一款 RGB–D 相机产品是微软的 Kinect，于 2010 年面世。如图 5-23 所示，相机中与纹理和深度信息获取相关的主要部件包括红外发射器、红外相机、RGB 相机。其中 RGB 相机提供可见光图像，可见光相机和图像将在机器人视觉感知一节讨论。

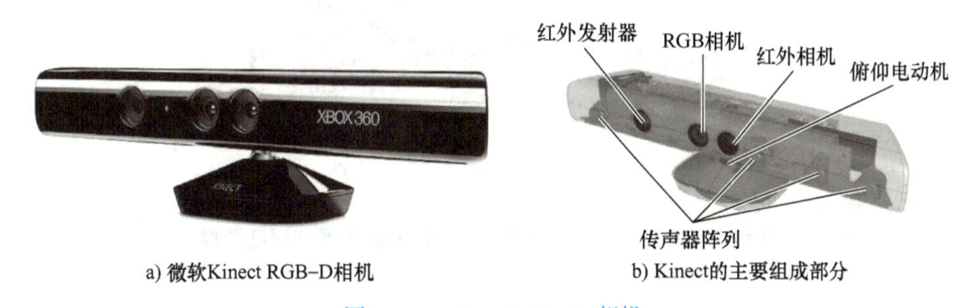

a) 微软Kinect RGB–D相机　　b) Kinect的主要组成部分

图 5-23　Kinect RGB–D 相机

为了获取深度信息，其红外发射器向环境发出红外散斑，这些散斑的分布具有高度随机性，能够保证每个散斑和周围散斑构成的局部图案是唯一的，便于识别，如图 5-24 所示。这些图案随着与相机之间的距离变化而变化，将相机进行离线标定后即可根据局部散斑图案的畸变计算出距离。这种基于红外散斑计算距离的核心技术由以色列的 PrimeSense 公司提供，称作光编码（Light Coding）技术。除了红外散斑，向环境中投射条纹和栅格并根据成像的畸变也可以计算出传感器与物体之间的距离。上述所有向环境中投影特定的光特征，由相机采集后根据光特征的变化来计算物体深度信息的测距技术统称为结构光（Structured Light）技术。无论采取哪种类型的光特征，只要感知数据中同时包含纹理信息和深度信息，相机系统即称为 RGB–D 相机。

图 5-24　PrimeSense 公司提出的红外散斑测距技术

事实上，Kinect 相机本来是针对视频游戏开发的，用于在视频游戏中捕捉人体动作和姿势实现人机交互。但是由于其能够提供丰富的感知信息（纹理 + 深度），如图 5-25 所示，且作为消费级产品价格较低，一问世即引起了机器人界的极大兴趣并很快被用作机器人传感器。然而，RGB–D 相机作为机器人传感器依然面临三个问题：第一，RGB–D 相机向环境投射的红外散斑（或条纹和栅格等特征），容易受到环境光照的影响，尤其是不能在阳光充裕的条件下工作，因此，目前 RGB–D 尚局限于室内环境使用；第二，RGB–D 相机的量程有限，对于 Kinect 来讲，其量程范围为 1.2 ～ 3.5m，虽然随着技术进步，RGB–D 相机的量程有所改善，但与激光雷达和超声波传感器相比其量程依然很有限；第三，RGB–D 相机还受到环境中低反射率和镜面反射物体的影响，其典型表现是深度图像中有数据缺失，尤其是黑色低反射率物体给 RGB–D 相机距离感知带来很大挑战。

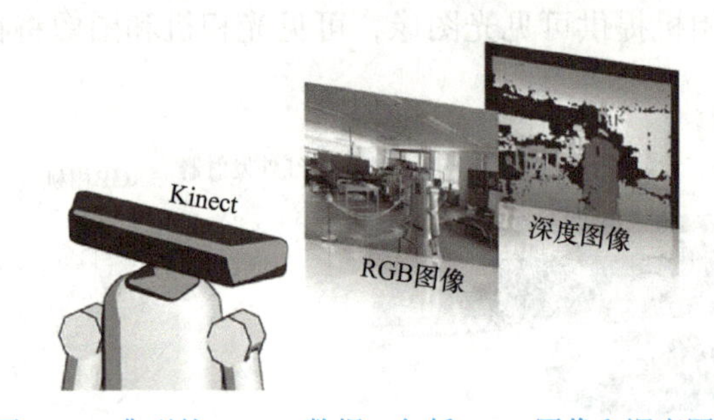

图 5-25　典型的 Kinect 数据，包括 RGB 图像和深度图像

5.1.3　机器人视觉感知

对人类及很多动物而言，至少有 80% 以上的外界信息经视觉获得，因此视觉是感知外部世界最重要和最有效的感知模态。人类眼球视网膜上有 1.3 亿多个感光细胞，其中视杆细胞约 1.2 亿个，视锥细胞约 700 万个，其数据率达到 3GB/s 左右，因此大脑负荷的很大一部分用于处理视觉信息。与人类或动物相似，视觉系统已经成为各种自主移动机器人最重要的环境感知手段之一，能够为机器人提供丰富的信息。

在各种机器人视觉系统中，相机是核心传感器，其成像原理借鉴了眼球成像，通过镜头接收外界环境中一定波长范围内的电磁波，经感光元件将光信号转换为计算机可以处理的电信号，即数字图像或模拟图像。目前绝大部分相机都采用 CCD（电荷耦合器件）或者 CMOS（互补金属氧化物半导体器件）图像传感器作为感光元件，且输出数字图像。本节将介绍相机的成像原理、透视投影模型、内外参数的标定以及双目立体相机。

1. 针孔相机模型

中学物理中关于光学的一个著名实验是小孔成像实验，如图 5-26a 所示。小孔成像是一种自然光学现象，对于此现象最早的描述可追溯至我国墨子的著作和古希腊亚里士多德的《问题集》。一个物体可以看作是无数个物点组成的，每个物点即一个发光点。因为光线沿直线传播，各发光点发出的光线经过小孔后在暗室的成像平面上形成一个个光点，在成像面形成倒立的影像。

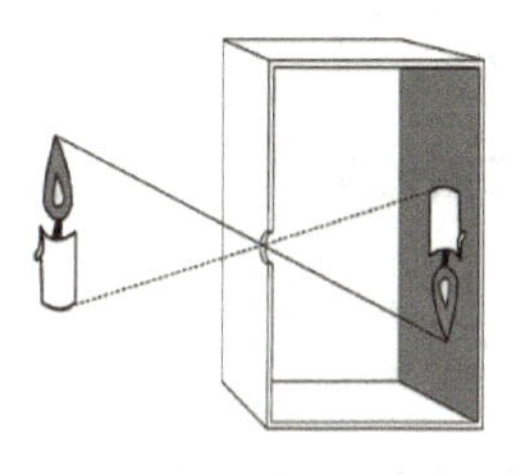

a) 小孔成像实验

b) 基于小孔成像原理的针孔相机

图 5-26　小孔成像

根据小孔成像原理制作的相机一般称为针孔相机，其中的小孔称为针孔，如图 5-26b 所示。一般而言，针孔越小，成像越清晰；针孔越大，成像越模糊。然而，针孔的尺寸越小则到达像平面的光线越少，导致成像较暗。当针孔尺寸小到与光波长相当时，将发生光的衍射，导致成像模糊。此外，针孔与成像平面中心的距离近，与四角的距离远，这种距离上的差异，导致曝光不平均，形成暗角。

引入光学镜头可以克服小孔成像的问题，从而允许更多光线到达像平面，同时又有更好的聚焦效果。光学镜头的作用与成像特点如图 5-27 所示，与光轴平行的光线经过镜头后将穿过焦点，通过镜头光学中心的光线不改变传播方向，经过前焦点（镜头与物体之间的焦点）的光线经过镜头后与光轴平行，这些光线将聚于焦点附近的像平面，经 CCD 或 CMOS 传感器将光信号转换为电信号（图像）。

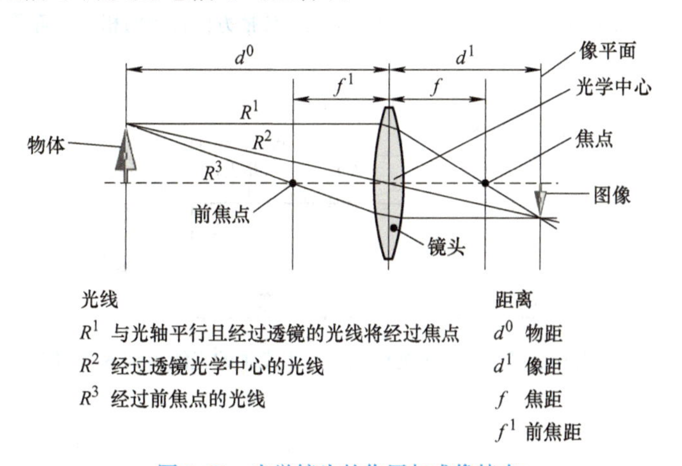

图 5-27　光学镜头的作用与成像特点

接下来根据镜头的成像特点推导相机的成像模型，如图 5-28 所示，由于穿过光学中

心的光线不改变方向，三角形△ABO与三角形△PQO相似，于是有

$$\frac{PQ}{AB}=\frac{OQ}{OB}=\frac{e}{z} \tag{5-3}$$

即物体成像大小与物距（物体与镜头之间的距离）和像距（成像面与镜头之间的距离）有关。此外，如图5-29所示，由于与光轴平行的光线将穿过镜头的焦点，穿过光学中心的光线不改变传播方向，三角形△A′OF与三角形△PQF相似，于是有

$$\frac{PQ}{A'O}=\frac{PQ}{AB}=\frac{FQ}{OF}=\frac{e-f}{f} \tag{5-4}$$

将上面两式合并，可以得到物距、像距和焦距之间的关系，即

$$\frac{1}{f}=\frac{1}{z}+\frac{1}{e} \tag{5-5}$$

当$z \gg f$时，可以忽略像平面与焦点之间的距离，即$e \approx f$，从而有

$$PQ=\frac{f}{z}\times AB \tag{5-6}$$

换句话说，此时相机成像退化为针孔相机模型，即物体大小和焦距一定的情况下，其成像大小仅和物距有关系，且与物距成反比，这种依赖关系叫作透视。

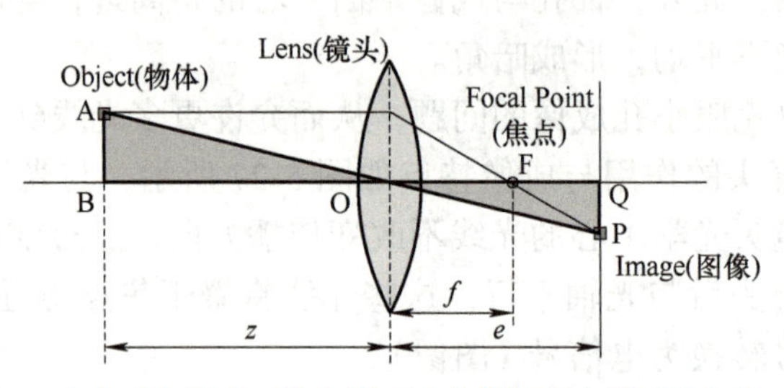

图5-28 由穿过光学中心的光线不改变传播方向得到的相似三角形

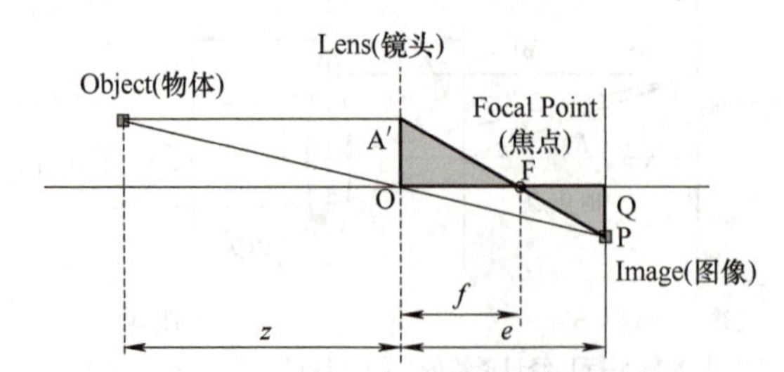

图5-29 由穿过光学中心的光线和平行于光轴的光线得到的相似三角形

2. 透视投影

在移动机器人领域，视觉用于感知外部环境，因此首先要解决坐标系变换问题，即目标如何从世界坐标系映射为图像的各个像素。理解相机成像原理及图像与环境之间的映射

关系有助于设计和实现机器人视觉领域的算法。由于相机本身成倒像，为了便于推导，一般将像平面置于相机前面，此时图像与目标的朝向相同，即成正像，如图 5-30 所示。

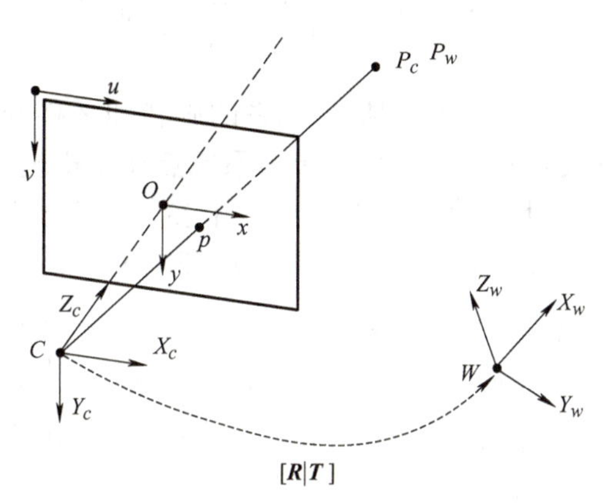

图 5-30　机器人视觉中的常用坐标系

为了解决上述问题，首先要定义相关坐标系，如图 5-30 所示，机器人视觉领域常用坐标系有以下四个。

1）世界坐标系 $W\text{–}X_wY_wZ_w$：客观世界的绝对坐标系，也称真实坐标系，用来描述相机和物体的位置。通常来讲，世界坐标系是静止坐标系，不随机器人的移动而变化。

2）相机坐标系 $C\text{–}X_cY_cZ_c$：以相机的光心为坐标原点，X_c 轴和 Y_c 轴分别平行于图像坐标系的 x 轴和 y 轴，Z_c 轴垂直于图像平面并与光轴重合，CO 为相机焦距。

3）图像坐标系 $O\text{–}xy$：相机光轴与图像平面的交点称为图像主点，理论上，主点位于图像中心，但因相机加工工艺原因有可能导致偏离。图像坐标系以图像主点为坐标原点，x 轴和 y 轴分别平行于图像的两条边，其坐标表示以物理单位（如毫米）为度量的像点在图像中的实际位置。为了更好地与像素坐标系区分，有时也称之为图像物理坐标系。

4）像素坐标系 uv：相机采集到的数字图像在计算机中采用 $m\times n$ 的二维数组形式进行表示，其中 m 表示图像的行数，n 表示图像的列数，此即为图像的分辨率。图像数组中的每一个元素称为一个像素点，其值为该像素点的灰度值或颜色值。像素坐标系以所成图像左上角顶点为原点，u 轴和 v 轴分别平行于图像坐标系的 x 轴和 y 轴，以像素为单位。行坐标 u 向右增大，列坐标 v 向下增大。

其中世界坐标系和相机坐标系是三维坐标系，图像坐标系和像素坐标系是二维坐标系；世界坐标系、相机坐标系、图像坐标系中的坐标是连续变化的，像素坐标系中的坐标则是离散变化的。有了这些坐标系的定义，现在可以进一步形式化地将问题描述为：已知某点在世界坐标系中的点 P_w，给出这个点经透视投影后在像素坐标系中的坐标 (u,v)。因为有四个坐标系，可以通过三步实现坐标变换，即世界坐标系→相机坐标系→图像坐标系→像素坐标系。前面讲的透视实际上给出了相机坐标系到图像坐标系的映射关系，下面具体给出每一步坐标变换过程。

世界坐标系到相机坐标系的变换：世界坐标系到相机坐标系之间的关系可由旋转矩阵 $\boldsymbol{R}$ 和平移矢量 $\boldsymbol{T}$ 来描述。

$$\begin{pmatrix} X_c \\ Y_c \\ Z_c \end{pmatrix} = \boldsymbol{R}\begin{pmatrix} X_w \\ Y_w \\ Z_w \end{pmatrix} + \boldsymbol{T} = \begin{pmatrix} r_{11} & r_{12} & r_{13} \\ r_{21} & r_{22} & r_{23} \\ r_{31} & r_{32} & r_{33} \end{pmatrix}\begin{pmatrix} X_w \\ Y_w \\ Z_w \end{pmatrix} + \boldsymbol{T} \tag{5-7}$$

其中，$\boldsymbol{R}$ 和 $\boldsymbol{T}$ 分别为从世界坐标系到相机坐标系的旋转和平移变换。$\boldsymbol{R}$ 是一个 3×3 的单位正交矩阵，有三个独立变量；$\boldsymbol{T}$ 表示世界坐标系原点在相机坐标系中的坐标。单位正交旋转矩阵的三个独立变量加上三个平移变量共六个参数决定了相机在世界坐标系中的位置，这六个参数称为相机外部参数。式（5-7）可用齐次坐标表示为

$$\begin{pmatrix} X_c \\ Y_c \\ Z_c \\ 1 \end{pmatrix} = \begin{pmatrix} r_{11} & r_{12} & r_{13} & t_x \\ r_{21} & r_{22} & r_{23} & t_y \\ r_{31} & r_{32} & r_{33} & t_z \\ 0 & 0 & 0 & 1 \end{pmatrix}\begin{pmatrix} X_w \\ Y_w \\ Z_w \\ 1 \end{pmatrix} = \begin{pmatrix} \boldsymbol{R} & \boldsymbol{T} \\ \boldsymbol{0}^{\mathrm{T}} & 1 \end{pmatrix}\begin{pmatrix} X_w \\ Y_w \\ Z_w \\ 1 \end{pmatrix} \tag{5-8}$$

相机坐标系到图像坐标系的变换：根据透视模型，相机坐标系中的点 $P_w(X_c,Y_c,Z_c)$ 可通过相似三角形比例变换得到其在图像坐标系中像点的物理坐标，即

$$\begin{cases} x = \dfrac{fX_c}{Z_c} \\ y = \dfrac{fY_c}{Z_c} \end{cases} \tag{5-9}$$

其中 f 是镜头的焦距，式（5-9）可用齐次坐标表示为

$$Z_c\begin{pmatrix} x \\ y \\ 1 \end{pmatrix} = \begin{pmatrix} f & 0 & 0 & 0 \\ 0 & f & 0 & 0 \\ 0 & 0 & 1 & 0 \end{pmatrix}\begin{pmatrix} X_c \\ Y_c \\ Z_c \\ 1 \end{pmatrix} \tag{5-10}$$

图像坐标系到像素坐标系的变换：从图像坐标系变换到离散像素坐标系需要考虑两个因素有相机光学中心在像素坐标系中的坐标，像素在 u、v 两个坐标轴方向上的尺度因子。假设图像坐标系原点在图像像素坐标系中坐标为 (u_0,v_0)，且每一个像素在 u 轴和 v 轴方向上的物理尺寸（尺度因子）为 $1/k_u$ 和 $1/k_v$，则

$$\begin{cases} u = u_0 + k_u x \\ v = v_0 + k_v y \end{cases} \tag{5-11}$$

将其用齐次坐标表示为

$$\begin{pmatrix} u \\ v \\ 1 \end{pmatrix} = \begin{pmatrix} k_u & 0 & u_0 \\ 0 & k_v & v_0 \\ 0 & 0 & 1 \end{pmatrix}\begin{pmatrix} x \\ y \\ 1 \end{pmatrix} \tag{5-12}$$

根据上面的结果，将式（5-10）代入式（5-12）可以得到相机坐标系到像素坐标系之

间的变换关系，即

$$Z_c\begin{pmatrix}u\\v\\1\end{pmatrix}=\begin{pmatrix}\alpha_u & 0 & u_0\\0 & \alpha_v & v_0\\0 & 0 & 1\end{pmatrix}\begin{pmatrix}X_c\\Y_c\\Z_c\end{pmatrix}=\boldsymbol{k}\begin{pmatrix}X_c\\Y_c\\Z_c\end{pmatrix} \tag{5-13}$$

其中 $\alpha_u=k_u f$ 和 $\alpha_v=k_v f$ 分别称为图像 u 轴和 v 轴上的有效焦距。α_u、α_v、u_0、v_0 只与相机内部结构有关，称为相机内部参数，矩阵 $\boldsymbol{k}$ 称为内部参数矩阵，简称内参矩阵。

将式（5-7）代入式（5-13）可以得到世界坐标系到像素坐标系的坐标变换，以齐次坐标表示为

$$Z_c\begin{pmatrix}u\\v\\1\end{pmatrix}=\begin{pmatrix}\alpha_u & s & u_0 & 0\\0 & \alpha_v & v_0 & 0\\0 & 0 & 1 & 0\end{pmatrix}\begin{pmatrix}\boldsymbol{R} & \boldsymbol{T}\\\boldsymbol{0}^{\mathrm{T}} & 1\end{pmatrix}\begin{pmatrix}X_w\\Y_w\\Z_w\\1\end{pmatrix}=\boldsymbol{k}[(\boldsymbol{R}|\boldsymbol{T})]\begin{pmatrix}X_w\\Y_w\\Z_w\\1\end{pmatrix} \tag{5-14}$$

其中 $[(\boldsymbol{R}|\boldsymbol{T})]$ 由相机在世界坐标系的位置和姿态决定，称为相机外部参数矩阵，简称外参矩阵；$\boldsymbol{k}[(\boldsymbol{R}|\boldsymbol{T})]$ 由外参矩阵和内参矩阵共同决定，称为投影矩阵，即世界坐标系到图像像素坐标系的变换矩阵。由式（5-14）可以看出，只要知道相机内、外参数，对空间任意点，如果已知其世界坐标系中的空间坐标，就可以求出其成像的像素坐标；但是已知图像像素坐标，其在世界坐标系中的空间坐标却不是唯一的，而是对应一条射线。

3. 相机参数标定

由前面描述可知环境中某点的三维坐标与其在图像中的像素之间具有数学上的对应关系，这一关系由相机成像模型所决定，成像模型的参数就是相机的内参和外参。然而，前面推导过程中有一个隐含的假设就是镜头在光学上是理想的，或者说从相机坐标系到图像坐标系之间的光学映射是理想的。实际上，由于制造加工的原因，镜头一般都存在着某种程度的非线性畸变，如图 5-31 所示，镜头常见的是桶形畸变和枕形畸变。

a) 棋盘格在理想镜头中的成像

b) 镜头存在桶形畸变时棋盘格的成像

c) 镜头存在枕形畸变时棋盘格的成像

图 5-31　镜头常见的畸变

因此，相机建模时还要在内参中引入畸变参数。为此，在使用相机之前，要先设计实验求取相机参数，包括内参和外参，这一过程称为相机标定。相机标定方法按标定方式不同可分为传统标定方法、自标定方法和基于主动视觉的标定方法三大类。

传统标定方法在场景中事先放置尺寸、形状等已知的标定参照物，利用相机获取该参照物的图像并对其进行处理，利用一系列数学变换和计算方法来求得相机模型的内、外参数。理论上讲任何合适的物体都可用作标定参照物，而实际上都选用诸如棋盘格之类表面纹理比较规则的物体，以简化后续数据处理过程。传统标定方法的必要条件是要事先制作标定参照物，优点在于标定精度较高。张正友提出一种非常简单灵活的平面模板标定方法，仅仅需要少数的不同方向（至少两个方向）的标定物图像即可标定出相机内部参数。Bouguet 在张正友等人方法的基础上做了进一步扩展，能够估计出更多的相机参数，并提供了开源的 MATLAB 标定工具箱。

自标定方法利用图像对应点的信息来标定，不需要在场景中放置标定参照物，标定过程比较灵活，使得实时在线地对相机进行标定成为可能。但是自标定方法也有其不足之处，如鲁棒性差、易受噪声干扰、精度较低等。

基于主动视觉的标定方法利用已知的某些相机运动信息进行标定，其运动信息一般包含定性信息和定量信息，定量信息如相机在固定坐标系下朝某一方向平移一给定量，定性信息如相机仅做纯平移运动或纯旋转运动。这类方法的优点在于鲁棒性高、计算简单，但仅限于相机运动信息已知的场合，应用具有一定的局限性。

4. 双目立体相机

如图 5-32 所示，很多人到了意大利比萨斜塔都会拍这种有趣的照片，用两个手指捏住比萨斜塔，造成视觉错觉。为什么能造成这种视觉错觉？因为仅从一个视角成像得不到深度信息，换句话说，单目相机无法获得深度信息。如同人类和其他很多动物都有两只眼睛，且长在头上不同的位置，能够提供不同角度的成像，这是立体视觉的基础。在双目观察世界的过程中，因为双眼具有瞳距，而在视网膜产生有差别但又基本相似的图像，这种视觉信号传送至大脑之后，大脑将两幅图像之间的差异进行整合，即可判断出眼睛到物体之间的精准距离关系。

图 5-32 游客在比萨斜塔拍摄的趣味照片

受人和动物双目视觉的启发，也可以利用两个或更多相机从不同角度成像，从而恢复出三维场景信息。其中由两个相机构成的视觉传感器称为双目立体相机或双目立体视觉系统，能够利用相机从不同的位置获取被测物体的两幅图像，基于视差原理获取物体的三维几何信息。需要指出的是，虽然与 RGB-D 相机一样都能获得环境的纹理和深度信息，但双目立体相机无须向环境辐射能量，属于被动传感器。

首先来看理想情况或者说是简化情况下的双目立体相机，即两个相机的成像模型完全一致，平行安装，且两个相机光学中心的连线与光轴垂直。此时，深度感知如图 5-33

所示，对于相机坐标系下的点 $P(X_p, Y_p, Z_p)$，会在两个相机的像平面上同时成像，成像的两个像点称为同名像点。假设相机的焦距为 f，则根据透视，在左、右相机成像中有如下关系：

$$\begin{cases} \dfrac{f}{Z_p} = \dfrac{u_l}{X_p} \\ \dfrac{f}{Z_p} = \dfrac{u_r}{X_p - b} \end{cases} \tag{5-15}$$

整理后得到 Z_p 的计算公式

$$Z_p = \frac{bf}{u_l - u_r} \tag{5-16}$$

其中，b 是两个相机光学中心之间的距离，称为基线；u_l–u_r 是两个同名像点之间的坐标差，称为视差。一般双目立体相机的基线和焦距是固定不变的，因此，在基线和焦距已知的前提下，只要能确定同名像点，就可以根据视差计算出物点与传感器之间的距离，且距离与视差成反比。在两幅原图中确定所有像素的对应关系，计算每个像素对的视差，可以得到视差图，如图 5-34 所示。

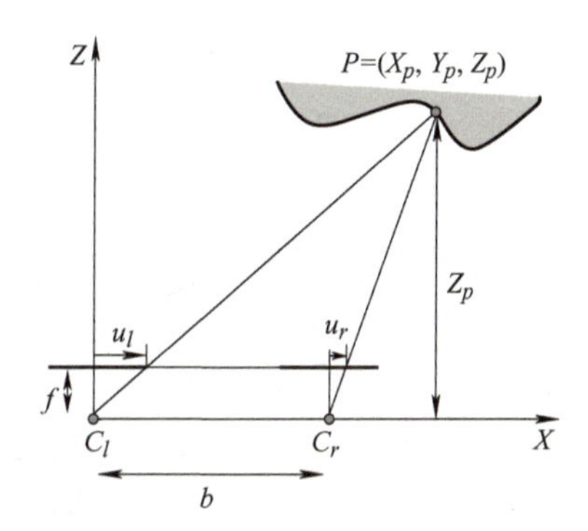

图 5-33　理想条件下双目立体相机的深度感知示意图

a) 左图

b) 右图

c) 视差图

图 5-34　根据两幅原图构造视差图

现在来看一般情况下的双目立体相机。由于制造工艺的问题，几乎不可能找到两个完全一样的相机。此外，由于机械安装误差不可避免，将两个相机平行并对齐也几乎不可能。因此，在使用双目立体相机之前要先进行外参和内参的标定，其中外参是指两个相机之间的平移和旋转关系，内参指每个相机的焦距、光学中心和畸变参数等。当外参和内参确定后，可以根据内参对图像进行变焦和去畸变等操作构造成像模型一致的“相机”，并根据外参对图像进行旋转和平移等操作将两个相机对齐，最终构造理想的双目立体相机。

然而，到这里还有未解决的问题，即如何确定两幅图像中的同名像点？这一问题一般称为对应点搜索问题或者立体匹配问题。常用的方法是在图像中提取一系列特征比较明显的点，这些点称为特征点，然后在两幅图像中搜索相同的特征点，从而构建对应关系。在实践中，由于噪声、遮挡、畸变和光照变化等造成的影响，空间中一点投影到不同像平面上所形成的同名像点可能具有不同的特征。对于一幅图像中的某个特征点或是某块子图像，在另一幅图像中可能存在几个相似的候选匹配，需要额外的约束才能得到准确的匹配；此外，在整幅图像中搜索特征点的计算代价较高，也需要引入约束条件压缩搜索空间。常用立体匹配约束主要源于图像获取的几何学、光度测定学性质以及视觉显著性等，下面介绍对于提高搜索效率起决定性作用的极线约束。

经过标定的相机和已知的图像点坐标可以唯一地确定空间中一条射线。双目立体视觉中极线几何关系如图 5-35 所示，使用两个标定过的相机对空间中一点 P 进行成像，C_L 和 C_R 分别为左、右相机光学中心，Π_1 和 Π_2 分别为左、右相机所获得的图像，P_L 和 P_R 分别为 P 在 Π_1 和 Π_2 中的投影点。若已知 P_L 和 P_R 在各自成像面的图像坐标，就可以通过两条射线的交点确定出空间点的位置。在图 5-35 中定义如下。

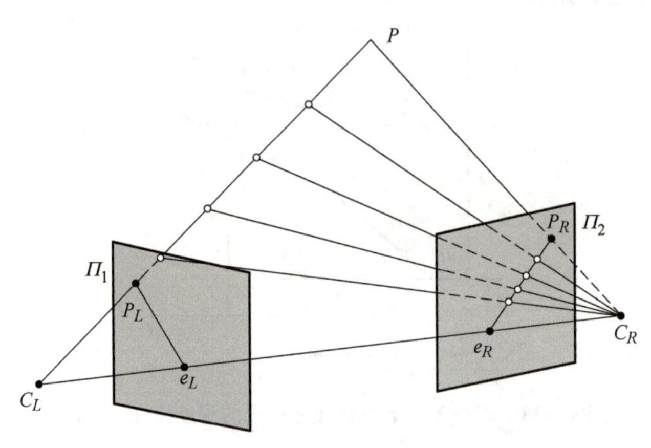

图 5-35 双目立体视觉中极线几何关系

1）极平面：空间点 P 与左、右相机光心 C_L 和 C_R 构成的平面，图中 PC_LC_R 平面。

2）极线：极平面与成像平面的交线，图中直线 P_Le_L 和 P_Re_R。

3）极点：左、右相机光学中心 C_L 和 C_R 的连线与成像平面的交点，图中点 e_L 和 e_R。

4）基线：左、右相机光心的连线，图中直线 C_LC_R。

直线 P_Le_L 称为图像 Π_1 上对应 P_R 点的极线，直线 P_Re_R 称为图像 Π_2 上对应 P_L 点的极线。若已知 P_L 在图像 Π_1 中的位置，则其在图像 Π_2 中的对应点 P_R 必位于极线 P_Re_R 之上，反之亦然。这称为极线约束，是双目立体视觉的重要特点，将对应点的搜索空间从整幅图像压缩至一条直线，从三维降至二维，能极大地提高搜索效率。

在实际应用中，希望图像中每一行像素对应一个极线，这样能够进一步提高搜索效率。事实上，任何图像对都可以通过旋转、变焦、去畸变、平移等操作使得图像平面相互重合且与基线平行，每一幅图像内的极线相互平行且成水平，并且图像的每一行严格对齐，即构造双目相机的理想形式。上述过程称为极线校正或者图像校正，它使得对应点的搜索范围从二维进一步降至一维，使搜索速度和精度大大提高。

综上所述，双目立体视觉的工作流程为相机标定、图像校正、立体匹配和三角测量四个部分，如图 5-36 所示，其中相机标定能够确定每个相机的内参和两个相机之间的外参，图像校正根据上述参数构造双目相机的理想形式，立体匹配在极线约束下搜索对应点，三角测量则根据对应点得到的视差图计算距离。

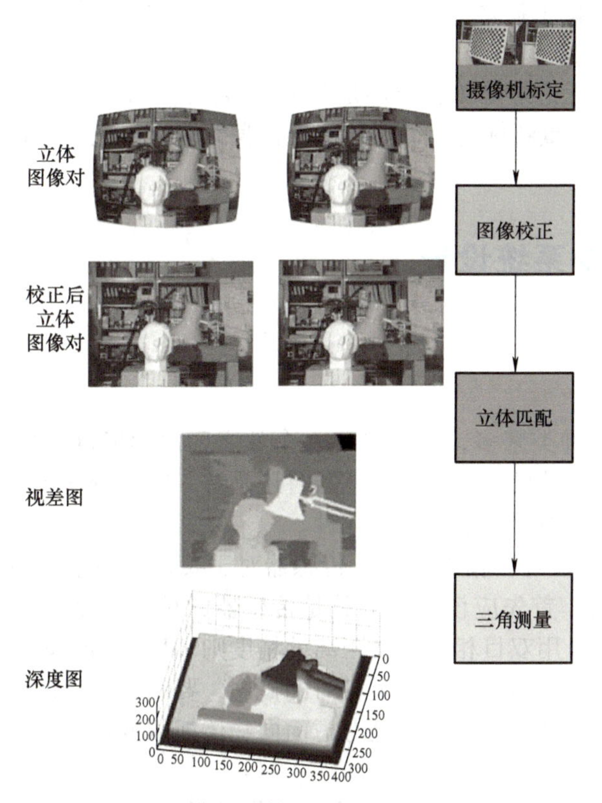

图 5-36　双目立体视觉相机的工作流程

5. 传感器标定

前面在介绍视觉传感器的过程中涉及了相机内部参数和双目立体相机之间外部参数的标定。事实上，几乎所有移动机器人的传感器在使用之前都要进行标定，传感器标定包含以下两层含义。

1）单个传感器内外参数的标定，其中内部参数主要是指通过试验建立传感器输出与输入之间的关系并确定不同使用条件下的误差的过程，而外部参数一般是指与机器人体坐标系之间的坐标转换关系。例如，对于三维激光雷达来讲，首先要通过试验确定其各个视角读数与实际距离的关系，以及测量值的误差和方差，其次还要确定激光雷达传感器坐标系与机器人体坐标系之间的坐标变换关系，以便将测量得到的数据用于机器人体坐标系下的目标定位及障碍规避，甚至进一步转换到全局坐标系用于物体识别及全局路径规划。对于容易受到环境条件影响的传感器，如超声波传感器，在不同环境工作或者环境条件发生明显变化时，还要对传感器进行重新标定。

2）多个传感器之间外部参数的标定，主要用于确定坐标系之间的变换关系，以便将传感器对齐到一个统一的坐标系下面进行传感器数据融合。目前很多移动机器人都搭载了多种传感器，例如轴编码器、IMU、相机、激光雷达等，其外部参数的标定是数据融合的必要前提和重要基础。例如，将相机和激光雷达标定后得到同时具有颜色信息和深度信息的点云，用于环境建模或者自主导航。外参标定可以借助棋盘格等外部设备，也可以依靠高精度运动捕捉系统，还可以基于运动信息实现。Huang 基于运动信息和 Gauss–Helmert 优化模型实现了多种传感器之间的外参标定，并且通过数学分析给出了外参标定精度的上限。

值得指出的是，无论是单传感器还是多传感器标定，在机器人使用了一段时间以后，必须对其主要参数进行重新标定，以防传感器自身的老化、机器人移动时的振动等因素导致参数发生变化。

5.2　机器人感知系统设计

5.2.1　传感器选择

机器人传感器的种类繁多，很难给出一个放之四海而皆准的传感器选择方法或者原则。尽管如此，在为移动机器人选择传感器时还是有一些比较通用的要素需要考虑。移动机器人对于传感器的一般要求包括下面几种。

1）精度高，重复性好。精度体现了传感器对于某种物理量感知时具有统计意义的指标。在选用传感器时，首先应该关注的就是传感器的精度，比如 ToF 激光雷达的测距精度一般在 3 厘米左右，用双目相机测量距离的精度则和环境的纹理是否丰富、相机基线的长度等相关。当然，这个精度高是一个相对的概念，要结合具体的应用考虑，例如考虑避障，则测距精度的要求就不高；如果是考虑面向物体抓取的定位，则对测距精度的要求就优于厘米级。

2）稳定性好，可靠性高。移动机器人在工作过程中面临光照条件等环境因素的变化，另外也难免会产生一定的颠簸或者振动，因此对传感器的稳定性和可靠性有较高要求。但这个可靠性和稳定性有时候某类传感器是无法保证的，比如在泥泞环境中，轮式机器人的滑移使得电动机编码器无法提供可靠的里程计估计。此时，就需要考虑选择或者结合使用惯性传感器、视觉传感器等。

3）体积小、重量轻、功耗低。一般来讲，移动机器人都是依靠机载电池工作，且负载电池能力受限。为了增加机器人的续航时间，在同等条件下，要选择体积小、质量轻和功耗低的传感器。实际上，集成度越来越高也是移动机器人传感器发展的一个重要趋势。

4）性价比高。不论对于机器人研究平台还是产品来讲，目前传感器成本都占到了机器人整体成本的较高比重。当然，前沿技术探索和关键技术攻关对器部件的成本敏感度不高，应优先选用能够更好完成科研任务的传感器。但是对于机器人产品的研发来讲，尤其是消费型机器人产品研发，一定要选择性价比高的传感器。

5.2.2　感知算法设计

在移动机器人系统中，要进行目标探测和定位，对于自身位姿的估计非常重要。传统的位姿估计方法有全球导航卫星系统（GNSS）、IMU、轮速传感器和声呐定位系统等技术。近 10 年来，相机系统变得更加便宜，分辨率和帧率也更高，计算机性能有了显著提高，实时的图像处理成为可能。一种新的位姿估计方法因此而产生，即视觉里程计（Visual Odometry，VO）。VO 利用单个或多个相机所获取的图像流估计机器人位姿。在成本较低的前提下，可实现在卫星导航信号拒止条件下的位姿估计，其局部漂移率小于轮速传感器和低精度的 IMU。

本节以视觉里程计算法的设计为例介绍感知算法设计。值得指出的是，正如前面介绍的，相机的镜头存在畸变，因此需要首先对相机进行内参标定，这一点对于大部分机器人视觉传感器和视觉算法设计都适用。

在完成传感器标定后，视觉里程计遵循特征模块、帧间位姿估计和减少漂移的理论框架，典型的算法流程如图 5-37 所示。其中，特征模块包括特征检测和特征匹配。每获取一帧新的图像，算法首先要检测一些显著性强、可重复性高的角点，结合邻域图像信息构造特征描述子，即所谓的图像特征。在视觉里程计领域应用比较广泛的特征包括 SIFT、SURF 和 ORB 等。然后，在当前帧与前一帧图像之间进行特征匹配。特征匹配的目的是在两帧图像中找到特征点对，特征点对是相同的三维空间点在两帧图像上投影产生的二维点。帧间位姿估计包括外点滤除和运动估计。特征匹配产生的特征点对通常会包含一些不符合数学模型的异常数据，这些数据点被称为外点。外点对于运动估计会产生严重的影响，因此需要排除这些点。外点滤除中最广泛应用的是随机采样一致性算法（RANSAC）。

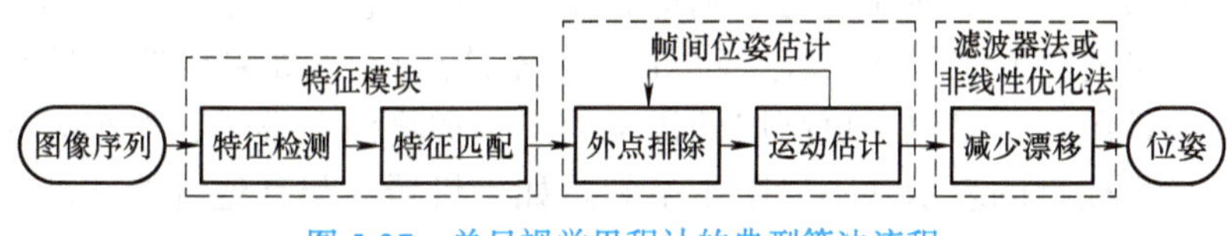

图 5-37　单目视觉里程计的典型算法流程

RANSAC 通过反复选择数据中的一组随机子集来实现目标。被选取的子集被假设为符合待拟合的数学模型，称为内点，并用下述方法进行验证。

1）利用选取的子集计算一个数学模型，即所有的未知参数都能从假设的内点计算得出。

2）用 1）中得到的模型去测试所有的其他数据，如果某个点适用于估计的模型，认为它也是内点。

3）如果有足够多点被归类为 1）中模型的内点，那么估计的模型就足够合理。

4）然后，为了提高模型精度，用与 1）中模型一致的所有内点重新估计模型。

5）重复 1）～ 4），直到筛选出符合预期的模型，或者迭代次数达到一定数量。

接下来是根据余下的特征点对，即最优模型的内点，计算当前帧与前一帧之间相机的相对运动，也就是运动估计。外点排除和运动估计通常是一个迭代的过程。

5.2.3 世界模型的构建

为了使移动机器人理解所在环境，必须建立环境的某种数字化表示，即世界模型。在移动机器人的研究中，世界模型的构建或者说任务环境的表示，是一个重要而经常被忽视的问题。世界模型可以预先编程到机器人中，也可以由机器人学习，或者两者结合。世界模型的预编程部分通常包括地图，以及机器人运行过程中可能遇到的物体或情况的集合。

对于机器人所在环境来讲，世界模型是该环境的一种抽象表示，世界模型与感知、规划和执行等模块的关系如图 5-38 所示。一般来讲，机器人基于传感器感知周围的环境并建立和更新世界模型。基于该世界模型和当前时刻感知信息进行规划，世界模型参与的规划是一个慎思过程，与反应式行为不同。此后，机器人以一系列动作执行该规划，与物理环境进行交互，在执行动作过程中，还可以预测世界模型将发生哪些变化。例如，机器人执行一个开门的动作，则世界模型中“门闭”的状态将以较大概率转化为“门开”的状态。

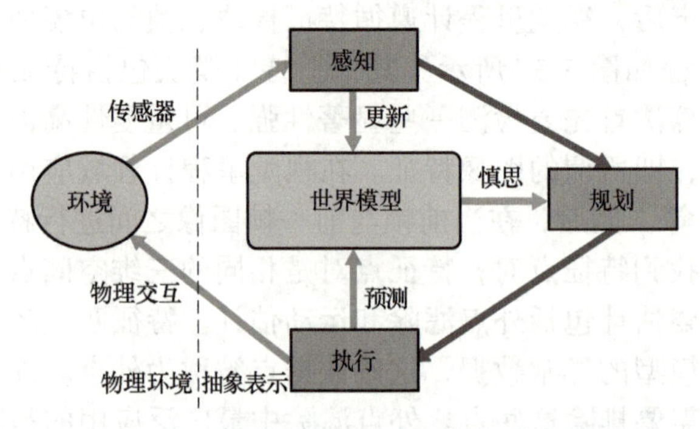

图 5-38 世界模型与感知、规划和执行等模块的关系

如果机器人仅具有自主导航能力，则世界模型中可能包含一幅地图，其中标记了哪些区域是空闲的（可通行），哪些区域已经被占用（不能通行）。如果机器人具有一定的识别与认知能力，则地图还可以包含更高层的语义信息，如将门、桌子、汽车等在地图中标记出来。当然，世界模型的表示并不局限于空间。如果机器人与其他智能体进行交互，例如社交机器人，则世界模型中需要包含对其他智能体信念、期望和意图的估计。世界模型可能由多种表示方法构成，以一个化工厂中的机器人为例，可能需要用于空间推理的地图，化工厂中所有类型的阀门手柄的模型以及对应的操作方法，以及用于与其他工人（机器人或人）进行交互的信念模型。

世界模型分为封闭世界模型、开放世界模型。在封闭世界模型中，假设所有可能性都是事先已知的，不会出现意外情况。在形式逻辑中，这意味着数据库中未指定的任何对象、条件或事件均为假。在开放世界假设下运行的机器人算法，无法完全给出状态、对象或条件的所有可能性。这些算法可以基于机器学习将新对象或事件添加到世界模型中。如果用形式逻辑表示世界模型，则需要更高级的逻辑，从而允许系统在对象移动或事物发生变化时修改相关的断言；否则，将无法保证逻辑推断的正确性。对于移动机器人而言，由于难以预测环境自身的改变和机器人与环境交互带来的各种变化，导致封闭世界模型的适用性较差。

根据构建世界模型所需信息，可以分为局部世界模型和全局世界模型。其中，顾名思义，局部世界模型的构建仅需要机器人当前时刻基于传感器获得的感知信息，在局部坐标系（一般是机器人体坐标系）下进行信息的表示；而全局世界模型则需要利用机器人已获得和处理过的全部感知信息，将所有感知信息对齐到一个全局意义下的坐标系中。一般而言，局部世界模型的构建和维护更加简单，但是支撑机器人能够实现的行为能力也受限，例如无法实现全局路径规划。

5.2.4　感知系统集成

感知系统的集成，可以从两个角度考虑。第一个角度，从交互层、慎思层、行为层的三层软件架构来考虑，感知系统主要有两个目的：第一，构建和维护世界模型，这是服务于慎思层和交互层的；第二，构建“感知 – 动作”集合，这是服务于行为层的。针对上述两个目的，可以确认每个传感器和相应的算法要解决什么问题，比如激光雷达可以用于建立地图、行人检测和障碍物规避，其中建立地图和行人检测就属于慎思层，障碍物规避要求实时性高、动作迅速，因此应该放入行为层。

第二个角度，从软件的模块化和标准化来考虑。因为 ROS 已经成为机器人软件系统的事实标准，所以可以用 ROS 进行软件组织的思维来具体实践。具体来讲，可根据感知算法的输入输出、计算复杂度等方面综合考虑如何构建 ROS 节点，并物化为功能包。这里需要引起注意的是，并不是节点功能划分越细越好、节点数量越多越好，因为节点数量越多则计算机同时运行的进程数就越多，且 ROS 内部节点之间的数据交换同样要消耗计算资源，最终导致系统的整体计算效率降低。

在基于ROS组织感知算法时，需要重点关注ROS社区已经开源的类似功能包。例如，研制一台室内服务机器人，该机器人底盘集成了二维激光雷达，要基于此激光雷达实现二维的同步定位与建图。此时，无须从零开始设计或者实现该算法，而是可以在 ROS 开源社区中搜索定位和建图精度较高、鲁棒性较好的算法实现（功能包），如 Hector-SLAM 算法对应的功能包就符合上述要求。此时，就可以将传感器驱动功能包的输出与 Hector-SLAM 功能包的输入进行适配，包括采用一致的 ROS 话题名称、消息格式等。

5.3　机器人同步定位与建图算法设计

机器人同步定位与地图构建（Simultaneous Localization and Mapping，SLAM）技术是指机器人在未知环境中移动时利用自身传感器的观测数据来估计自身的位姿和运动轨迹，同时建立所处场景的地图模型。因此，SLAM 要完成定位和地图构建两个任务，SLAM 是机器人实现路径规划、自主行为等高级智能任务的前提和基础。SLAM 概念从 20 世纪 80 年代提出到现在已有三十多年的研究历程，SLAM 系统所使用的为机器人提供观测数据的传感器包括声呐、2D/3D 激光雷达、相机及惯导等，这些传感器技术的发展为机器人的定位和地图构建任务提供了可靠的信息来源，使得机器人能更好地感知和理解世界。

SLAM 的实现方法可分为滤波类、图优化类、深度学习类等多种方法，本节主要介绍机器人 SLAM 的基本原理和常用算法、工具。首先介绍 SLAM 问题的通用概率公式描述，给出 SLAM 中用到的基本状态变量，利用最小二乘（Least Square，LS）等优化 SLAM 状态变量；然后介绍基于不同传感器的典型地图构建方法、原理及优缺点，从不同维度（特征地图、稠密地图、语义地图等）给出地图表示及应用场景。

5.3.1 机器人状态估计方法

1. SLAM 问题的一般描述

SLAM 所要解决的问题包括估计机器人位姿和构建机器人所在环境的地图，由于传感器测量中存在固有噪声，SLAM 问题可以通过概率知识来描述。如图 5-39 所示，假设机器人在未知环境中的运动轨迹表示为一系列的位姿状态变量 $\boldsymbol{x}_{1:T}=\{\boldsymbol{x}_1,\cdots,\boldsymbol{x}_T\}$，环境地图状态变量表示为 $\boldsymbol{m}$，机器人移动过程中的里程计测量值表示为 $\boldsymbol{u}_{1:T}=\{\boldsymbol{u}_1,\cdots,\boldsymbol{u}_T\}$，机器人在各位姿状态下对环境地图的感知量表示为 $z_{1:T}=\{z_1,\cdots,z_T\}$，则 SLAM 问题可描述为在已知测量值 $\boldsymbol{u}_{1:T}$ 和 $z_{1:T}$ 的情况下求解 $\boldsymbol{x}_{1:T}$ 和 $\boldsymbol{m}$ 的最大条件概率：

$$p(\boldsymbol{x}_{1:T},\boldsymbol{m}\mid\boldsymbol{u}_{1:T},z_{1:T},\boldsymbol{x}_0) \tag{5-17}$$

其中，$\boldsymbol{x}_0$ 表示 SLAM 初始位姿，通常设为全局地图坐标系原点，在后续公式中将其略去。

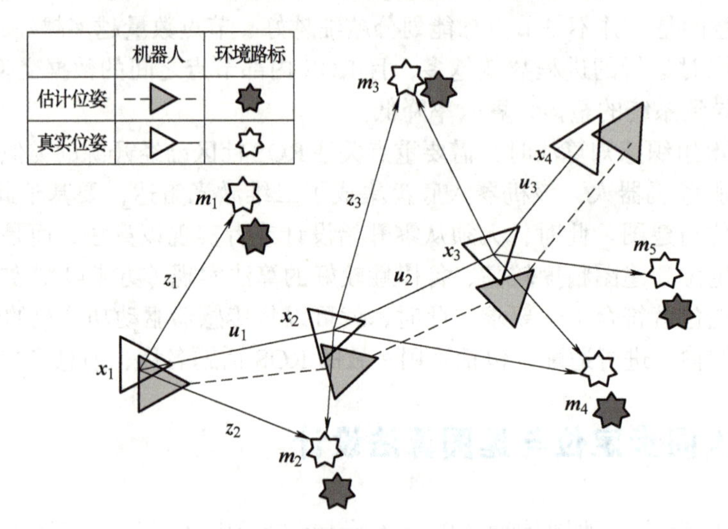

图 5-39 机器人 SLAM 问题的一般描述示意图

SLAM 系统的状态用变量集 $\boldsymbol{x}=\{\boldsymbol{x}_1,\cdots,\boldsymbol{x}_N\}$ 来简化表示，$\boldsymbol{x}$ 可扩充表示任意状态空间，SLAM 系统的状态通过传感器的测量值 $z=\{z_1,\cdots,z_K\}$ 来计算获得，其中 z_k 表示第 k 次测量结果，式（5-17）可简化表示为给定测量值 z 来估计系统状态 $\boldsymbol{x}$ 的概率分布，见式（5-18）。如果系统的所有状态已知，则可以预测系统测量值的真实分布情况；反之，由于传感器存在噪声，测量值 z_k 实际为随机变量，系统状态无法完全准确获知，可通过测量值得到系统状态的潜在分布，将使式（5-18）概率值最大的变量值视为系统的状态估计值。

$$p(\boldsymbol{x}\mid z)=p(\boldsymbol{x}_1,\cdots,\boldsymbol{x}_N\mid z_1,\cdots,z_K)=p(\boldsymbol{x}_{1:N}\mid z_{1:K}) \tag{5-18}$$

由于测量值通常仅为部分状态变量的观测值，且测量值和状态变量之间通常为非线性

关系，因此，$p(\boldsymbol{x}|\boldsymbol{z})$ 的概率分布形式复杂，难以得到准确的闭式形式。然而，已知系统状态下测量值的条件分布 $p(\boldsymbol{z}_k|\boldsymbol{x})$ 可以很容易地通过传感器的观测模型获得表示得到确切测量值 $\boldsymbol{z}_k$ 的概率。根据马尔科夫假设，各测量值之间是相互独立的，测量值 $\boldsymbol{z}_a$ 和 $\boldsymbol{z}_b$ 之间没有任何关联，表示为

$$p(\boldsymbol{z}_{1:k}|\boldsymbol{x}_{1:N})=\prod_{k=1}^{K}p(\boldsymbol{z}_k|\boldsymbol{x}_{1:N}) \tag{5-19}$$

该式通常也称为已知系统状态下测量值的似然（likelihood）估计。

利用贝叶斯法则，式（5–18）用先验概率和似然估计表示为

$$p(\boldsymbol{x}_{1:N}|\boldsymbol{z}_{1:K})=\frac{p(\boldsymbol{z}_{1:K}|\boldsymbol{x}_{1:N})\cdot p(\boldsymbol{x}_{1:N})}{p(\boldsymbol{z}_{1:K})}=\frac{p(\boldsymbol{z}_{1:K}|\boldsymbol{x}_{1:N})\cdot p_x}{p_z}\propto\prod_{k=1}^{K}p(\boldsymbol{z}_k|\boldsymbol{x}_{1:N}) \tag{5-20}$$

其中，概率 $p(\boldsymbol{x}_{1:N})$ 依据先验知识可以得到，如果先验信息未知，则将其表示为均匀分布，并用常数 p_x 来表示。标准化量 $p(\boldsymbol{z}_{1:K})$ 与状态变量无关，由于测量值已经得到，其值不再变化，因此用常数 p_z 来表示。将各常量舍弃，并利用测量值之间的相互独立关系将概率 $p(\boldsymbol{x}_{1:N}|\boldsymbol{z}_{1:K})$ 化简，见式（5-20）。

SLAM 问题的求解目标是得到最优的系统状态变量 $\boldsymbol{x}^*$，使得：

$$\begin{aligned}\boldsymbol{x}^*&=\arg\max_{\boldsymbol{x}}\prod_{k=1}^{K}p(\boldsymbol{z}_k|\boldsymbol{x}_{1:N})=\arg\max_{\boldsymbol{x}}\prod_{k=1}^{K}\exp(-(h_k(\boldsymbol{x})-\boldsymbol{z}_k)^{\mathrm{T}}\cdot\boldsymbol{\varOmega}_k\cdot(h_k(\boldsymbol{x})-\boldsymbol{z}_k))\\&=\arg\min_{\boldsymbol{x}}\sum_{k=1}^{K}(h_k(\boldsymbol{x})-\boldsymbol{z}_k)^{\mathrm{T}}\cdot\boldsymbol{\varOmega}_k\cdot(h_k(\boldsymbol{x})-\boldsymbol{z}_k)\end{aligned} \tag{5-21}$$

其中，似然估计 $p(\boldsymbol{z}_k|\boldsymbol{x}_{1:N})$ 通过传感器的观察模型很容易获得，如传感器噪声 $\boldsymbol{n}$ 为零均值正态分布，测量值的似然估计同样表示为高斯分布：

$$p(\boldsymbol{z}_k|\boldsymbol{x})\propto\exp(-(\hat{\boldsymbol{z}}_k-\boldsymbol{z}_k)^{\mathrm{T}}\cdot\boldsymbol{\varOmega}_k\cdot(\hat{\boldsymbol{z}}_k-\boldsymbol{z}_k)) \tag{5-22}$$

其中，$\boldsymbol{\varOmega}_k$ 为测量值的信息矩阵，表示该测量值的可靠性，通常为单位矩阵，$\boldsymbol{z}_k$ 为状态变量 $\boldsymbol{x}$ 下环境路标的测量值，其对应的预测值 $\hat{\boldsymbol{z}}_k=h_k(\boldsymbol{x})$，$h_k(\bullet)$ 为传感器的观察模型。

2. 最小二乘估计

预测值和测量值之间的误差表示为 $\boldsymbol{e}_k(\boldsymbol{x})=h_k(\boldsymbol{x})-\boldsymbol{z}_k$，则式（5-21）对应的最小化目标函数为

$$F(\boldsymbol{x})=\sum_{k=1}^{K}\boldsymbol{e}_k(\boldsymbol{x})^{\mathrm{T}}\cdot\boldsymbol{\varOmega}_k\cdot\boldsymbol{e}_k(\boldsymbol{x}) \tag{5-23}$$

该式为误差项的二次形式，故目标函数的最小化求解问题为最小二乘估计问题。

基于传感器的观察模型 $h_k(\boldsymbol{x})$ 通常为状态变量的非线性函数，如果该函数平稳变化且可微，则可以通过一阶泰勒展开来线性求解邻域变量 $\boldsymbol{x}+\Delta\boldsymbol{x}$ 对应的值：

$$h_k(\boldsymbol{x}+\Delta\boldsymbol{x}) \cong \underbrace{h_k(\boldsymbol{x})}_{\hat{z}_k} + \underbrace{\frac{\partial h_k(\boldsymbol{x})}{\partial \boldsymbol{x}}}_{\boldsymbol{J}_k} \cdot \Delta\boldsymbol{x} \tag{5-24}$$

利用上述的泰勒展开式（5-24），误差 $e(\cdot)$ 在邻域变量 $\boldsymbol{x}+\Delta\boldsymbol{x}$ 上对应的值为

$$\begin{aligned} e_k(\boldsymbol{x}+\Delta\boldsymbol{x}) &= (h_k(\boldsymbol{x}+\Delta\boldsymbol{x})-z_k)^{\mathrm{T}} \cdot \boldsymbol{\Omega}_k \cdot (h_k(\boldsymbol{x}+\Delta\boldsymbol{x})-z_k) \\ &\cong (\boldsymbol{J}_k \cdot \Delta\boldsymbol{x} + h_k(\boldsymbol{x}) - z_k)^{\mathrm{T}} \cdot \boldsymbol{\Omega}_k \cdot (\boldsymbol{J}_k \cdot \Delta\boldsymbol{x} + h_k(\boldsymbol{x}) - z_k) \\ &= (\boldsymbol{J}_k \cdot \Delta\boldsymbol{x} + \boldsymbol{e}_k(\boldsymbol{x}))^{\mathrm{T}} \cdot \boldsymbol{\Omega}_k \cdot (\boldsymbol{J}_k \cdot \Delta\boldsymbol{x} + \boldsymbol{e}_k(\boldsymbol{x})) \\ &= \Delta\boldsymbol{x}^{\mathrm{T}} \underbrace{\boldsymbol{J}_k^{\mathrm{T}}\boldsymbol{\Omega}_k\boldsymbol{J}_k}_{\boldsymbol{H}_k} \Delta\boldsymbol{x} + 2\underbrace{\boldsymbol{e}_k(\boldsymbol{x})^{\mathrm{T}}\boldsymbol{\Omega}_k\boldsymbol{J}_k}_{\boldsymbol{b}_k} \Delta\boldsymbol{x} + \boldsymbol{e}_k(\boldsymbol{x})^{\mathrm{T}}\boldsymbol{\Omega}_k\boldsymbol{e}_k(\boldsymbol{x}) \\ &= \Delta\boldsymbol{x}^{\mathrm{T}}\boldsymbol{H}_k\Delta\boldsymbol{x} + 2\boldsymbol{b}_k\Delta\boldsymbol{x} + \boldsymbol{e}_k(\boldsymbol{x})^{\mathrm{T}}\boldsymbol{\Omega}_k\boldsymbol{e}_k(\boldsymbol{x}) \end{aligned} \tag{5-25}$$

将式（5–25）代入式（5–23）可得：

$$\begin{aligned} F(\boldsymbol{x}+\Delta\boldsymbol{x}) &\propto \sum_{k=1}^{K} \Delta\boldsymbol{x}^{\mathrm{T}}\boldsymbol{H}_k\Delta\boldsymbol{x} + 2\boldsymbol{b}_k\Delta\boldsymbol{x} + \boldsymbol{e}_k(\boldsymbol{x})^{\mathrm{T}}\boldsymbol{\Omega}_k\boldsymbol{e}_k(\boldsymbol{x}) \\ &= \Delta\boldsymbol{x}^{\mathrm{T}} \underbrace{\left[\sum_{k=1}^{K}\boldsymbol{H}_k\right]}_{\boldsymbol{H}} \Delta\boldsymbol{x} + 2\underbrace{\left[\sum_{k=1}^{K}\boldsymbol{b}_k\right]}_{\boldsymbol{b}} \Delta\boldsymbol{x} + \underbrace{\left[\sum_{k=1}^{K}\boldsymbol{e}_k(\boldsymbol{x})^{\mathrm{T}}\boldsymbol{\Omega}_k\boldsymbol{e}_k(\boldsymbol{x})\right]}_{\boldsymbol{c}} \end{aligned} \tag{5-26}$$

上式表示给定状态变量初始值 $\boldsymbol{x}$ 的情况下，添加增量 $\Delta\boldsymbol{x}$ 后在新的状态变量 $\boldsymbol{x}+\Delta\boldsymbol{x}$ 下目标函数值可通过目标函数在 $\boldsymbol{x}$ 处的雅克比矩阵及增量 $\Delta\boldsymbol{x}$ 计算得到。因此，如果得到增量 $\Delta\boldsymbol{x}^*$ 使得式（5-26）取得最小值，则 $\boldsymbol{x}^*=\boldsymbol{x}+\Delta\boldsymbol{x}^*$ 为 SLAM 问题的最优解。

式（5-26）为关于增量 $\Delta\boldsymbol{x}$ 的二次形式，通过对该式求导，可得：

$$\frac{\partial(\Delta\boldsymbol{x}^{\mathrm{T}}\boldsymbol{H}\Delta\boldsymbol{x} + 2\boldsymbol{b}\Delta\boldsymbol{x} + \boldsymbol{c})}{\partial\Delta\boldsymbol{x}} = 2\boldsymbol{H}\Delta\boldsymbol{x} + 2\boldsymbol{b} \tag{5-27}$$

求解使式（5-27）导数为零的变量 $\Delta\boldsymbol{x}^*$，其对应的目标函数取得极小值：

$$\boldsymbol{H}\Delta\boldsymbol{x}^* = -\boldsymbol{b} \tag{5-28}$$

如果 $h_k(\boldsymbol{x})$ 为线性函数，则目标函数的最小值利用式（5-28）得到的增量可一步得到。实际系统中，$h_k(\boldsymbol{x})$ 通常为非线性的，需要迭代计算式（5-26）和式（5-28），直到目标函数值变化量达到较小值。利用迭代增量 $\Delta\boldsymbol{x}^* = -\boldsymbol{H}^{-1}\boldsymbol{b}$ 进行目标函数最优值的求解过程称为高斯 – 牛顿（Gauss–Newton，GN）方法，其主要步骤如算法 5-1 所示。

算法 5-1　高斯 – 牛顿最小化算法

已知：状态变量初始值 $\hat{\boldsymbol{x}}$、测量值及其信息矩阵集 $\{\langle z_k, \boldsymbol{\Omega}_k\rangle \mid k=1,\cdots,K\}$

求：使目标函数值最小的变量最优解 $\boldsymbol{x}^*$

1：利用式（5-24）计算目标函数值 $\breve{F}$，并初始化 $F_{\text{new}}=0$

2：**while** $\breve{F} - F_{\text{new}} > \epsilon$ **do**

3:　　$F_{\text{new}}=\breve{F}$，$\boldsymbol{b}=0$，$\boldsymbol{H}=0$

4:　　**for** $k=1\to K$ **do**

5:　　　计算 $\hat{z}_k=h_k(\hat{x})$，$\boldsymbol{e}_k(\hat{x})=\hat{z}_k-z_k$，$\boldsymbol{J}_k=\left.\dfrac{\partial h_k(\boldsymbol{x})}{\partial \boldsymbol{x}}\right|_{x=\hat{x}}$

6:　　　计算 $\boldsymbol{H}_k=\boldsymbol{J}_k^{\mathrm{T}}\boldsymbol{\Omega}_k\boldsymbol{J}_k$ 及 $\boldsymbol{b}_k=\boldsymbol{J}_k^{\mathrm{T}}\boldsymbol{\Omega}_k\boldsymbol{e}_k(\boldsymbol{x})$

7:　　　更新 $\boldsymbol{H}=\boldsymbol{H}+\boldsymbol{H}_k$，$\boldsymbol{b}=\boldsymbol{b}+\boldsymbol{b}_k$

8:　　**end for**

9:　　利用式（5-28）计算迭代增量 $\Delta\boldsymbol{x}$，并更新 $\hat{\boldsymbol{x}}=\hat{\boldsymbol{x}}+\Delta\boldsymbol{x}^*$

10:　　利用式（5-26）更新目标函数值 $\breve{F}$

11: **end while**

12: 返回 $\boldsymbol{x}^*=\hat{\boldsymbol{x}}$

GN 方法中用到了矩阵 $\boldsymbol{H}$ 的逆，即要求 $\boldsymbol{H}$ 必须为满秩矩阵，如果不满足该条件，则迭代后的目标函数值比初始值对应的目标函数值更大。Levenberg–Marquardt（LM）算法通过添加阻尼项来解决 GN 方法中 $\boldsymbol{H}$ 为非满秩矩阵的情况，迭代增量通过下式计算：

$$(\boldsymbol{H}+\lambda\boldsymbol{I})\Delta\boldsymbol{x}^*=-\boldsymbol{b} \tag{5-29}$$

直观上，当 $\lambda\to\infty$ 时，$\Delta\boldsymbol{x}^*\to 0$，因此阻尼项越大，增量值越小。LM 算法通过添加阻尼项确保算法总是能够收敛，其缺点为收敛速度较慢，且目标函数的最小值可能并不是全局最小值。

3. 视觉 SLAM 的状态变量及最小二乘估计

视觉 SLAM 系统利用相机作为传感器数据源来估计机器人的三维轨迹和获得环境地图信息，系统待求解变量包括机器人位姿和场景地图路标位置，前面给出了系统状态变量属于线性空间情况下的 GN 求解方法和 LM 求解方法。但表示三维位姿的李群 SE(3) 和 SO(3) 属于流形（Manifold）空间，对加法不封闭，进行迭代优化时直接通过矩阵相加得到的状态更新量可能不属于 SE(3) 和 SO(3)，此外，机器人位姿中旋转分量用矩阵表示时参数的数目为 9，而其实际自由度为 3，如果直接用旋转矩阵作为优化变量，需要对目标函数增加 SO(3) 约束（列向量相互正交且旋转矩阵行列式为 1），这会使得目标函数的优化求解变得很复杂。因此，对流形空间上的状态变量需要新的数学表示来进行最小二乘估计。

李群 SO(3) 和 SE(3) 及其正切空间的李代数表示 $\mathfrak{so}(3)$ 和 $\mathfrak{se}(3)$，由于李代数描述的是李群的局部特性，而流形空间上某点邻域空间内近似满足欧式特性，通过李代数的线性叠加可以表示位姿的增量变化，且李代数表示中参数的数目与李群自由度相同，可以确保目标函数的最小二乘估计仍为无约束优化问题。

求解视觉 SLAM 问题的数学描述为，当机器人的三维位姿为 $\boldsymbol{T}$ 时，由针孔相机模型可得世界坐标为 $\boldsymbol{X}$ 的空间三维点在当前相机成像平面上的理想观测值 $\boldsymbol{u}$：

$$\boldsymbol{u}=\frac{1}{z_c}\cdot\boldsymbol{K}_c\cdot(\boldsymbol{R}_{c,w}\boldsymbol{X}^w+\boldsymbol{t}_{c,w}):=\boldsymbol{K}_c\cdot[\boldsymbol{R}_{c,w}\mid\boldsymbol{t}_{c,w}]\cdot\boldsymbol{X}^w \tag{5-30}$$

其中，$\boldsymbol{K}_c$ 表示相机内参，$[\boldsymbol{R}_{c,w}\mid\boldsymbol{t}_{c,w}]$ 为相机外参。

彩色图像的内、外参数通常通过离线标定获得，当机器人在场景中运动时，利用标定好内、外参数的相机实现对场景的感知成像。受噪声影响其实际观测值为 $\boldsymbol{u}^z$，利用多个路标点的理想观察值和实际观测值构造目标函数 [式（5-31）] 来求解视觉 SLAM 系统的状态变量，包括机器人位姿及路标点位置。

$$\{\boldsymbol{T},\boldsymbol{X}_i^w\}=\underset{\boldsymbol{T},\boldsymbol{X}_i^w}{\operatorname{argmin}}\sum_{i=1}^{N}\left\|\boldsymbol{u}_i^z-h(\boldsymbol{T}\cdot\tilde{\boldsymbol{X}}_i^w)\right\|_2^2 \tag{5-31}$$

其中，函数 $h:\mathbb{R}^3\mapsto\mathbb{R}^2$ 。

$$h(\boldsymbol{X})=h\left(\begin{pmatrix}x\\y\\z\end{pmatrix}\right)=\begin{pmatrix}c_x+f_x\dfrac{x}{z}\\c_y+f_y\dfrac{y}{z}\end{pmatrix} \tag{5-32}$$

该函数表示将相机坐标系下某三维点 $\boldsymbol{X}$ 投影到成像平面上的投影点像素坐标，其雅克比矩阵为

$$\frac{\partial h(\boldsymbol{X})}{\partial\boldsymbol{X}}=\begin{pmatrix}f_x/z & 0 & -f_x\cdot x/z^2\\0 & f_y/z & -f_y\cdot y/z^2\end{pmatrix} \tag{5-33}$$

对目标函数式（5-31）进行最小二乘求解的关键在于对函数 $h(\boldsymbol{T}\cdot\tilde{\boldsymbol{X}}^w)$ 进行求导，变量包括李代数表示的 6 自由度三维位姿和 3 自由度的路标点位置。设 $\boldsymbol{g}=(g_x\,g_y\,g_z)^{\mathrm{T}}$ 为齐次坐标 $\boldsymbol{T}\cdot\tilde{\boldsymbol{X}}$ 对应的空间点三维坐标，利用链式法则可得：

$$\frac{\partial h(\boldsymbol{T}\cdot\tilde{\boldsymbol{X}}^w)}{\partial\boldsymbol{X}^w}=\left.\frac{\partial h(\boldsymbol{X}')}{\partial\boldsymbol{X}'}\right|_{\boldsymbol{X}'=\boldsymbol{T}\cdot\tilde{\boldsymbol{X}}^w=\boldsymbol{g}}\frac{\partial(\boldsymbol{T}\cdot\tilde{\boldsymbol{X}}^w)}{\partial\boldsymbol{X}^w}=\begin{bmatrix}f_x/g_z & 0 & -f_x\cdot g_x/g_z^2\\0 & f_y/g_z & -f_y\cdot g_y/g_z^2\end{bmatrix}\cdot\boldsymbol{R} \tag{5-34}$$

设李代数 $\mathfrak{se}(3)$ 小量为 $\boldsymbol{\varepsilon}$，利用左扰动模型对位姿 $\boldsymbol{T}$ 进行求导：

$$\begin{aligned}\frac{\partial h(\exp(\boldsymbol{\varepsilon}^\wedge)\cdot\boldsymbol{T}\cdot\tilde{\boldsymbol{X}}^w)}{\partial\boldsymbol{\varepsilon}}&=\left.\frac{\partial h\left(\boldsymbol{X}'\right)}{\partial\boldsymbol{X}'}\right|_{\boldsymbol{X}'=\boldsymbol{T}\cdot\tilde{\boldsymbol{X}}^w=\boldsymbol{g}}\frac{\partial(\exp(\boldsymbol{\varepsilon}^\wedge)\cdot\boldsymbol{T}\cdot\tilde{\boldsymbol{X}}^w)}{\partial\boldsymbol{\varepsilon}}\\&=\begin{bmatrix}f_x/g_z & 0 & -f_x\cdot g_x/g_z^2\\0 & f_y/g_z & -f_y\cdot g_y/g_z^2\end{bmatrix}\cdot\left[\boldsymbol{I}_3-\boldsymbol{g}^\wedge\right]\\&=\begin{bmatrix}\dfrac{f_x}{g_z} & 0 & -f_x\dfrac{g_x}{g_z^2} & -f_x\dfrac{g_xg_y}{g_z^2} & f_x\left(1+\dfrac{g_x^2}{g_z^2}\right) & -f_x\dfrac{g_y}{g_z}\\0 & \dfrac{f_y}{g_z} & -f_y\dfrac{g_y}{g_z^2} & -f_y\left(1+\dfrac{g_y^2}{g_z^2}\right) & f_y\dfrac{g_xg_y}{g_z^2} & f_y\dfrac{g_x}{g_z}\end{bmatrix}\end{aligned} \tag{5-35}$$

上述推导给出的是机器人位姿优化中求解析解的方法，实际使用中，可以借助 g2o 或 Ceres solver 进行数值求解，只要构造好目标函数，利用优化工具可以直接求得位姿优化结果。

g2o（General Graphic Optimization）是一个通用图优化算法库——目前主流的 SLAM 研究基本都是基于图优化的，主要组件包括：顶点（Vertex）表示图中的节点，如机器人位姿、3D 点等；边（Edge）表示顶点之间的约束关系，如相对位姿、观测关系等；优化算法（Optimizer），g2o 实现了多种优化算法，如高斯 - 牛顿法、LM 算法等，用于求解优化问题。g2o 可应用于：SLAM，优化机器人位姿和地图，提高定位精度；光束调整（Bundle Adjustment），在计算机视觉中用于优化相机参数和 3D 点的位置；传感器融合，即结合多种传感器数据，提高环境感知的精度和鲁棒性。

Ceres Solver 是一个功能强大且灵活的非线性最小二乘优化库，它能够处理包含数千个变量和数十万个残差的复杂问题。主要组件包括：残差块（Residual Block）表示优化问题中的误差项，定义为观测值和模型预测值之间的差；参数块（Parameter Block）表示待优化的变量；求解器（Solver）用于求解优化问题，Ceres 提供了多种优化算法，如 Levenberg-Marquardt 和 Trust Region。其应用场景主要包括：SLAM，光束调整，3D 重建和点云配准，在机器学习模型中用于参数估计和优化等。

5.3.2　机器人地图构建方法

SLAM 中的地图构建是指利用移动机器人定位信息和传感器观测数据来对环境结构进行数字化描述，构建的地图主要有两方面的应用：一方面为机器人自身任务服务，如定位、导航及避障等，另一方面为人类对环境的感知任务服务，如环境信息认知和增强现实等。

地图的常用表示方式有特征地图、稠密点云地图和语义地图，如图 5-40 所示。

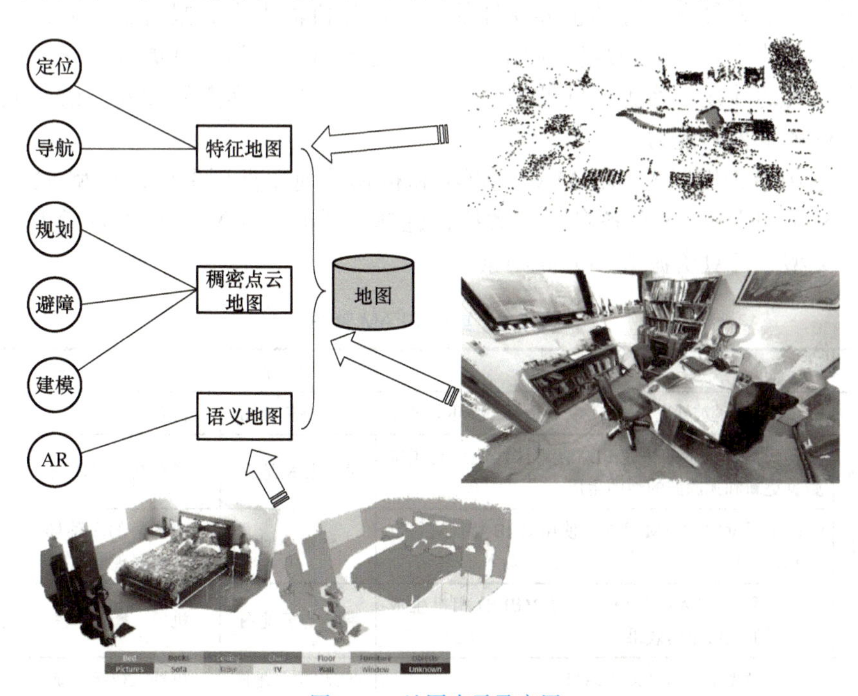

图 5-40　地图表示及应用

特征地图依据 SLAM 中构造位姿估计约束项的特征类型分为点特征地图、线特征地图和平面特征地图等。点特征地图为稀疏地图，路标点信息包括路标点的三维位置及其对环境的描述子表达，这种地图具有计算速度快、空间占用小的特点，SLAM 构建好的路标点地图在环境条件变化不大的情况下可共享给其他机器人进行定位、导航等任务，具有一定的复用能力。线特征地图中的路标线信息包括线的空间位置表示及线段描述子，与点特征地图相比，该地图可以更好地表达场景的结构信息，在场景模型重建中有较好的应用。平面特征地图中的路标平面信息包括平面空间位置表示和位于平面上的空间点，在已知平面匹配关系的前提（如地面特征）下，在定位任务中结合路标点可以得到较高的定位精度，平面特征地图为稠密点云地图，在机器人导航和避障任务中也能够给机器人提供可靠信息，在表达场景的结构信息方面有一定的语义表达能力。

稠密点云地图通常利用图像中的所有像素点计算获得，例如，若 RGB-D 相机彩色图像中的每个像素点对应的深度已知，则可以恢复出图像对应的三维稠密点云。稠密点云地图空间占用较大，但稠密点云地图是最原始的地图数据表示方法，对环境的空间表达能力强，由其衍生的网格模型可以对真实场景进行高保真度的结构还原，可用于机器人的导航任务，如果稠密点云地图的每个空间点的色彩信息已知，其对场景的模型重建效果与人眼看到的实际场景相似性很高，可用于搭建虚拟场景。将稠密点云地图的三维点按不同空间分辨率进行融合可得三维栅格地图，该地图反映环境的三维空间占用情况以便使机器人知道能否通过，与稠密点云地图相比空间储存量小，适用于机器人导航、避障任务。

语义地图通常为带标签的稠密点云或物体级表面模型，语义地图的构建一般借助现有的基于深度学习的二维图像目标检测、分类及像素分割实现，目前随着深度传感器的普及，点云数据获取越来越容易，直接在点云上进行三维目标检测与识别的相关技术也可直接用于语义地图的构建。地图中的语义信息可以为机器人避障、路径规划提供可靠约束，利用语义地图机器人具有更好的世界认知能力，如让机器人完成搬椅子任务，可以知道环境中哪个物体是椅子。在增强现实应用中，语义地图可为人类提供更好的交互体验，如可以将地图中已有的沙发更换为不同的家具模型，而不需要实际搬移沙发。语义地图真正赋予了机器人理解世界的能力。

在实际应用中，机器人 SLAM 典型算法和构建的地图类型多样，典型 SLAM 算法见表 5-3，在不同应用场景中有各自的优劣势，选择合适的 SLAM 算法需要考虑环境的复杂度、传感器类型、计算资源等多方面因素。

表 5-3 典型 SLAM 算法

典型算法	特点	地图类型	应用
GMapping	使用粒子滤波器进行位姿估计，适合二维环境建图	占据栅格地图	机器人导航
Hector SLAM	基于激光雷达的快速 SLAM 算法，使用高频率数据更新和无滤波的地图生成	占据栅格地图	适合高动态环境
ORB-SLAM	基于视觉的 SLAM 算法，使用 ORB 特征进行定位和地图构建	特征地图	室内外的多种场景，如机器人导航、增强现实和虚拟现实等领域
ElasticFusion	实时稠密 SLAM 系统，使用 RGB-D 相机生成高质量的三维重建效果	稠密点云地图	机器人操作、虚拟现实
SuMa++	基于激光雷达的语义 SLAM	点云 / 语义地图	机器人智能导航

5.4　机器人目标识别算法设计

目标识别是指机器人利用自身搭载的视觉、激光雷达等传感器获取环境信息，并通过分析和处理传感器数据提取感兴趣目标（如人、车辆、路标等）的位置和类别属性。目标识别是机器人实现导航定位、交互协作、搜索救援等任务的重要感知基础，是机器人实现自主智能的关键技术之一。下面介绍几种机器人常用的目标分类、识别算法。

5.4.1　支持向量机

1. SVM 的基本原理

支持向量机（Support Vector Machine，SVM）的核心思想是在特征空间中找到一个超平面，将不同类别的数据点分开，并使得两个类别之间的间隔最大。当特征空间为二维空间时，如果有一条直线，能够将两种类别的样本进行分隔，称这个样本线性可分，如图 5-41a 所示，反之若不存在这样的直线，称为线性不可分。因此，二维空间实现分类的关键是找到这样一条把样本集分成两部分的直线，称为线性模型。同理，在三维空间中，要找的线性模型是一个平面，如图 5-41b 所示，对于更高维度，虽然无法直观想象，但可以使用数学方法进行描述，超过三维的曲面称之为超平面，其方程如式（5-36）所示。

$$\boldsymbol{\omega}^{\mathrm{T}}\boldsymbol{x}+b=0 \tag{5-36}$$

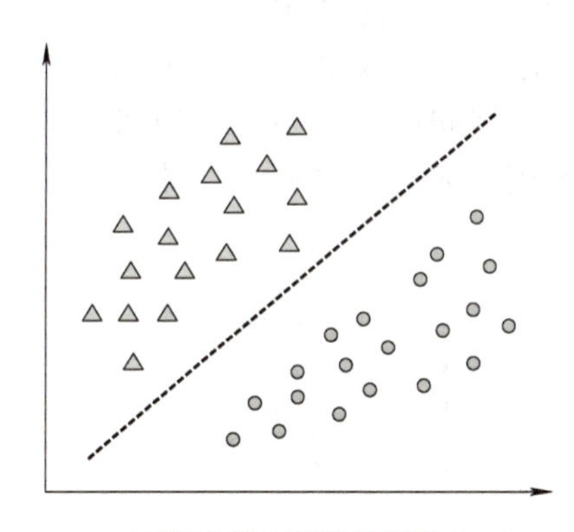

a) 直线分割二维特征空间样本

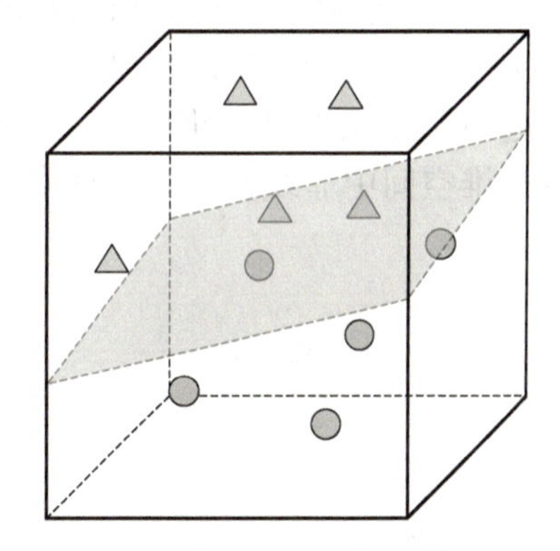

b) 平面分割三维特征空间样本

图 5-41　二维 / 三维特征空间线性可分示例

也就是说，超平面是一个广义的概念，在二维空间中超平面是一条直线，在三维空间中超平面是一个平面；对于更高维（n 维）数据，超平面是一个 $(n-1)$ 维的子空间。超平面称为“决策边界（Decision Boundary）”，距离该边界最近的样本点称为支持向量（Support Vector）。超平面的选择是通过最大化支持向量到超平面的距离（即“间隔”Margin）来实现的，这个距离越大，分类器更鲁棒，对未知数据的泛化能力更强，如图 5-42 所示，超平面 A 的间隔比超平面 B 的间隔更大，选择 A 作为超平面分类器更鲁棒。

但是，在实际情况中，数据很少会严格线性可分，在支持向量机中，引入松弛变量（Slack Variable）来处理线性不可分的情况。松弛变量允许一些数据点位于错误的一侧，但需在一个可接受的范围内，如图 5-43 所示，红色圈出了一些不满足约束条件的样本。通过引入松弛变量，支持向量机可以更好地处理噪声、异常点或部分重叠的数据，克服了数据线性不可分的情况。松弛变量可以用来调整间隔的大小，以平衡间隔的最大化和错误分类的惩罚。一般来说，对于每个样本点，松弛变量的值越小，表示它离正确的一侧越近，而值越大表示它离错误的一侧越近。通过最小化松弛变量的总和，支持向量机可以找到一个最优的决策边界，以实现模型的最佳分类效果。

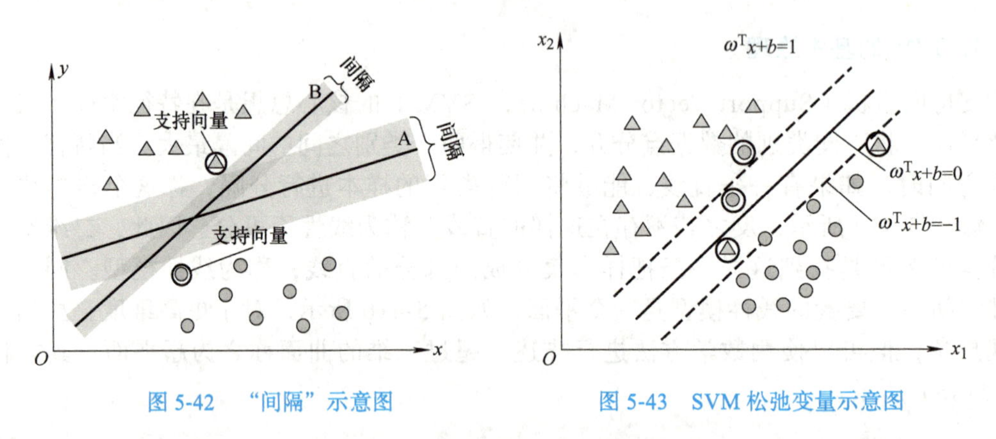

图 5-42　“间隔”示意图　　图 5-43　SVM 松弛变量示意图

此外，支持向量机通过使用核函数将数据映射到高维空间，从而解决非线性分类问题。常用的核函数包括多项式核和高斯核等，它们允许支持向量机在更复杂的空间中找到适当的超平面，提高分类的准确性。对于非线性的情况，SVM 的处理方法是选择一个核函数，通过将数据映射到高维空间，来解决在原始空间中线性不可分的问题，如图 5-44 所示，在二维空间中非线性可分的样本，通过核函数 $\varphi(x_1,x_2)$ 投影到三维空间可实现线性可分。

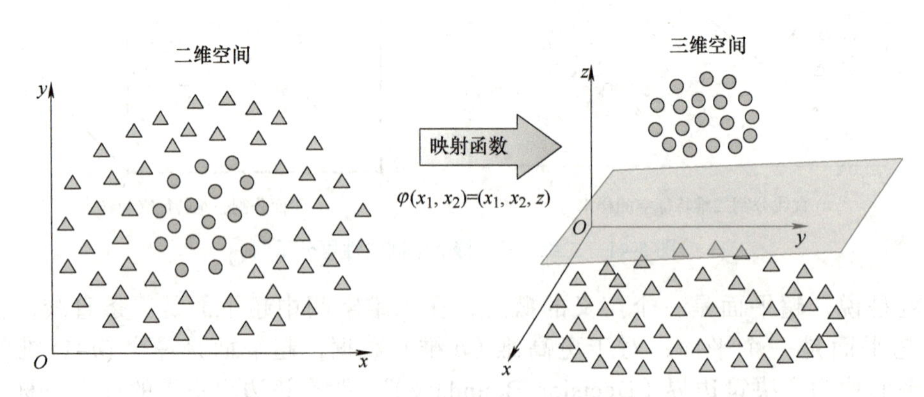

图 5-44　SVM 核函数作用示意图

2. 基于 SVM 的图像分类

机器人可利用 SVM 算法对通过自身搭载的视觉传感器获得的图像进行分类，如猫狗分类问题，其一般流程如图 5-45 所示。OpenCV 中集成了 SVM 算法，可直接进行调用、训练，将训练好的 SVM 模型进行保存，实际应用中通过调用该模型，进行分类预测。

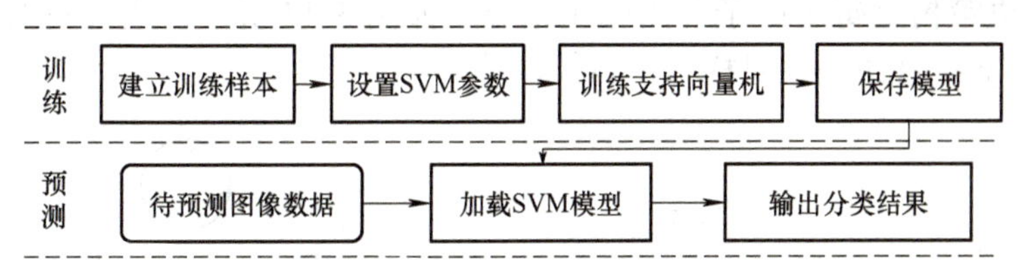

图 5-45　SVM 图像分类流程图

训练阶段的步骤如下。①建立训练样本：利用现有包含猫狗数据集或自己收集图像数据集，将不同图像标记为猫或狗类别；对图像进行预处理以改善模型的性能，包括调整图像大小、归一化和可能的数据增强（如旋转、缩放等）；提取每幅图像特征，常见的特征提取方法包括颜色直方图、HOG（方向梯度直方图）、SIFT（尺度不变特征变换）或简单的像素值等，将这些特征整合成一个特征向量，每个图像都对应一个特征向量。②设置 SVM 参数：二分类或 n 类分类问题（n>2）选择合适的 SVM 类型，并设置核函数和训练终止条件，核函数的目的是将训练样本映射到更有利于可线性分割的样本集，并通过指定一个最大迭代次数和容许误差，在适当的条件下停止训练。③训练支持向量机：调用函数 CvSVM::train 来训练 SVM 模型，根据初步结果调整参数，如 SVM 的 C 值或核类型、特征提取的方法等，以提高模型的准确性和泛化能力。训练完成后，将模型进行保存。

预测阶段是对新的待分类图像进行同样的预处理和特征提取，使用训练好的 SVM 模型进行预测，输出新图像是猫还是狗的分类结果。机器人图像分类是一个涉及图像处理和机器学习的复合任务，需要适当的调试和参数调整来达到最佳性能。

5.4.2　随机森林

随机森林（Random Forest，RF）是一种由决策树构成的 bagging 集成算法，通过组合多个弱分类器，最终结果通过投票或取均值，使得整体模型的结果具有较高的精确度和泛化性能，如图 5-46 所示。其中，bagging 算法是一种在原始数据集上，通过有放回抽样分别选出与数据集样本数相同的新数据集，来训练分类器的集成算法。

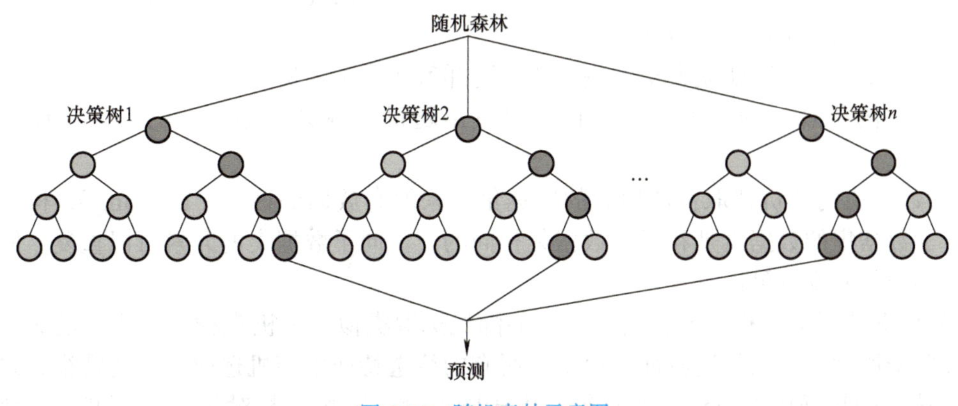

图 5-46　随机森林示意图

决策树是随机森林的基本构成元素，是一个树形结构，每一个非叶子节点都是一个特征属性的测试，经过该特征属性测试，会产生多个分支，而每个分支是特征属性某个值域的输出子集，决策树上每个叶子节点输出结果，如图 5-47 所示，决策树的两个非叶子节点分别按 x=2、y=2 这两条线对样本进行了区分。

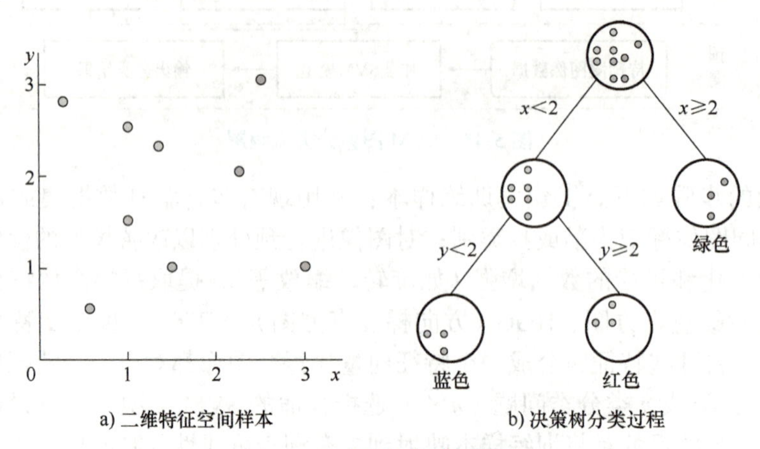

图 5-47　决策树分类示意图

随机森林的训练流程如图 5-48 所示，包括下面四个步骤。

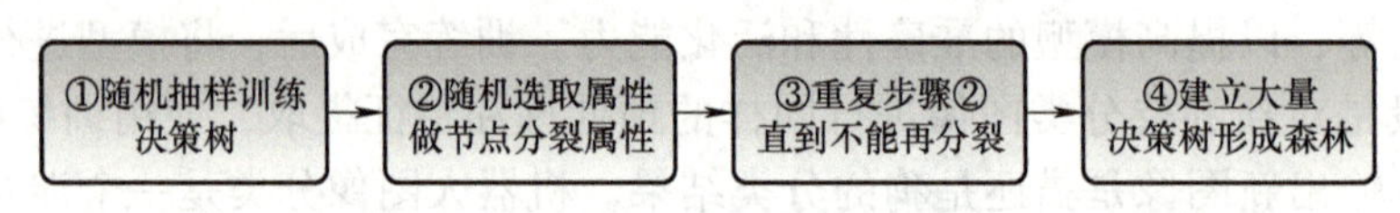

图 5-48　随机森林训练流程图

①假如有 N 个样本，从原始样本中随机且有放回地抽取 N 个样本，将选择好的 N 个样本用来训练一个决策树，作为决策树根节点处的样本。

②当每个样本有 M 个属性时，在决策树的每个节点需要分裂时，随机从 M 个属性中选取出 m 个属性，满足条件 $m \ll M$。然后从这 m 个属性中采用某种策略（比如说信息增益）来选择 1 个属性作为该节点的分裂属性。

③决策树形成过程中每个节点都要按照步骤②来分裂（如果下一次该节点选出来的那一个属性是刚刚其父节点分裂时用过的属性，则该节点已经达到了叶子节点，无须继续分裂了）。一直到不能够再分裂为止。

④按照步骤①～③建立大量的决策树，这样就构成了随机森林。

从上述随机森林的训练构造过程可以看出随机森林具有随机性的特点，包括两个方面。

1）数据集的随机选取：从原始的数据集中采取有放回的抽样（Bagging），构造子数据集，子数据集的数据量是和原始数据集相同的。不同子数据集的元素可以重复，同一个子数据集中的元素也可以重复。

2）待选特征的随机选取：与数据集的随机选取类似，随机森林中的子树的每一个分裂过程并未用到所有的待选特征，而是从所有的待选特征中随机选取一定的特征，之后再在随机选取的特征中选取最优的特征。由于随机性，随机森林对于降低模型方差效果显著，能取得较好的泛化性能。

5.4.3　K 最近邻算法

K 最近邻算法基本思想：给定一个训练数据集，对新的输入实例，在训练数据集中找到与该实例最邻近的 K 个实例（或称之为 K 个邻居），这 K 个实例的多数属于某个类，就把该输入实例分类为该类别。如图 5-49 所示，有两类不同的样本数据，分别用三角形和正方形表示，而图正中间的圆形所表示的数据是待分类的数据，这个圆形数据是从属于哪一类（正方形或三角形）？下面用 K 最近邻算法的思想来解决给这个圆形分类的问题。

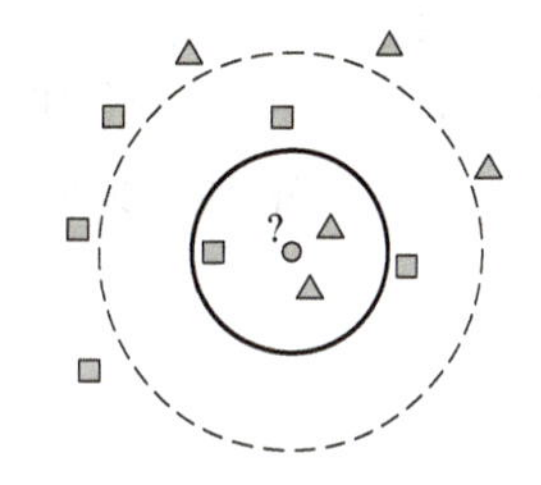

图 5-49　判断最近邻示意图

要判别图中圆形是属于哪一类数据，可从它的 K 个邻居着手。从图中可看到：如果 K=3，圆形的最近的 3 个邻居是 2 个三角形和 1 个正方形，基于统计的方法，少数从属于多数，判定圆形的这个待分类数据属于三角形一类。如果 K=5，圆形的最近的 5 个邻居是 2 个三角形和 3 个正方形，还是基于统计的方法，少数从属于多数，判定圆形这个待分类数据属于正方形一类。因此，可以看到，当无法判定当前待分类点是从属于已知分类中的哪一类时，可以依据统计学的理论看它所处的位置特征，衡量它周围邻居的权重，而把它归为（或分配）到权重更大的那一类。

通过上面问题的分析，可知 K 值的选择、分类决策规则和距离度量是该算法的三个基本要素。

1）K 值的选择会对算法的结果产生重大影响。K 值较小意味着只有与输入实例较近的训练实例才会对预测结果起作用，但容易发生过拟合；如果 K 值较大，优点是可以减少学习的估计误差，但缺点是学习的近似误差增大，这时与输入实例较远的训练实例也会对预测起作用，使预测发生错误。在实际应用中，K 值一般选择一个较小的数值，通常采用交叉验证的方法来选择最优的 K 值。

2）该算法中的分类决策规则往往是多数表决，即由输入实例的 K 个最邻近的训练实例中的多数类决定输入实例的类别。

3）距离度量一般采用 L_p 距离，当 p=2 时，即为欧氏距离，在度量之前，应该将每个属性的值规范化，这样有助于防止具有较大初始值域的属性比具有较小初始值域的属性的权重过大。

K 最近邻（K–Nearest Neighbors，简称 KNN）是一种基本而且非常直观的机器学习方法，用于分类和回归任务。它属于监督学习算法，其核心思想是根据最近的几个邻居的标签来预测新样本的标签。KNN 算法非常直观，容易实现，其特点是：KNN 是一种懒惰学习算法，它不从训练数据中学习到一个判别函数，而是把训练数据集保存起来，在预测时实时计算最近邻；KNN 不需要假设数据的分布，相较于需要做这种假设的参数模型来说，更加灵活。

KNN 因其简单性和有效性，对数据的分布无严格要求，训练阶段简单，没有显式的训练过程。在许多领域，如推荐系统、图像识别、医疗诊断等领域都有广泛的应用，选取合适的 K 值和距离度量标准通常是应用该算法的关键。但当计算量大，特别是在大规模数据集上，它需要为每个测试实例与所有训练样本进行距离计算，需要大量内存存储整个训练数据集，对异常值敏感，随着数据维度的增加（维数灾难），性能可能会下降。

5.4.4 贝叶斯分类器

贝叶斯分类器是基于贝叶斯定理的一类统计分类方法，其核心思想是根据训练集样本（已知数据）的统计分布，来预测测试集数据（待预测数据）的标签，即贝叶斯模型在面对一个样本时，会将其预测为和已知数据最相似的类别。

贝叶斯定理是贝叶斯分类器的核心，公式如下：

$$P(c \mid \boldsymbol{x})=\frac{P(\boldsymbol{x} \mid c)P(c)}{P(\boldsymbol{x})} \tag{5-37}$$

其中，c 表示类别，$\boldsymbol{x}$ 表示样本。$P(c)$ 为数据中每一类的比例（先验分布）是已知的，$P(\boldsymbol{x})$ 为数据中每一样本的先验分布（一般为 $1/N$），$P(\boldsymbol{x} \mid c)$ 为类别 c 已知的前提下，样本 $\boldsymbol{x}$ 发生的概率，在不同的贝叶斯模型中 $P(\boldsymbol{x} \mid c)$ 的求解是不同的，$P(c \mid \boldsymbol{x})$ 可由贝叶斯定理求得 $\boldsymbol{x}$ 属于每一类的概率，取类别的最大值就可得到 $\boldsymbol{x}$ 的分类预测结果。如果假设特征向量的每个分量彼此独立，则它是朴素贝叶斯分类器；如果假设特征向量服从多维正态分布，则它是正态贝叶斯分类器。

1. 朴素贝叶斯（NaiveBayes，NB）分类器

朴素贝叶斯分类器假定所有输入事件之间相互独立，独立事件间的概率计算更简单。贝叶斯分类器属于有监督学习，它需要标签化的训练数据集进行概率计算。该算法能运用到大型数据中，方法简单、分类准确率高、速度快。由于样本的特征向量是多维的，故基本贝叶斯公式通常表示为

$$P(c \mid x_1,x_2,\cdots,x_n)=\frac{P(x_1,x_2,\cdots,x_n \mid c)P(c)}{P(x_1,x_2,\cdots,x_n)} \tag{5-38}$$

其中，c 为分类的类别，$\boldsymbol{x}=\{x_1,x_2,\cdots,x_n\}$ 为一个待分类项，x_i 为特征向量的分量。

假设 x_i 之间都是相互独立的，可以推导得出

$$P(x_1,x_2,\cdots,x_n \mid c)=\prod_{i=1}^{n}P(x_i \mid c) \tag{5-39}$$

从而将原始的贝叶斯公式简化为

$$P(c \mid x_1,x_2,\cdots,x_n) \propto P(c)\prod_{i=1}^{n}P(x_i \mid c) \tag{5-40}$$

利用这个分类规则依次计算待判别样本属于全部分类类别的概率值，得到其中最大的值：

$$\hat{y}=\arg\max_{c}\prod_{i=1}^{n}P(x_i \mid c) \tag{5-41}$$

这个概率值最大的类别即为分类结果。

下面结合一个具体问题来理解贝叶斯分类器的基本原理。已有先验信息见表 5-4，如果一个物体特征为红色、大、圆形，这个物体是不是机器人感兴趣目标？

表 5-4　机器人感兴趣目标信息表

颜色	大小	形状	感兴趣目标
蓝色	小	三角形	否
红色	大	三角形	是
红色	大	圆形	是
蓝色	大	圆形	是
蓝色	大	三角形	否
红色	小	圆形	是
红色	小	三角形	否
蓝色	小	圆形	否

利用贝叶斯分类器进行概率计算。

先统计先验概率：

$$P(\text{感兴趣目标}=\text{是})=4/8，P(\text{感兴趣目标}=\text{否})=4/8$$

统计条件概率：

$$P(\text{大小}=\text{大}\mid\text{感兴趣目标}=\text{是})=3/4$$
$$P(\text{颜色}=\text{红色}\mid\text{感兴趣目标}=\text{是})=3/4$$
$$P(\text{形状}=\text{圆形}\mid\text{感兴趣目标}=\text{是})=3/4$$
$$P(\text{大小}=\text{大}\mid\text{感兴趣目标}=\text{否})=1/4$$
$$P(\text{颜色}=\text{红色}\mid\text{感兴趣目标}=\text{否})=1/4$$
$$P(\text{形状}=\text{圆形}\mid\text{感兴趣目标}=\text{否})=1/4$$

利用贝叶斯公式可知：

P(感兴趣目标 = 是 | 大小 = 大，颜色 = 红色，形状 = 圆形)=P(感兴趣目标 = 是) × P(大小 = 大 | 感兴趣目标 = 是) × P(颜色 = 红色 | 感兴趣目标 = 是) × P(形状 = 圆形 | 感兴趣目标 = 是)=4/8 × 3/4 × 3/4 × 3/4=0.211

P(感兴趣目标 = 否 | 大小 = 大，颜色 = 红色，形状 = 圆形)=P(感兴趣目标 = 否) × P(大小 = 大 | 感兴趣目标 = 否) × P(颜色 = 红色 | 感兴趣目标 = 否) × P(形状 = 圆形 | 感兴趣目标 = 否)=4/8 × 1/4 × 1/4 × 1/4=0.008

因为 0.211 大于 0.008，所以这个物体是感兴趣目标。

2. 高斯贝叶斯分类器

高斯贝叶斯分类器与朴素贝叶斯的区别是，前者没有假定数据各维的独立性，使用多维高斯分布刻画数据的分布：

$$P(x_1,x_2,\cdots,x_n\mid c_i)=\frac{1}{\sqrt{(2\pi)^n\det(\boldsymbol{C}_i)}}\exp\left[-\frac{1}{2}(\boldsymbol{x}-\boldsymbol{\mu}_i)^{\mathrm{T}}\boldsymbol{C}_i^{-1}(\boldsymbol{x}-\boldsymbol{\mu}_i)\right] \tag{5-42}$$

$\boldsymbol{\mu}_i$ 为第 i 个分类的数学期望，n 为数据维度，$\boldsymbol{C}_i$ 为第 i 个分类的协方差矩阵（样本各特征维度的相关性）。

$$P(c_i \mid x_1, x_2, \cdots, x_n) \propto P(c_i)P(x_1, x_2, \cdots, x_n \mid c_i) \tag{5-43}$$

由贝叶斯规律可知，后验概率正比于先验概率与似然度的乘积，但在有些情况下，比如分类较少或者维度较高时，先验概率影响较小，可以忽略不予考虑，所以最大后验问题就变为极大似然问题：

$$\hat{y} = \arg\min_i [\ln\det(\boldsymbol{C}_i) + (\boldsymbol{x} - \boldsymbol{\mu}_i)^{\mathrm{T}} \boldsymbol{C}_i^{-1} (\boldsymbol{x} - \boldsymbol{\mu}_i)] \tag{5-44}$$

其中，$\boldsymbol{\mu}_i = \dfrac{1}{N_i}\sum_{j=1}^{N_i} \boldsymbol{x}_j^i$，$\boldsymbol{C}_i = \dfrac{1}{N_i - 1}\sum_{j=1}^{N_i} (\boldsymbol{x}_j^i - \boldsymbol{\mu}_i)(\boldsymbol{x}_j^i - \boldsymbol{\mu}_i)^{\mathrm{T}}$，$N_i$ 为属于第 i 个分类的训练样本数。

贝叶斯分类器优点是：能处理不确定性信息，在数据集较小的情况下仍然有效，对缺失数据不太敏感，在解释性方面具有优势，便于理解模型是如何做出预测的。其缺点是：朴素贝叶斯的特征独立假设在现实中经常是不成立的；对输入数据的表达形式较为敏感，特别是在特征相关性较强的情况下。

由于朴素贝叶斯分类器实现简单和效率高，因此，贝叶斯分类器特别适用于文本分类（如垃圾邮件识别）、医疗诊断、情感分析等领域。

5.4.5 深度学习识别算法

当前，深度学习已成为机器人目标识别领域的主流方法，其主要优势在于强大的特征学习能力，能够处理复杂图像或点云数据并实现高准确率的识别。以二维图像为例，机器人的目标识别包括目标分类和检测两个任务，需要将图像中的物体识别出来，并用方框框出其位置，如图 5-50 所示。图像识别其实就是分类，分为单目标分类和多目标分类，输出目标的类别及其置信度；定位是用回归预测目标物的位置（x, y, w, h），（x, y）一般表示边界框左上角的坐标或框中心位置，h 为边界框的高度，w 为边界框的宽度，采用 IoU 指标评估定位精度，IoU 的计算原理如图 5-51 所示。

图 5-50　图像目标识别示意图

目标检测神经网络一般以一幅图像为输入，输出关于所要识别目标的描述。相关技术发展迅速，网络模型多样，按是否直接做回归任务可划分为一阶段（One-Stage）和二阶段（Two-Stage）两种类型，见表 5-5，一阶段目标检测直接从特征图回归出目标的分类和定位，二阶段需要先识别前景和背景，然后在第二阶段得出前景范围内的目标位置和分类。

图 5-51　IoU 计算示意图

表 5-5　目标识别神经网络分类

类型	典型神经网络	目标描述
一阶段	YOLO 系列，SSD 模型，CenterNet 模型	矩形框
	U-Net 模型	像素蒙版
二阶段	R-CNN， Fast R-CNN， Faster R-CNN	矩形框
	Mask R-CNN	像素蒙版

下面介绍一种常用的 YOLO 目标识别网络。YOLO（You Only Look Once）是基于深度神经网络的目标检测算法，用在图像或视频中实时识别和定位多个对象，主要特点是速度快且准确度较高。YOLO 出现之前的二阶段目标检测网络，如 R-CNN（Region-Based Convolutional Neural Networks），使用分类器对测试图像的不同切片进行评估，将一幅图像分割成一个个小块，然后在这些小块上运行一个分类器，速度慢且优化困难。YOLO 没有真正地去掉候选区域，而是创造性地将候选区和目标分类合二为一。

卷积神经网络（Convolutional Neural Network，CNN）是神经网络的一种特殊类型，其在计算机视觉领域取得成功应用的关键在于对图像局部区域特征的层次抽象表征。由于二维图像中相邻像素点之间通常具有较高的关联特性，卷积神经网络的设计充分利用到图像的这一特性。卷积神经网络结构通常由卷积、激励、池化和全连接层组合而成，如图 5-52 所示。卷积层的作用是提取输入图像的特征，通常由多个卷积核组成，输出与卷积核等数量的特征图，单个卷积核对输入图像某一像素坐标 $(u,v)^{\mathrm{T}}$ 的操作为 $\mathrm{conv}_{u,v}=\sum_{i=0}^{p*q}(\omega_i \cdot x_i)$，其中，$p$、$q$ 为卷积核的大小，ω_i 为卷积核的权重，x_i 为图像像素值，卷积操作如图 5-53a 所示。激励层的作用是使网络能够学习更复杂的函数来提高所提取特征的识别能力，且控制数据的数学表示范围，以便更快地学习，常用的激活函数有 Sigmoid 函数、tanh 函数及 ReLU 函数等。池化层的作用是使特征图内和跨特征图提取的特征具有一定的位置、尺度不变性，保留图像的主要特征且降低特征维度，池化操作一般为取作用区域内的最大值或平均值，如图 5-53b 所示。全连接层的作用是将提取的特征输出到分类样本空间。

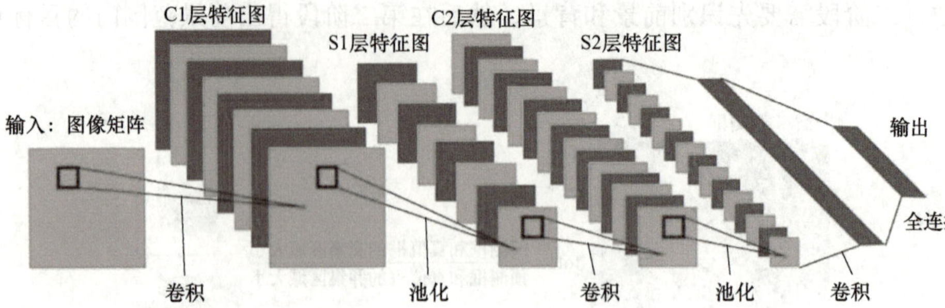

C1层特征图
C2层特征图
S1层特征图
S2层特征图
输入：图像矩阵
输出
全连接
卷积
池化
卷积
池化
卷积

图 5-52　卷积神经网络示意图

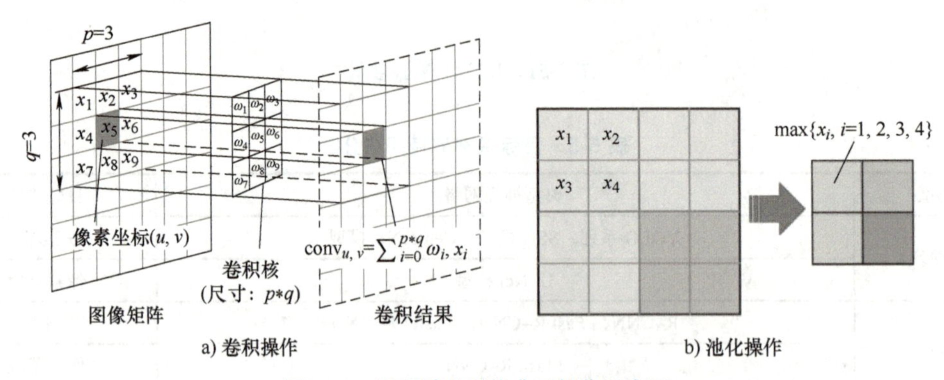

图 5-53　卷积神经网络典型操作示意图

YOLO 的网络结构如图 5-54 所示。YOLOv1 网络的输入是原始图像，要求缩放到 448 × 448 的大小。采用预定义预测区域的方法来完成目标检测，具体而言是将原始图像划分为 7 × 7=49 个网格（Grid），每个网格允许预测出 2 个边框（Bounding Box，包含某个对象的矩形框），总共 49 × 2=98 个包围框，可以将其理解为 98 个预测区，覆盖了图片的整个区域，在这 98 个预测区中进行目标检测。整个检测网络包括 24 个卷积层和 2 个全连接层。其中，卷积层用来提取图像特征，全连接层用来预测图像位置和类别概率值。网络的输出是一个 7 × 7 × 30 的张量（Tensor），如图 5-55 所示，30 维的向量包含 2 个包围框的位置和置信度以及该网格属于 20 个类别的概率，其中，每个包围框需要 4 个数值来表示其位置 (x,y,w,h)，2 个包围框共需要 8 个数值来表示其位置。

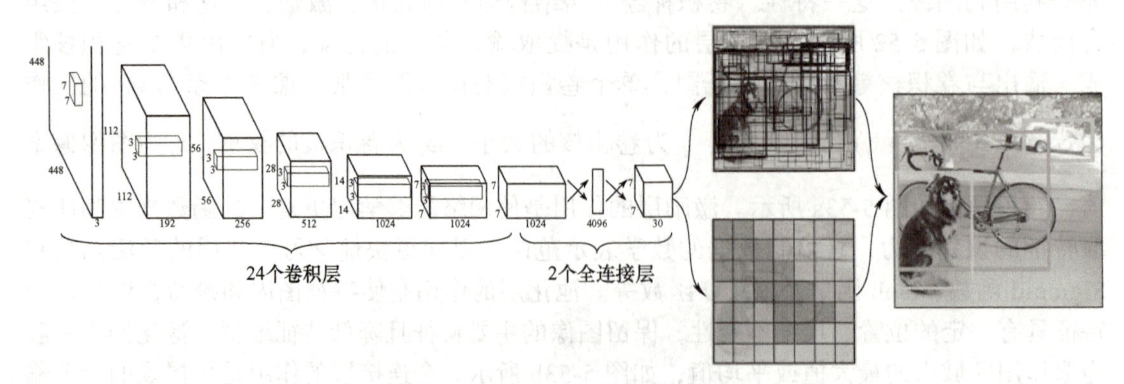

图 5-54　YOLOv1 网络结构图

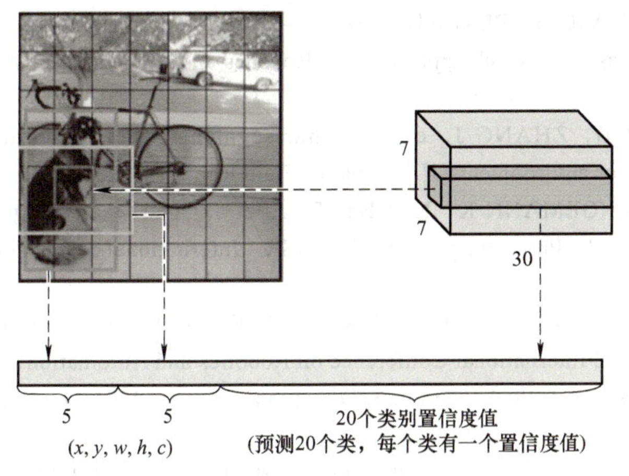

图 5-55　YOLOv1 网络输出示意图

TensorFlow 计算框架中，提供了开源的主流目标检测模型，可以直接加载模型权重后进行已训练物品的目标检测，也可以根据实际任务的需要，进行个性化训练，再将新训练的模型用于机器人目标检测识别应用中。以猫狗分类为例，其基本应用流程包括如下步骤。

1）数据集准备：准备一个包含猫和狗图片的数据集，可以使用网上已有的数据集，也可以自行采集数据。

2）数据预处理：对数据集进行预处理，包括对图片进行缩放（resize）、数据增强、打标签等操作，以便于模型训练。

3）构建模型：构建 YOLOv1 模型，可以使用 TensorFlow 的 Keras API 来实现。

4）训练模型：使用准备好的数据集对模型进行训练，并根据训练情况调整模型参数。

5）测试模型：使用测试集对模型进行测试，并根据测试结果评估模型的性能。

综上所述，机器人目标识别算法各有优劣，选择合适的算法需要根据具体应用和数据集的特性确定。SVM 和 RF 适合高维数据和强泛化需求的场景，K 最近邻算法适用于简单、无需训练过程的场合，贝叶斯分类器在小规模数据集上表现良好，而深度学习则在大规模数据和复杂特征提取需求下表现最佳。需要结合任务需求，综合使用这些算法，来实现机器人高效、准确的目标识别。

本章小结

本章首先围绕机器人本体感知型传感器、测距传感器以及视觉感知三个方面介绍机器人常用传感器，然后介绍了机器人感知系统设计，包括传感器选择、感知算法设计以及世界模型构建三个方面，最后详细介绍了常用的机器人同步定位与建图算法，以及支持向量机、随机森林、K 最近邻算法、贝叶斯分类器以及深度学习等目标识别算法。

参考文献

[1]　胡小平 . 导航技术基础 [M]. 2 版 . 北京：国防工业出版社，2021.

[2] VELAGIC J，LACEVIC B，PERUNICIC B. A 3-level autonomous mobile robot navigation system designed by using reasoning/search approaches[J]. Robotics and Autonomous Systems，2006，54（12）：989-1004.

[3] XIAO J，ADLER B，ZHANG J，et al. Planar segment based three-dimensional point cloud registration in outdoor environments[J]. Journal of Field Robotics，2013，30（4）：552-582.

[4] SURMANN H，LINGEMANN K，NÜCHTER A，et al. A 3D laser range finder for autonomous mobile robots[C]. [s.l.]：Proceedings of the 32nd ISR（International Symposium on Robotics），2001，pp. 153-158.

[5] KONOLIGE K，AUGENBRAUN J，DONALDSON N，et al. A low-cost laser distance sensor[C]. Pasadena：2008 IEEE International Conference on Robotics and Automation，2008，pp. 3002-3008.

[6] ENDRES F，HESS J，STURM J，et al. 3-D mapping with an RGB-D camera[J]. IEEE Transactions on Robotics，2013，30（1）：177-187.

[7] 徐德，谭民，李原 . 机器人视觉测量与控制 [M]. 3 版 . 北京：国防工业出版社，2016.

[8] ZHANG Z. A flexible new technique for camera calibration[J]. IEEE Transactions on Pattern Analysis and Machine Intelligence，2000，22（11）：1330-1334.

[9] Caltech DATA. Camera calibration toolbox for MATLAB [EB/OL]. [2024-08-07]. https://data.caltech.edu/records/jx9cx-fdh55.

[10] SONKA M，HLAVAC V，BOYLE R. 图像处理、分析与机器视觉 [M]. 4 版 . 兴军亮，艾海舟，等译 . 北京：清华大学出版社，2016.

[11] HUANG K，STACHNISS C. Extrinsic multi-sensor calibration for mobile robots using the Gauss-Helmert model[C]. Vancouver：2017 IEEE/RSJ International Conference on Intelligent Robots and Systems（IROS），2017，pp. 1490-1496.

第 6 章　机器人运动规划与控制系统设计

导读

根据机器人的感知信息构建环境地图，并在地图上生成可行 / 最优运动路线是机器人的路径规划；同时，面对不断变化的环境或场景，进行实时的路线调整即是局部规划；最后，通过路径 / 轨迹跟踪控制使得机器人沿着路线到达目的地，三者的有机结合构成了机器人运动规划与控制的完整方案。本章分为三个部分，首先针对机器人的路径 / 轨迹规划，分别介绍基于图结构的路径搜索、基于采样的路径搜索和考虑运动学约束的路径搜索等全局规划方法，以及 DWA（动态窗口法）、TEB 等主流的局部规划算法；其次，对于机器人的路径 / 轨迹跟踪控制，主要介绍无模型的 PID（比例积分微分）控制方法、自抗扰控制（ADRC）方法，基于模型预测控制的控制方法；最后，介绍未知环境下移动机器人自主探索的主要方法，并给出自主探索算法的设计示例。

本章知识点

- 机器人路径 / 轨迹规划算法设计
- 机器人路径 / 轨迹跟踪控制
- 机器人未知环境自主探索算法设计

6.1　机器人路径 / 轨迹规划算法设计

移动机器人通过感知周围环境信息并映射成计算机能处理的环境模型后，是如何规划出运动路径去执行的？人类有了地图可以规划出一条路线，但地图无法反映动态变化的路况，因此还需要人类实时调整计划路线。机器人路径规划也是如此，根据环境信息是否完整可划分为全局规划和局部规划，而根据环境信息是否实时变化又可划分为动态规划和静态规划。本节主要针对全局静态规划问题和局部规划问题展开介绍。

路径规划的实现一般可划分为路径搜索和轨迹优化两个环节，全局静态规划指机器人在全局已知的静态环境中进行路径搜索。路径搜索可以划分为基于图结构的方法（图搜索）、基于采样的方法和考虑运动学约束的路径搜索方法。其中，图搜索方法很多，这里主要介绍经典的贪婪算法、Dijkstra 算法和 A* 算法，基于采样的搜索则介绍应用较广泛的 RRT（快速扩展随机树）算法和 RRT*，而考虑运动学约束的搜索介绍 Hybrid A* 算法。最后，考虑到局部规划的实用性，将介绍 DWA 和 TEB 这两种主流的局部规划算法。

6.1.1 图搜索算法

1. 贪婪最佳优先算法

启发式搜索（Heuristically Search）又称为有信息搜索（Informed Search），它是利用问题已有的启发信息来引导搜索，达到减少搜索范围、降低问题复杂度的目的，这种利用启发信息的搜索过程称为启发式搜索。

最佳优先搜索（Best-First Search）是一般树搜索和图搜索算法的一个实例，节点是基于评价函数 $f(n)$ 的值被选择扩展的。评估函数被看作是代价估计，因此评估值最低的节点被选择首先进行扩展。这样可以省略大量无谓的搜索路径，提高了效率。

在启发式搜索中，对 f 的选择决定了搜索策略。大多数的最佳优先搜索算法的 f 由启发函数（Heuristic Function）构成：

$$h(n) = \text{节点}n\text{ 到目标节点的最小代价路径的代价估计值} \tag{6-1}$$

启发式函数是在搜索算法中利用问题额外信息的最常见的形式。假设启发式信息是任意非负的由问题而定的函数，有一个约束：若 n 是目标节点，则 $h(n)=0$。$h(n)$ 主要用欧氏距离或者曼哈顿距离来表示，它们的区别如图 6-1 所示。

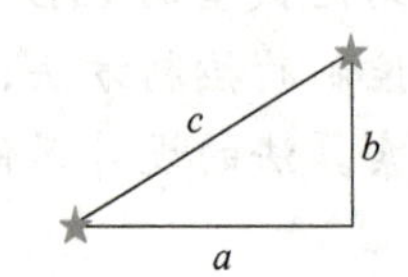

图 6-1　c 为欧氏距离，$a+b$ 为曼哈顿距离

假设有两个点 (x_1,y_1) 和 (x_2,y_2)，则它们的欧氏距离和曼哈顿距离计算公式分别为式（6-2）和式（6-3）：

$$D_{\text{Euclidean}} = \sqrt{(x_1 - x_2)^2 + (y_1 - y_2)^2} \tag{6-2}$$

$$D_{\text{Manhattan}} = |x_1 - x_2| + |y_1 - y_2| \tag{6-3}$$

在最佳优先搜索算法中，节点 n 的评价函数 $f(n)$ 见式（6-4）：

$$f(n) = g(n) + h(n) \tag{6-4}$$

式中，路径消耗 $g(n)$ 为在状态空间中从初始节点到节点 n 的实际路径代价；启发函数 $h(n)$ 为节点 n 到目标节点的最小代价路径的代价估计值。

下面将以贪婪最佳优先搜索（Greedy Best-First Search）为例来介绍启发式搜索策略。贪婪最佳优先搜索试图扩展离目标最近的节点，理由是这样可能可以很快找到解，因此它只用启发式信息。贪婪最佳优先搜索的评价函数为式（6-5）：

$$f(n) = h(n) \tag{6-5}$$

将贪婪最佳优先搜索应用在二维地图路径规划中，如图 6-2 所示，起点为左上方的点，终点为右下方的点。可以看到它的指向性非常明显，从起点直扑终点。

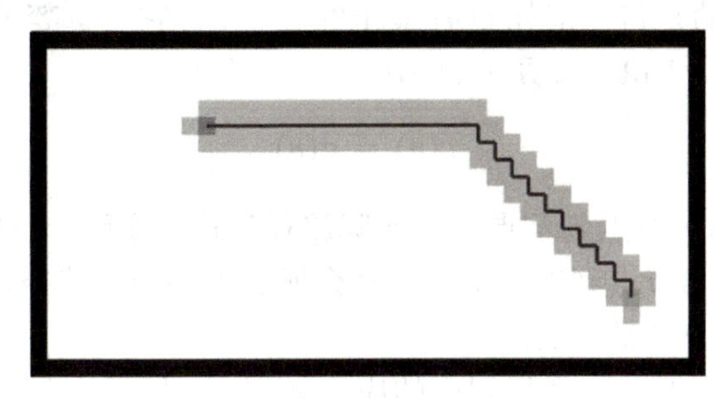

图 6-2　贪婪最佳优先搜索示例

实际的地图中常常会有很多障碍物，由于贪婪最佳优先搜索的目的性非常强，就很容易陷入局部最优的陷阱。图 6-3 所示的地图中有一个专门设置的局部最优陷阱，起点为左上方的点，终点为右下方的点，可以观察到贪婪最佳优先搜索虽然搜索速度够快，但是找不到最优路径。

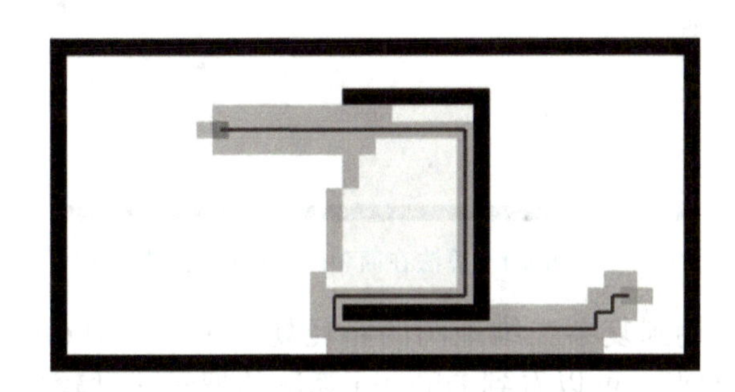

图 6-3　贪婪最佳优先搜索在简单障碍物环境中的应用

将其应用到复杂二维地图路径规划中，效果如图 6-4 所示。可以看出，即使是有限空间，贪婪最佳优先搜索也是不完备的。在最差的情况下，算法的时间复杂度和空间复杂度都是 $O(bm)$，其中 m 是搜索空间的最大深度。如果有一个好的启发式函数，复杂度可以得到有效降低。下降的幅度取决于特定的问题和启发式函数的质量。

图 6-4　贪婪最佳优先搜索在复杂地图中的应用

2. Dijkstra 算法

宽度优先搜索只能用于解决搜索空间为无权图或者每一步行动代价都相等的问题。更进一步，可以找到一个对任何单步代价函数都是最优的算法。下面介绍一种能用于带权图的图搜索算法——Dijkstra 算法。

Dijkstra 算法扩展的是路径消耗 $g(n)$ 最小的节点 n，它和贪婪最佳优先算法的区别在于代价函数 $f(n)$ 的定义，Dijkstra 算法的 $f(n)$ 定义如式（6-6）：

$$f(n) = g(n) \tag{6-6}$$

路径消耗 $g(n)$ 为初始节点到节点 n 的实际路径代价。实际上，Dijkstra 算法可以看作是一个排序过程，将初始节点到搜索空间中其余所有点的最短路径长度进行排序，然后依次进行搜索，优先搜索路径最短的点。

Dijkstra 算法在二维地图路径规划中的应用如图 6-5 所示，起点为左上方的点，终点为右下方的点。可以看到相较于目的性极强的贪婪最佳优先搜索，Dijkstra 算法搜索到的点更多，搜索速度较慢。

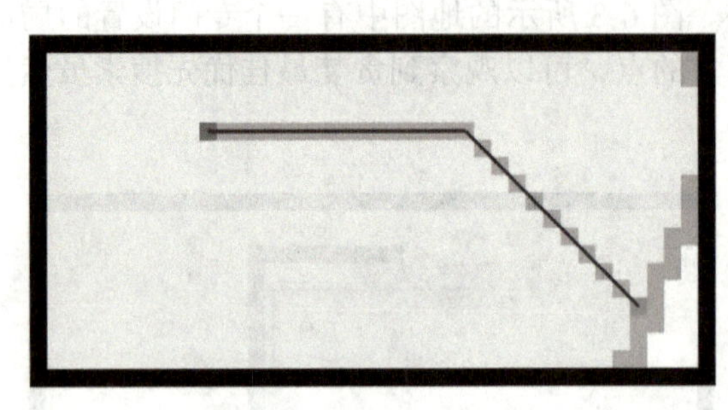

图 6-5　Dijkstra 算法在简单障碍物环境中的应用

将 Dijkstra 算法应用到复杂二维地图的路径规划中，如图 6-6 所示，起点为左上方的点，终点为右下方的点。可以看到 Dijkstra 算法的搜索速度较慢，但是能够找到最优路径。

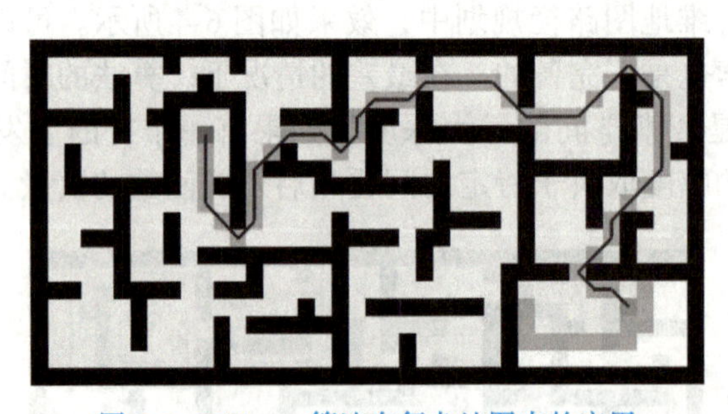

图 6-6　Dijkstra 算法在复杂地图中的应用

Dijkstra 算法是最优的，是由于当选择节点 n 进行扩展时，表明已经找到到达节点 n 的最优路径。接着，由于每一步的代价是非负的，随着节点的增加路径绝不会变短。这两点说明了 Dijkstra 算法是按节点的最优路径顺序扩展节点。所以，第一个被选择扩展的目标节点一定是最优解。

3. A* 算法

对比贪婪最佳优先算法和 Dijkstra 算法，它们代价函数的不同导致具有不同的优点：

贪婪最佳优先算法用节点到目标点的距离作为代价函数，将搜索方向引向目标点，搜索效率高；而 Dijkstra 算法采用起点到当前扩展节点的移动代价作为代价函数，能够确保路径最优。

那么可不可以将两者的代价函数进行融合，从而在保证路径最优的同时提高搜索效率？答案是肯定的，融合后的算法就是 A* 算法。A* 搜索也是启发式算法的一种，它对节点的评估函数结合了路径消耗 $g(n)$（即在状态空间中从初始节点到节点 n 的实际路径代价）和启发函数 $h(n)$（即节点 n 到目标节点的最小代价路径的代价估计值），如式（6-7）所示：

$$f(n) = g(n) + h(n) \tag{6-7}$$

由于 $g(n)$ 是从初始节点到节点 n 的实际路径代价，$h(n)$ 是到目标节点的最小代价路径的代价估计值，因此：

$$f(n) = \text{经过节点} n \text{ 的最小代价解的估计代价} \tag{6-8}$$

将 A* 搜索应用在二维地图路径规划中，如图 6-7 所示，起点为左上方的点，终点为右下方的点，A* 算法的搜索速度介于贪婪最佳优先算法和 Dijkstra 算法之间。

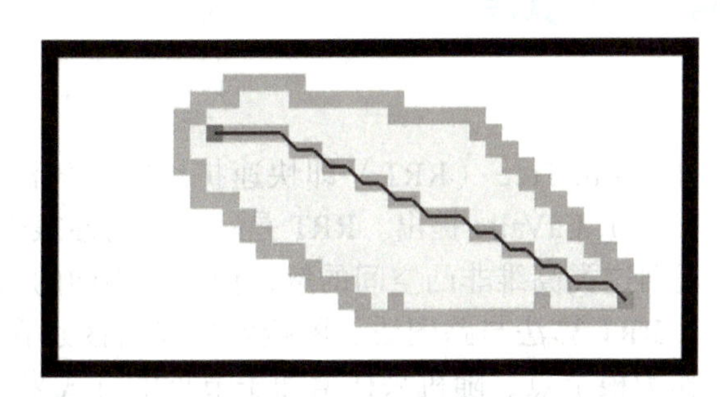

图 6-7　A* 搜索在简单障碍物环境中的应用

A* 搜索在复杂二维地图路径规划中的应用结果如图 6-8 所示。

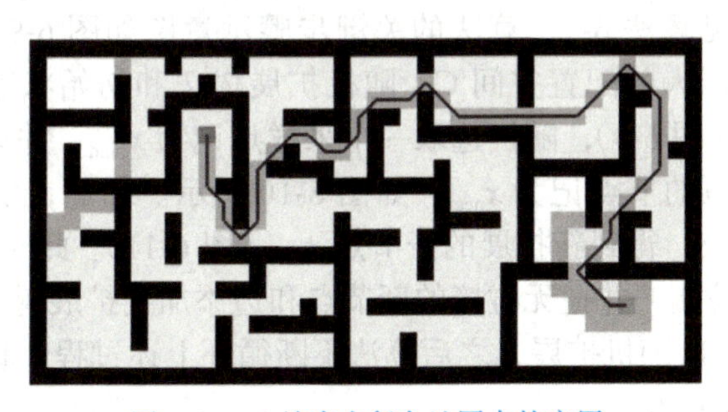

图 6-8　A* 搜索在复杂地图中的应用

假设启发式函数 $h(n)$ 满足特定的条件，A* 搜索既是完备的也是最优的，保证其最优性的条件是可采纳性和一致性。

可采纳启发式是指它从不会过高估计到达目标的代价。因为 $g(n)$ 是当前路径到达节点 n 的实际代价，而 $f(n)=g(n)+h(n)$，可以得到直接结论：$f(n)$ 永远不会超过经过节点 n 的解的实际代价。其次是一致性，只作用于图搜索中使用 A* 算法，称启发式 $h(n)$ 是一致的，如果对于每个节点 n 和通过任一行动 a 生成的 n 的每个后继节点 n'，从节点 n 到达目标的估计代价不大于从 n 到 n' 的单步代价与从 n' 到达目标的估计代价之和，如式（6-9）：

$$h(n) \leqslant c(n,a,n') + h(n) \tag{6-9}$$

这是一般的三角不等式，它保证了三角形中任何一条边的长度不大于另两条边之和。很容易证明一致的启发式都是可采纳的。关于最优性，A* 搜索有如下性质：如果 $h(n)$ 是可采纳的，那么 A* 的树搜索版本是最优的；如果 $h(n)$ 是一致的，那么图搜索的 A* 算法是最优的。

根据 A* 算法的评估函数 $f(n)=g(n)+h(n)$，可以得到 A* 算法的几个特点。如果令 $h(n)=0$，A* 算法就退化为 Dijkstra 算法；如果令 $g(n)=0$，A* 算法就退化为贪婪最佳优先算法。

贪婪最佳优先搜索扩展 $h(n)$ 最小的节点。它不是最优的，但效率较高。Dijkstra 算法扩展的是当前路径代价 $g(n)$ 最小的节点，算法是最优的。A* 搜索扩展 $f(n)=g(n)+h(n)$ 最小的节点。如果 $h(n)$ 是可采纳的（对于树搜索）或是一致的（对于图搜索），A* 是完备的也是最优的。

6.1.2 基于采样的路径规划算法

1. RRT 算法

Rapidly-Exploring Random Tree （RRT）即快速扩展随机树法，是一种基于采样的规划算法，于 1998 年由 S. M. LaValle 提出。RRT 是一种通用性很强的方法，最早提出时是为了有效搜索机械臂规划这类高维非凸空间的解，但它对不同的运动平台、各维自由度问题都有很好的适应性。RRT 算法与路图法、图搜索的显著区别在于其快速扩展和随机采样，通过一个初始点作为根节点、随机采样增加子节点的方式来生成一棵随机扩展树，当随机树的子节点包含目标点，便可以在树结构中找到一条从初始点到目标点的路径。接下来将详细介绍算法的流程。

RRT 算法伪代码见算法 6-1，算法的关键步骤示意图如图 6-9 ～图 6-13 所示。RRT 算法的输入一般为机器人的配置空间 C、随机扩展树 T 和初始状态 x_{init}、目标状态 x_{goal}。首先在配置空间 C 中（图 6-9），随机选取一个采样点记为 x_{rand}，并计算 T 中各节点到 x_{rand} 的距离，选取距离最短的节点记为 x_{near}，如图 6-10 所示。随后，沿着 x_{near} 指向 x_{near} 的向量方向扩展 Step 的步长，得到新扩展的子节点 x_{new}（图 6-11）。此时需要对 x_{near}、x_{new} 两点构成的边 E_i 进行碰撞检测，并把无碰撞的新节点和边添加到扩展树 T 中，如图 6-12 所示。于是便完成树结构的一次随机扩展，之后算法不断循环上述过程，直到新节点 x_{new} 为目标点 x_{goal} 停止扩展（图 6-13）。

算法 6-1　RRT 算法伪代码

Input：C，x_{init}，x_{goal}

Output：A path $\mathcal{T}$ from x_{init} to x_{goal}

1：Initialization:$\mathcal{T}$.init();

2：**for** i=1 to k **do**

3： $x_{\text{rand}} \leftarrow RandomSample(C)$；
4： $x_{\text{near}} \leftarrow Nearest(x_{\text{rand}},\ \mathcal{T})$；
5： $x_{\text{new}} \leftarrow NewState(x_{\text{rand}},\ x_{\text{near, Step}})$；
6： $E_i \leftarrow Edge(x_{\text{near}},\ x_{\text{new}})$；
7： **if** CollisionCheck(C， E_i)**then**
8： $\mathcal{T}.AddNode(x_{\text{new}})$；
9： $\mathcal{T}.AddEdge(E_i)$；
10： **end if**
11： **if** $x_{\text{new}}=x_{\text{goal}}$ **then**
12： **return** $\mathcal{T}$
13： **end if**
14： **end for**

图 6-9 机器人配置空间

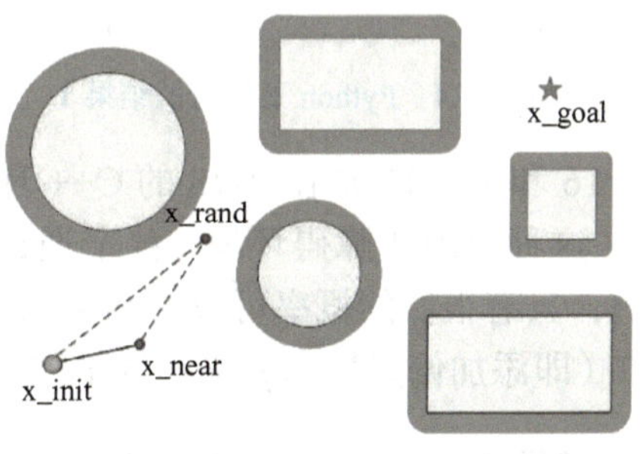

图 6-10 随机采样和寻找最邻近节点

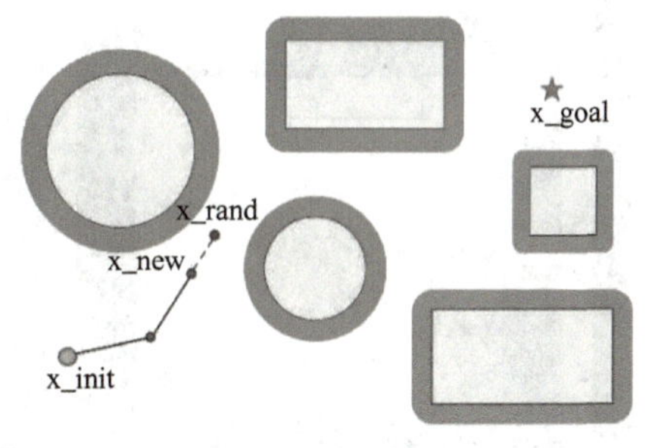

图 6-11 扩展新节点

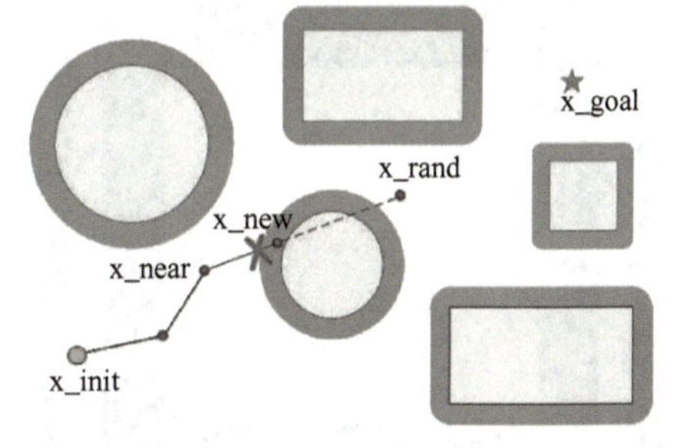

图 6-12 碰撞检测

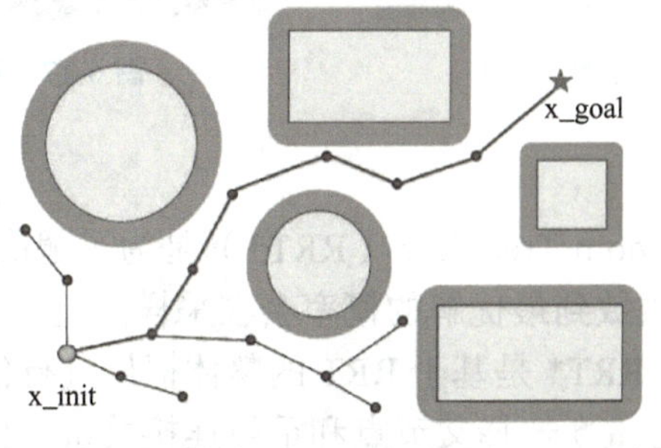

图 6-13 结果

RRT 算法在 Python 环境下的运行结果如图 6-14 和图 6-15 所示，其最大特点便是随机性，通过在空间中的随机采样的方式，将搜索导向未扩展区域，迅速缩短扩展树中的节点与目标点间的距离，从而快速寻找到一条可行的路径。但正是这个特点，导致了 RRT 算法表现得很盲目，每一次运行的结果不尽相同，搜索出的路径既不平滑也不是最优的。针对这方面的改进，将在后续介绍 RRT* 算法以得到近似最优路径。

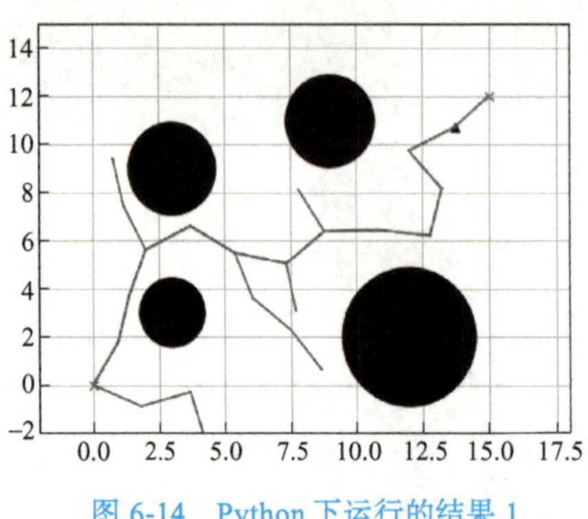

图 6-14　Python 下运行的结果 1

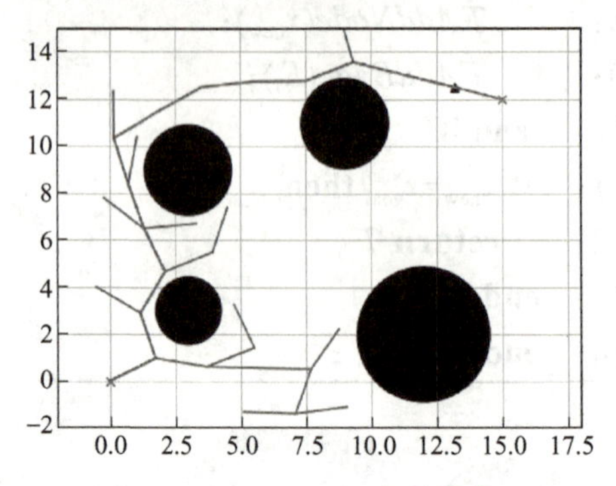

图 6-15　Python 下运行的结果 2

图 6-16 和图 6-17 是在 ROS 的 C++ 环境下的不同迭代次数的 RRT 算法结果，可以看到 RRT 在这种封闭式障碍环境（狭窄通道）的表现不尽人意，因为大部分的可扩展区域在通道内，只有很低的概率可以逃离到通道外。针对这方面的改进有很多，例如基于概率 p 的 RRT（即添加偏置概率 p 来引导 RRT 往目标点方向扩展）、RRT-Connect 等。

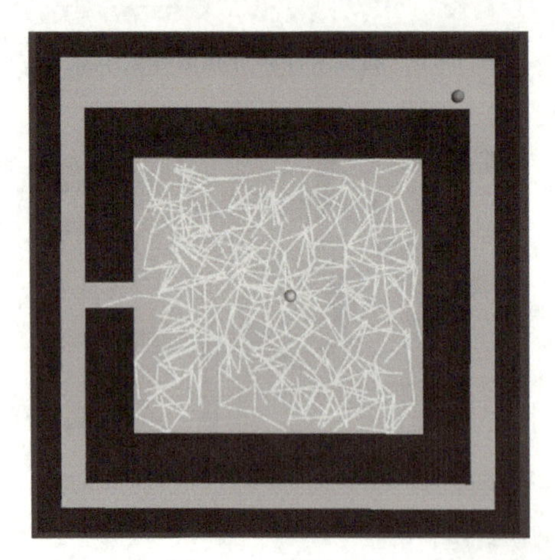

图 6-16　迭代次数 =800

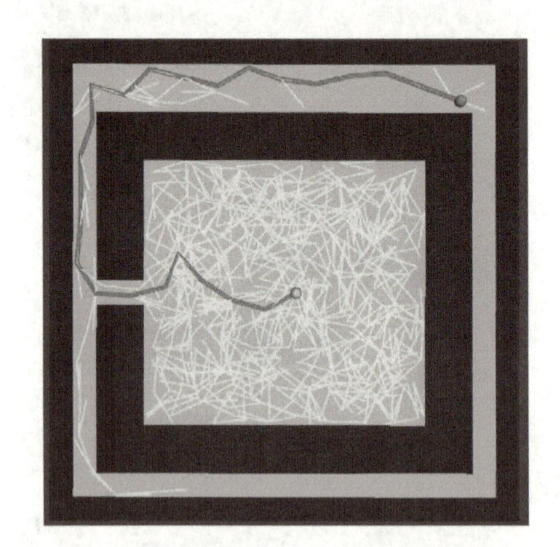

图 6-17　迭代次数 =1200

2. RRT* 算法

Rapidly-Exploring Random Tree Star （RRT*）是为了解决 RRT 无法得到最优路径的问题而提出的，RRT 算法收敛到最优解的概率会在采样点趋于无穷多时趋于 0，因此提出了近似最优的 RRT* 算法。RRT* 是基于 RRT 的整体框架进行优化的，只需在原框架上增添两个改进的步骤，分别是重新选择父节点和重组连接关系，接下来将重点介绍关键的这两步。

RRT* 算法伪代码见算法 6-2，算法的关键步骤如图 6-18 ～图 6-22 所示。可以看到，直到碰撞检测前的步骤都与 RRT 一致，不再赘述。

重新选择父节点：RRT* 算法在通过碰撞检测后，并不直接添加新节点 x_{new} 到扩展树 T 中，而是将以 x_{new} 为圆心、半径为 *Radius* 的范围内除 x_{new} 以外的所有节点记为 *Vector_Near*。*Vector_Near* 中各节点作为 x_{new} 的父节点进行连接，如图 6-19 中的 $x_{near}x_{new}$、x_1x_{new}、x_2x_{new} 三种连接情况，选取不同连接情况下总路径最短的父节点作为 x_{new} 新的父节点。如图 6-20 中，新的父节点更新为原来的 x_1 节点。

重组连接关系：RRT* 算法在重新选择父节点后，将以 x_{new} 为父节点，去连接半径 *Radius* 范围内的其他节点（除了其父节点外），如图 6-20 中的 $x_{new}x_2$、$x_{new}x_3$ 两种连接情况，若新连接关系的总路径小于原连接的总路径，则更改节点间的连接关系，反之保持原有连接关系。重组连接关系的结果如图 6-21 所示。

算法 6-2　RRT* 算法伪代码

```
Input: C, x_init, x_goal
Output: A path T from x_init to x_goal
 1:  Initialization: T.init();
 2:  for i=1 to k do
 3:    x_rand ← RandomSample(C);
 4:    x_near ← Nearest(x_rand, T);
 5:    x_new ← NewState(x_rand, x_near, Step)
 6:    if CollisionCheck(C, E_i) then
 7:      Vector_Near ← FindNearNodes(x_new, Radius);
 8:      x_parent ← ChooseParent(x_new, Vector_Near);
 9:      T.AddNode(x_new, x_parent);
10:      T.Rewire();
11:    end if
12:    if x_new=x_goal then
13:      return T
14:    end if
15:  end for
```

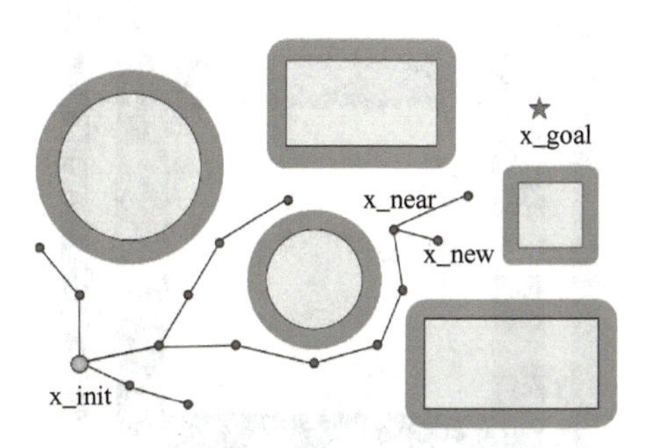

图 6-18　RRT* 算法示意图

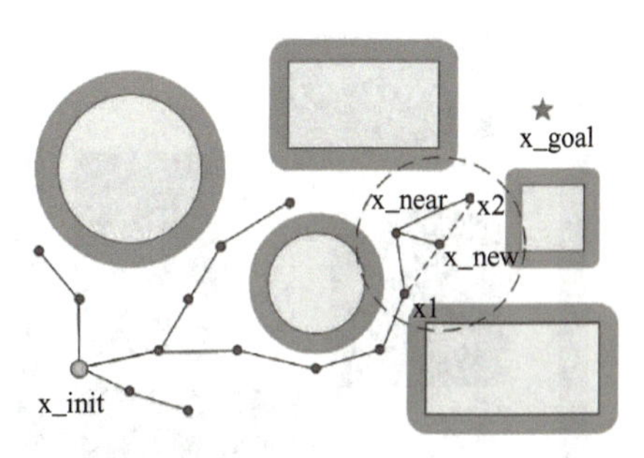

图 6-19　选取半径为 R 的范围

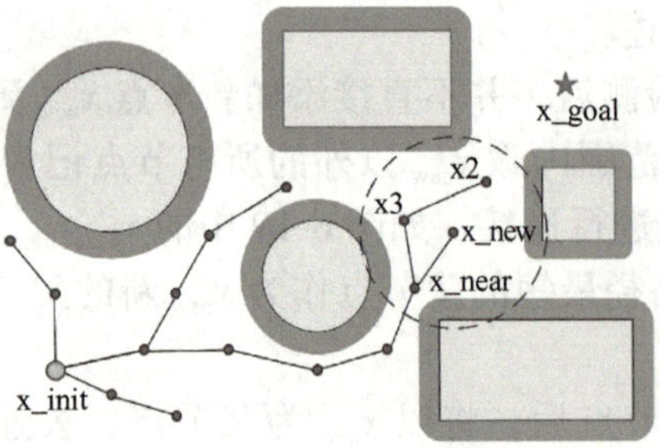

图 6-20　重新选择父节点

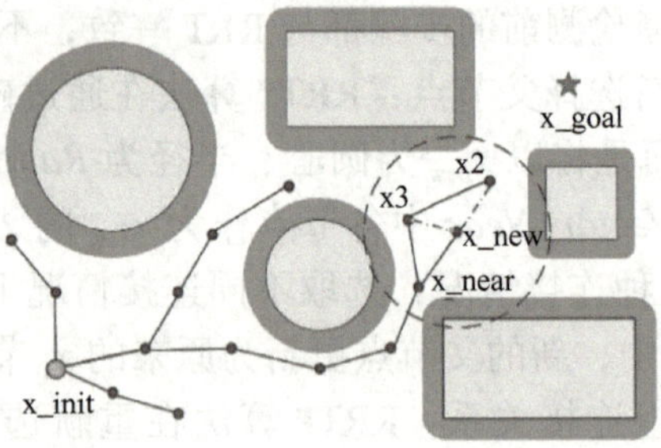

图 6-21　重组连接关系

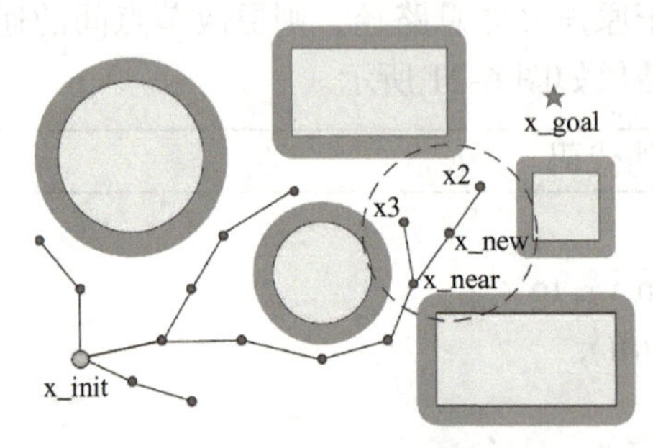

图 6-22　RRT* 单步改进后

RRT* 在 Python 和基于 ROS 的 C++ 环境下运行结果分别如图 6-23 ～图 6-25 所示。

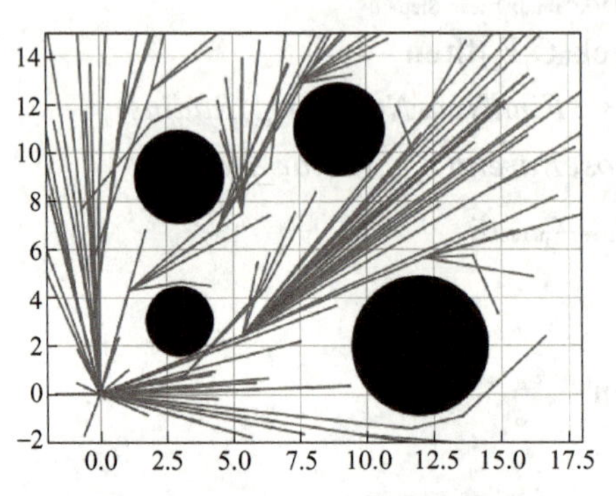

图 6-23　Python 下运行的结果

图 6-24　ROS 下运行的结果

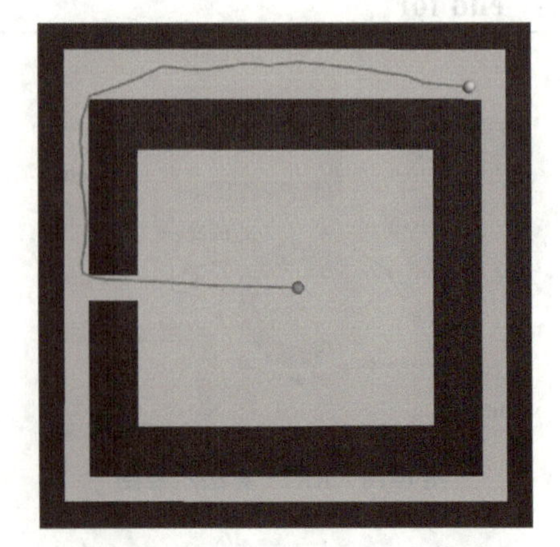

图 6-25　对比实验（迭代次数 =2000）

将该运行结果与 RRT 的结果进行对比可以清晰地看出，RRT* 搜索得到的路径质量远优于 RRT，而且随着迭代次数的增加，路径会不断往最优的方向更新，最后得到近似最优的路径。但相应地，由于重新连接了树结构的节点关系和增加了迭代次数，RRT* 的运行速度也有所下降。

6.1.3　考虑运动学约束的路径规划（Hybrid A*）

1. 算法简介

Hybrid A* 是在 A* 算法的基础上考虑移动机器人实际运动约束的算法，最早在 2010 年由斯坦福大学学者提出。传统的 A* 算法有以下缺点：A* 算法适用于离散的情况，机器人的控制空间、轨迹空间都是连续的，所以生成的路径是不光滑的；A* 算法规划出的路径不满足机器人的非完整性约束，例如非全向移动机器人不能横向移动。

而 Hybrid A* 算法作为 A* 算法的一个变种，适用于车辆三维状态空间 (x,y,θ)，通过修改状态更新规则，可以在 A* 离散节点中捕获车辆连续状态，从而保证路径的运动可行性。

2. 机器人运动学模型

以前轮转向的小车运动模型为例，机器人车辆模型简化为二维平面上的刚体结构，任意时刻车辆的状态 $\boldsymbol{q}=(x, y, \theta)$。车辆坐标的原点位于后轴中心位置，坐标轴与车身平行。v 代表车辆的速度，ϕ 表示车轮转角（向左为正，向右为负），L 表示前轮和后轮的距离，如果车轮转角保持不变，车辆就会在原地转圈，半径为 ρ，如图 6-26 所示。

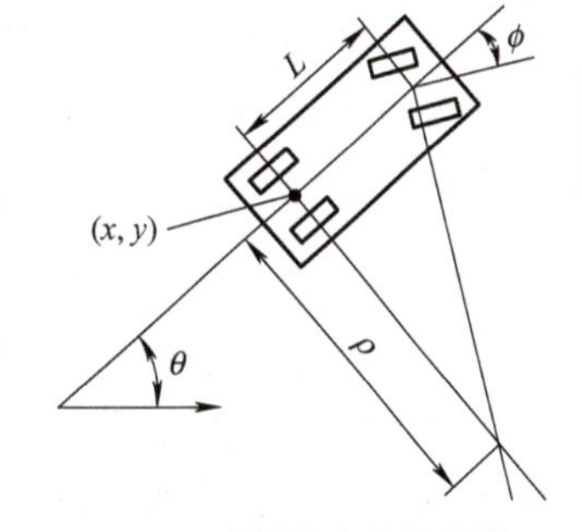

图 6-26　前轮转向的小车模型

考虑车辆的前进和倒退，令 *dir* 代表小车前进方向，则速度表示为 $s=dir \cdot v$，即设置小车速度大小一定，而方向与小车朝向有关。将小车朝向角约束在 $-\pi/4 \sim \pi/4$ 之间，因此小车可以实现前后左右一定范围的移动。小车运动学模型可表达为

$$\begin{pmatrix} \dot{x} \\ \dot{y} \\ \dot{z} \end{pmatrix} = s \begin{pmatrix} \cos\theta \\ \sin\theta \\ \tan\phi / \mathrm{L} \end{pmatrix} \tag{6-10}$$

3. 节点扩展

在 A* 搜索路径中，将空间划分为小网格，使用网格中心作为 A* 路径规划的节点，并在节点中寻找一条避开障碍物的路径，求解路径时只保证了连通性，不保证车辆实际可行，如图 6-27 所示。Hybrid A* 分别考虑空间连通性和车辆的朝向转角，通过考虑车辆的运动学约束，Hybrid A* 搜索出的路径节点可以是二维网格中的任意点，如图 6-28 所示。节点的扩展过程中，首先父节点根据当前车辆状态以及地图障碍物信息，以给定的 *steer_list* 和 *direction_list*（转角序列和方向序列）在一定的 *move_step* 内，求解出一段无碰撞的路径，将此段路径的最后点作为下一个子节点的位置。因此子节点在地图栅格中的位置取

决于在运动约束下一段路径最终点落在栅格中的位置。

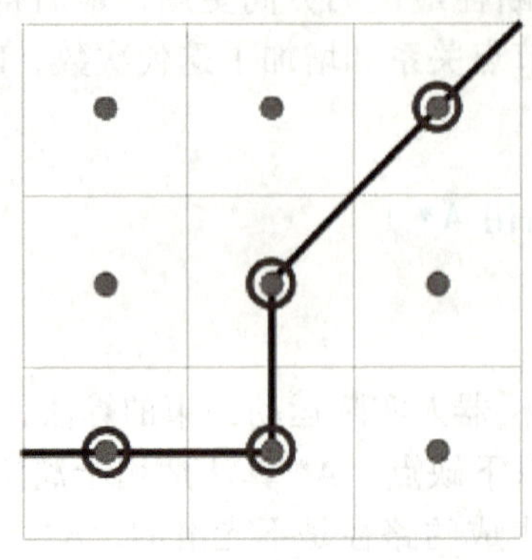

图 6-27　A* 搜索路径

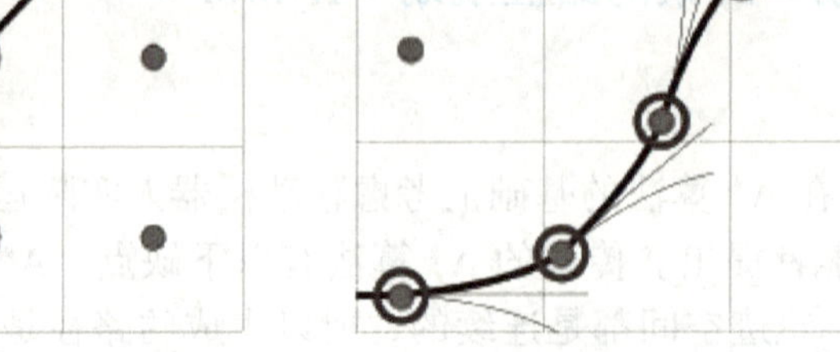

图 6-28　Hybrid A* 搜索路径

节点的总代价 $f_{cost}=g_{cost}+H\cdot h_{cost}$，其中 g_{cost} 是由实际运动产生，其代价由四部分组成：朝向（1 和 –1）、转向角大小、转向角变化、行驶方向变化。H 是启发函数代价的比例系数，用来调整启发函数代价的影响因子。h_{cost} 为启发函数代价。采用了两种启发函数，并取两者的最大值作为最终的启发函数代价。第一个启发函数为非全向无障碍启发函数（Non-Holonomic-Without-Obstacles），只考虑车辆的非完整性约束而不考虑障碍物，一般采用当前节点状态 (x_s, y_s, θ_s) 到目标状态 (x_t, y_t, θ_t) 的最短 Reeds-Shepp 曲线的代价值。第二个启发函数是忽略车辆的非完整约束（Holonomic-With-Obstacles Heuristic），使用障碍物地图计算到目标的最短距离，可以避免运动过程中陷入死胡同或者 U 型障碍物，一般采用 A* 搜索出的最短路径代价。

4. Reeds-Shepp 曲线

由于 Hybrid A* 算法中对运动空间 (x, y, θ) 和车辆的 *steer_list*、*direction_list* 都进行了离散化处理，因此不可以精确到达连续变化的目标姿态。运动轨迹也会不平滑，因此使用 Reeds-Shepp 曲线。即从扩展的子节点中找到能从此节点到目标节点的无碰撞 Reeds-Shepp 曲线，并选择代价最小的曲线作为最后路径。如图 6-29 所示，其中黑色的是由扩展子节点产生的路径，彩色路径是由最终 Reeds-Shepp 产生的路径。

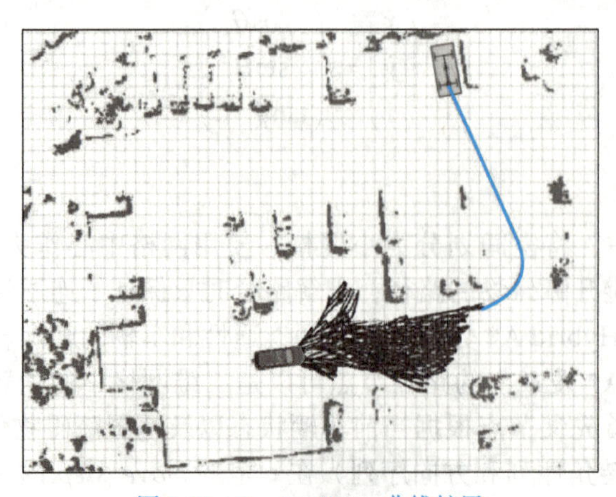

图 6-29　Reeds-Shepp 曲线扩展

5. 算法流程

整个算法的流程如下。首先定义起始节点和终止节点（每个节点包括机器人状态、总代价以及父节点），定义障碍物地图。建立 *open_dic* 和 *close_dic* 空字典，字典的键代表节点在障碍物地图中唯一的位置，键值为节点。将起始节点存入 *open_dic* 中。进入循环，设置开始进行 Reeds-Shepp 曲线拓展的循环数 N_{rs}（即每循环 N_{rs} 次后进行一次查询当前节点状态到目标状态是否存在 Reeds-Shepp 曲线，将 N_{rs} 的大小设置为当前节点位置到目标位置欧式距离的四分之一）。从 *open_dic* 中选出 f_{cost} 最小的节点作为父节点，如果找到相应的 Reeds-Shepp 曲线则不再扩展节点，并把当前节点作为最终节点，直接选取路径代价最小的 Reeds-Shepp 曲线，并将曲线的路径点加入到最终的路径序列中；否则继续扩展子节点，相较于 A* 直接扩展相邻子节点的方法，Hybrid A* 扩展子节点的过程是根据转角和航向序列产生一系列考虑障碍物和车体形状的无碰撞子节点，如果子节点在 *close_dic* 中，则舍弃，如果在 *open_dic* 中，且子节点的 g_{cost} 比在 *open_dic* 中相应节点的 g_{cost} 小，则更新为子节点。如果既不在 *close_dic* 中，也不在 *open_dic* 中，则直接将子节点加入到 *open_dic* 中。经过循环之后 *close_dic* 包括从初始节点到最终节点的所有父节点，每个父节点都包含一段路径点，最后将所有路径拼接作为 Hybrid A* 规划出的路径。

6. 结果及总结

让移动机器人小车分别向四个停车位置进行泊车，如图 6-30 所示。起始点标记为圆圈，目标点标记为五角星。开始进行 Reeds-Shepp 曲线拓展的最后节点标记为圆点。在

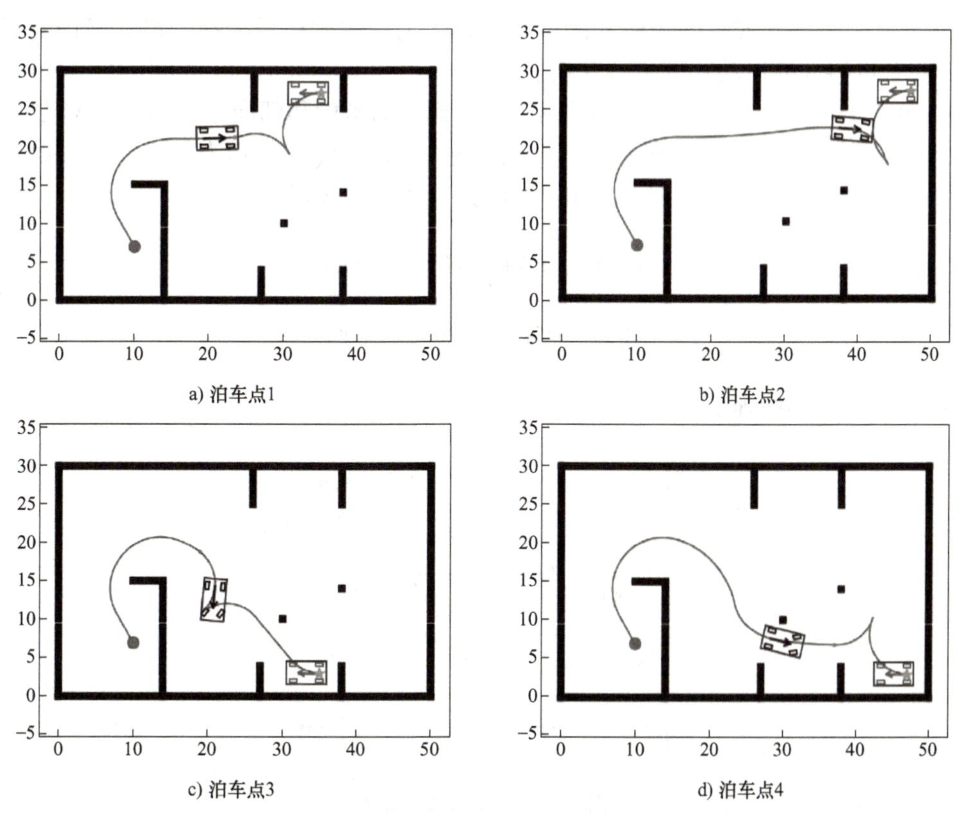

图 6-30　移动机器人小车到不同泊车点的规划结果

实际的移动机器运动规划过程中，Hybrid A* 规划出的全局路径往往可以作为前端，经过后端的局部轨迹优化处理后可以产生更加平滑的运动轨迹。

6.1.4 局部路径规划——动态窗口法（DWA）

在机器人的路径规划算法中，全局路径规划算法一般用于在给定的全局地图条件下，通过搜索或者采样的方式获取全局最优路径。但是全局最优路径在动态的环境中往往需要不断进行修正，增加了时间成本和计算成本，因此一般采用局部路径规划辅助修正的方式来实现机器人高效、安全地运动。局部路径规划算法是结合障碍物信息不断更新的一种方法。6.1.4 节和 6.1.5 节分别主要介绍动态窗口法（DWA）和 TEB（Time Elastic Band）两种经典的局部路径规划算法，这两种算法也已经集成在了 ROS 中，可以直接使用。

1. Dynamic Window Approach 算法概述

Dynamic Window Approach（DWA）即动态窗口法，是一种较为成熟的局部路径规划方法，它能够实现在局部动态和静态环境中的避障，适用于差动式的运动机构。DWA 中采用线速度 v、角速度 ω 为运动机构的控制变量，下面以 (v, ω) 表示控制变量对。其核心思想是通过改变控制变量对，模拟机器人在未来一段时间内的运动轨迹，通过运动轨迹的评价选择最优轨迹进行运动。下面分别介绍运动轨迹建模、控制变量采样空间确定以及优化轨迹的计算等内容。最后分析 DWA 的优点和缺点。

2. 运动轨迹建模

DWA 适用于差动式等同步驱动的运动机构，为了得到机器人在一段时间内的运动轨迹，需要对机器人的运动轨迹进行建模。

设 $x(t)$、$y(t)$、$\theta(t)$ 为系统在世界坐标系 t 时刻下的坐标和朝向角，如图 6-31 所示，记 $x(t_0)$、$x(t_n)$ 分别为初始时刻 t_0 和 t_n 时刻的横坐标，$y(t_0)$、$y(t_n)$ 分别为初始 t_0 和 t_n 时刻的纵坐标，$\theta(t_0)$、$\theta(t_n)$ 分别为初始时刻 t_0 和 t_n 时刻的方位角。则有：

$$
\begin{aligned}
x(t_n) &= x(t_0) + \int_{t_0}^{t_n} v(t)\cos\theta(t)\mathrm{d}t \\
y(t_n) &= y(t_0) + \int_{t_0}^{t_n} v(t)\sin\theta(t)\mathrm{d}t
\end{aligned}
\tag{6-11}
$$

其中 $v(t)$ 为 t 时刻的线速度。

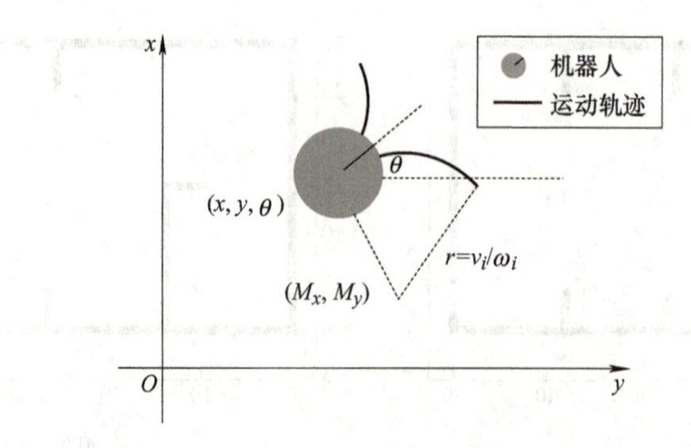

图 6-31 运动轨迹示意图

为了式（6-11）能够在计算机中求解，将其离散化成 n 段在 $[t_i, t_{i+1}]$ 的形式（i=1, 2, …, n−1）：

$$x(t_n)=x(t_0)+\sum_{i=0}^{n-1}\int_{t_i}^{t_{i+1}} v_i\cos(\theta(t_i)+\omega_i(\hat{t}-t_i))\mathrm{d}\hat{t}$$
$$y(t_n)=y(t_0)+\sum_{i=0}^{n-1}\int_{t_i}^{t_{i+1}} v_i\sin(\theta(t_i)+\omega_i(\hat{t}-t_i))\mathrm{d}\hat{t} \tag{6-12}$$

其中 v_i 为 $[t_i, t_{i+1}]$ 区间内的线速度，时间间隔足够小，由于运动平滑性，可以假设 v_i 在该区间内恒定。ω_i 为该区间内的运动角速度，同样假设恒定。对式（6-12）进行积分可以得：

$$x(t_n)=x(t_0)+\sum_{i=0}^{n-1}F_x^i(t_{(i+1)})$$
$$y(t_n)=y(t_0)+\sum_{i=0}^{n-1}F_y^i(t_{(i+1)}) \tag{6-13}$$

其中：

$$F_x^i(t)=\begin{cases}\dfrac{v_i}{\omega_i}(\sin\theta(t_i)-\sin(\theta(t_i)+\omega_i(t-t_i)),\omega_i\neq 0\\ v_i\cos(\theta(t_i))t, \qquad \omega_i=0\end{cases} \tag{6-14}$$

$$F_y^i(t)=\begin{cases}-\dfrac{v_i}{\omega_i}(\cos\theta(t_i)-\cos(\theta(t_i)+\omega_i(t-t_i)),\omega_i\neq 0\\ v_i\cos(\theta(t_i))t, \qquad \omega_i=0\end{cases} \tag{6-15}$$

由上述公式可以得到以下结论：

当 ω_i=0 时，机器人的运动轨迹是一条直线。

当 $\omega_i\neq 0$ 时，机器人的运动轨迹是如图 6-31 所示的圆弧。

可知机器人的运动轨迹只和 (v, ω) 有关：

$$(F_x^i-M_x^i)^2+(F_y^i-M_y^i)^2=\left(\frac{v_i}{\omega_i}\right)^2 \tag{6-16}$$

其中，$M_x^i=-\dfrac{v_i}{\omega_i}\cdot\sin\theta(t_i)$，$M_y^i=\dfrac{v_i}{\omega_i}\cdot\cos\theta(t_i)$。

3. 搜索空间

在之前的讨论中，可知不同的控制变量对 (v, ω) 决定了机器人在未来的一段时间内的运动轨迹，遍历采样空间可以得到一组不同的圆弧。在 $[t_i, t_{i+1}]$ 区间内的满足约束的所有 (v, ω) 即为采样空间，下面也称搜索空间。以下是关于如何确定搜索空间的讨论。

可行的速度空间（Space of Possible Velocities）V_s 表示在机器人运动机构物理性能限制下可到达的最大速度空间：

$$V_s = \{(v,\omega) \mid v \in [v_{\min}, v_{\max}], \omega_i \in [\omega_{\min}, \omega_{\max}]\} \tag{6-17}$$

可容许速度（Admissible Velocities）V_a 是指能够在到达最近障碍物前及时刹车并且停下来的最大速度：

$$V_a = \{(v,\omega) \mid v \leqslant \sqrt{2dist(v,\omega)\dot{v}_b}, \omega \leqslant \sqrt{2dist(v,\omega)\dot{\omega}_b}\} \tag{6-18}$$

其中，$\dot{\omega}$ 表示刹车角加速度；$\dot{v}_b$ 表示刹车加速度；$dist(v, \omega)$ 表示机器人距离最近的障碍物之间的距离。

动态窗口（Dynamic Window）V_d 是指在当前 (v, ω) 下以当前加速度加速或者减速所能到达的搜索空间范围，它能够帮助缩小搜索空间：

$$V_d = \{(v,\omega) \mid v \in [v_a - \dot{v}t, v_a + \dot{v}t], \omega \in [\omega_a - \dot{\omega}t, \omega_a + \dot{\omega}t]\} \tag{6-19}$$

其中，$\dot{\omega}$ 表示刹车角加速度；$\dot{v}$ 表示刹车加速度；t 表示在 $[t_i, t_{i+1}]$ 区间的时间间隔。综上所述，可以得到最终的搜索空间 V_r：

$$V_r = V_s \cap V_a \cap V_d \tag{6-20}$$

4. 优化

在明确了搜索空间之后，机器人需要做的就是遍历整个搜索空间，模拟出所能够到达的轨迹之后，需要对轨迹进行优化（或者说评价），找出最优的轨迹，并按照最优轨迹的控制变量运动。定义以下目标函数，优化轨迹的过程就是从轨迹集合中找到使目标函数最大的一条轨迹：

$$G(v,\omega) = \sigma(\alpha heading(v,\omega) + \beta dist(v,\omega) + \gamma velocity(v,\omega)) \tag{6-21}$$

其中，$heading(v,\omega)$ 是用于衡量机器人朝向和目标角度偏差的函数。设机器人朝向和目标角度的偏差角度即为 φ，如图 6-32 所示。

则目标函数的计算常用：

$$heading(v,\omega) = 180° - \varphi \tag{6-22}$$

当机器人朝向和目标一致时，$\varphi=0$，这时 $heading(v, \omega)$ 有最大值。

$dist(v, \omega)$ 是用于衡量机器人和最近障碍物的远近的函数，其大小代表着避障的性能。机器人和障碍物相对位置示意图如图 6-33 所示。

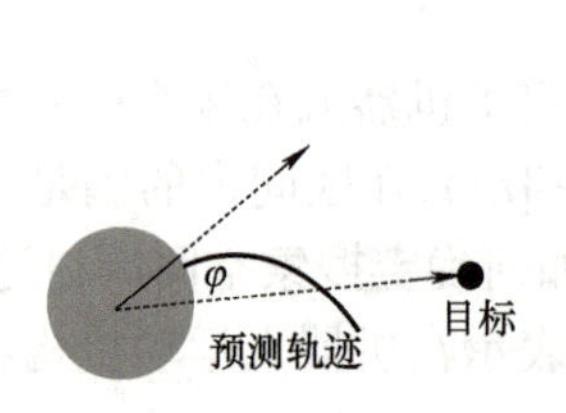

图 6-32　机器人朝向与目标角度偏差示意图

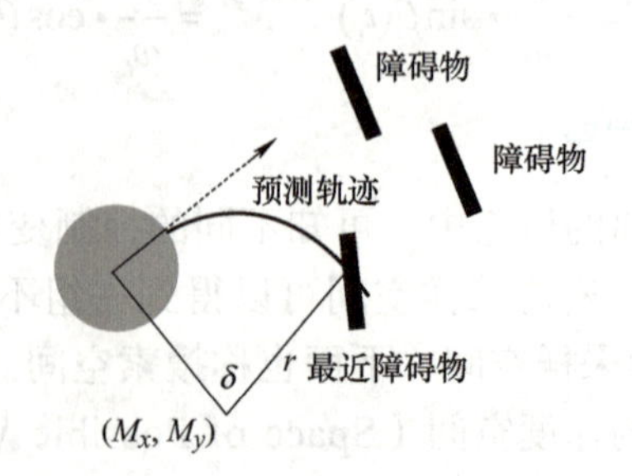

图 6-33　机器人和障碍物相对位置示意图

则该项目标函数的定义：

$$dist(v, \omega) = \delta r \tag{6-23}$$

$dist(v, \omega)$ 的值越大，表示最近障碍物的距离越远，当周围没有障碍物的时候，可以设定一个较大的常数。

$velocity(v, \omega)$ 用于衡量机器人速度和期望速度的差距程度，它是线速度 v 的映射函数。它的值在程序中一般用当前速度和最大速度的差值的导数来计算：

$$velocity(v, \omega) = \frac{1}{|v - v_{max}|} \tag{6-24}$$

其中，α、β、γ 分别为三个目标函数项的权重，σ 为平滑系数。

5. 总结

DWA 在两组不同参数下的路径规划如图 6-34 所示，代码附在文件夹中[1]，也可以在 ROS-WiKi[2]中学习和 ROS 结合的 DWA 路径规划算法。

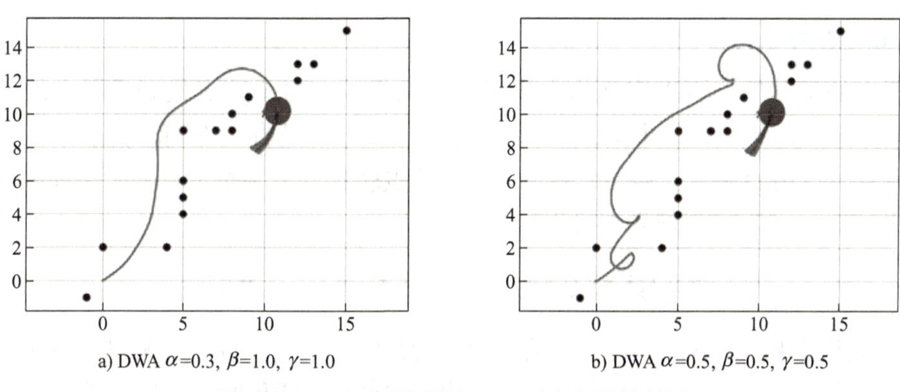

图 6-34　选用不同参数的 DWA 路径规划结果图

DWA 作为比较成熟的局部路径规划算法，具备较好的避障性能，算法简单，可以快速得到下一时刻轨迹的最优解；但是该方法在高动态环境中稳定性较差，这是因为在高度动态环境下无法准确预测动态障碍物的运动轨迹；同时参数的确定尚没有较好的准则，参数对算法的性能影响较大。

6.1.5　局部路径规划——Time Elastic Band（TEB）规划器

1. 概述

Time Elastic Band（下面称 TEB 规划器）同样是一种较为成熟的局部路径规划方法。传统的“Elastic Band”即传统的弹性带方法，是一种考虑障碍物信息和寻找最短路径的局部路径规划方法，它根据距离障碍物和路径点（Way Points）的远近对全局路径输出的初始路径进行调整，被形象地表述为弹性带（Elastic Band）。TEB 规划器在“弹性带”的

[1] https://github.com/AtsushiSakai/PythonRobotics.git。

[2] http://wiki.ros.org。

方法上考虑了时间的约束，目的是找到一条时间上最短、避开障碍物并且尽量靠近路径点的路径。

如图 6-35 所示，TEB 规划器的输入是由全局路径规划器得到的一系列初始路径点以及障碍物信息，输出是最优的 TEB 轨迹，或者最优的控制变量（如果不是用于算法验证而是直接在机器人上加载 TEB 规划器，则输出的是对机器人运动的控制变量）。

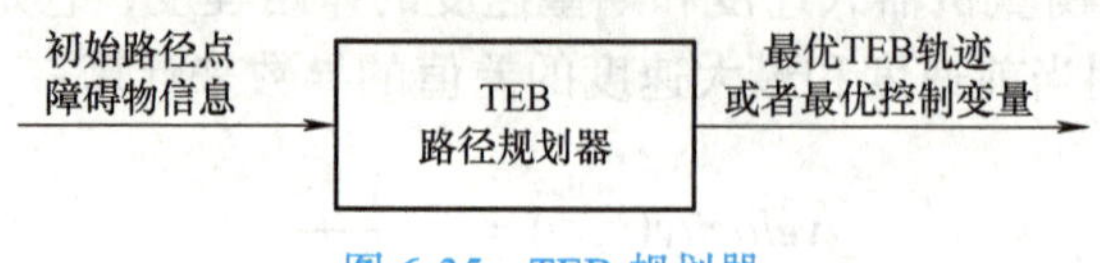

图 6-35　TEB 规划器

在 TEB 规划器内部实现了局部避障以及轨迹优化。TEB 规划器的轨迹优化被建模为一个图优化问题，并且系统矩阵是稀疏矩阵，因此 g2o（图优化框架）可被用于求解，这也使得 TEB 规划器的求解速度大大提升。

下面将给出 TEB 的定义，表述 TEB 问题；讨论图的构建，说明 TEB 如何表述成图优化问题；推导系统矩阵的构建，说明为何能生成稀疏的系统矩阵。

2. TEB 的问题表述

机器人的运动轨迹可以定义为由许多个节点组成，每个节点代表机器人的一个状态 $\boldsymbol{s}_i=(x_i,y_i,\beta_i)^{\mathrm{T}}\in\mathbb{R}^2\times S^1$，其中 x_i、y_i 表示该节点下的机器人位置坐标，β_i 表示机器人的朝向角，所有节点用 Q 表示。令 ΔT_i 表示从一个节点转移到下一个节点的时间间隔，所有时间间隔用 τ 表示。则 TEB 规划器可以描述为

$$\boldsymbol{B}:=(\boldsymbol{Q},\tau),\boldsymbol{Q}=\boldsymbol{s}_{i_{i=0,\dots,n}},n\in\mathrm{N},\tau=\Delta T_{i_{i=0\dots n-1}},n\in\mathrm{N} \tag{6-25}$$

为了找到最优的运动轨迹（这里的最优指的是时间最优，并且能够满足各种约束以及好的避障性能，下文中的最优均是指这个意思），可以把 TEB 问题建模为最优问题：

$$f(\boldsymbol{B})=\sum_{k\in<i,j,k,\cdots>}\gamma_k f_k(\boldsymbol{s}_i,\boldsymbol{s}_j,\boldsymbol{s}_k,\cdots) \tag{6-26}$$

$$\boldsymbol{B}^*=\arg\min_{\boldsymbol{B}} f(\boldsymbol{B}) \tag{6-27}$$

式中，$f_k(\boldsymbol{s}_i,\boldsymbol{s}_j,\boldsymbol{s}_k,\cdots)$ 表示 $\boldsymbol{s}_i,\boldsymbol{s}_j,\boldsymbol{s}_k,\cdots$ 节点（图 6-36）之间的成本函数；γ_k 表示该误差函数的权重；$f(\boldsymbol{B})$ 表示所有节点之间成本之和，即为最小化的目标函数。

下面讨论目标函数式（6-26）中各个子目标函数的计算方式。在 TEB 规划器中，节点间的成本函数的表示含义可以分为两类：其中一类代表节点之间的状态转移是否满足约束条件，越符合约束条件则函数值越小，如速度约束、加速度约束、非完整动力学约束、障碍物和路径点的距离约束，这一

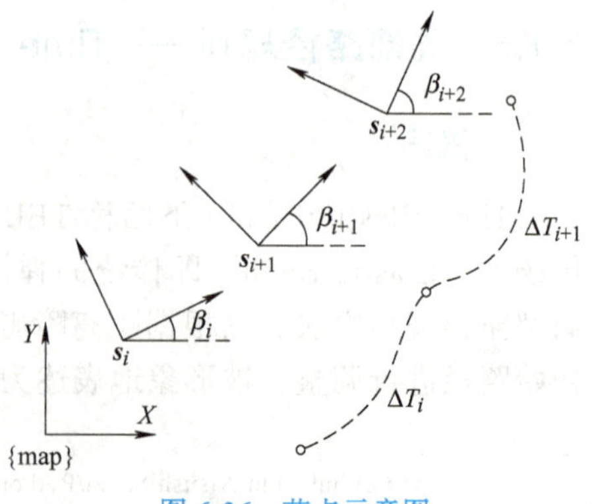

图 6-36　节点示意图

类成本函数由惩罚函数式（6-27）计算；另一类表示节点之间的状态转移和目标状态的接近程度，比如时间上的最优，单一时间间隔越短越好。

$$e_{\Gamma}(x,x_{\mathrm{r}},\varepsilon,S,n)\simeq\begin{cases}\left(\dfrac{x-(x_{\mathrm{r}}-\varepsilon)}{S}\right)^{n} & x>x_{\mathrm{r}}-\varepsilon \\ 0 & \text{其他}\end{cases} \tag{6-28}$$

式中，S、n、 ε 均为参数；x_{r} 为约束的边界。

定义总时间成本函数 f_{time} 的计算如式（6-29），它属于第二类成本函数，总时间越短 TEB 规划器的输出越优，用来衡量时间长短。

$$f_{\mathrm{time}}=\left(\sum_{i=1}^{n}\Delta T_{i}\right)^{2} \tag{6-29}$$

定义时间间隔成本函数：

$$f_{\mathrm{time}}=\Delta T_{i} \tag{6-30}$$

定义路径点成本 f_{path} 和避障成本 f_{ab} 的计算如式（6-31），它属于第一类成本函数，满足约束的条件时函数值为 0，用来描述是否满足路径点距离和障碍物距离的约束。

$$\begin{aligned}f_{\mathrm{path}}&=e_{\Gamma}(d_{\min,j},r_{p_{\max}},\varepsilon,S,n)\\f_{\mathrm{ob}}&=e_{\Gamma}(-d_{\min,j},-r_{o_{\min}},\varepsilon,S,n)\end{aligned} \tag{6-31}$$

式中，$d_{\min,j}$ 表示和当前节点最近的路径点或者障碍物最近的距离；$r_{p_{\max}}$ 表示节点和路径点之间最大距离上界，超出的话将得到惩罚；$r_{o_{\min}}$ 表示节点和最近障碍物之间距离的下界，小于最小距离则得到惩罚。f_{path}、f_{ob} 均为标量。

定义速度、加速度约束的成本函数 f_{vel}、f_{acc} 的计算分别如式（6-32）和式（6-33），用来描述是否符合速度和加速度的约束。

$$f_{\mathrm{vel}}=e_{\mathrm{r}}(\boldsymbol{v}_{i},\boldsymbol{v}_{\max},\varepsilon,S,n) \tag{6-32}$$

$$f_{\mathrm{acc}}=e_{\mathrm{r}}(\boldsymbol{a}_{i},\boldsymbol{a}_{\max},\varepsilon,S,n) \tag{6-33}$$

式中，$\boldsymbol{v}_{i}$ 表示线速度和角速度组成的向量，即 $(v\quad\omega)^{\mathrm{T}}$；$\boldsymbol{a}_{i}$ 表示线速度和角速度组成的向量，即 $(\dot{v}\quad\dot{\omega})^{\mathrm{T}}$：

$$\boldsymbol{v}_{i}=\frac{i}{\Delta T_{i}}\|\boldsymbol{s}_{i+1}-\boldsymbol{s}_{i}\| \tag{6-34}$$

$$\boldsymbol{a}_{i}=\frac{2(\boldsymbol{v}_{i+1}-\boldsymbol{v}_{i})}{\Delta T_{i}+\Delta T_{i+1}} \tag{6-35}$$

非完整运动学约束（Non-Holonomic Kinematics）f_{nh} 的成本函数计算如式（6-36）和式（6-37）所示，它是关于 $\boldsymbol{s}_{i}$、$\boldsymbol{s}_{i+1}$ 的函数，用来衡量是否满足动力学约束。

$$e_{\text{nh}}(\boldsymbol{s}_i,\boldsymbol{s}_{i+1})=\left\|\begin{pmatrix}\cos\beta_i\\ \sin\beta_i\\ 0\end{pmatrix}\times\boldsymbol{d}_{i,i+1}-\boldsymbol{d}_{i,i+1}\times\begin{pmatrix}\cos\beta_{i+1}\\ \sin\beta_{i+1}\\ 0\end{pmatrix}\right\|^2 \tag{6-36}$$

$$f_{\text{nh}}=e_{\Gamma}(e_{\text{nh}},e_{\text{nhbound}},\varepsilon,S,n) \tag{6-37}$$

其中，

$$\boldsymbol{d}_{i,i+1}=\begin{pmatrix}x_{i+1}-x_i\\ y_{i+1}-y_i\\ 0\end{pmatrix} \tag{6-38}$$

如图 6-37 所示，$\boldsymbol{d}_{i,i+1}$ 表示两个节点之间的状态转移向量，式（6-36）表示前后两个节点之间的 θ 的差值，当差值较小时，说明满足非完整运动学约束。式（6-37）则用来计算成本函数，e_{nhbound} 表示误差上界，为标量。

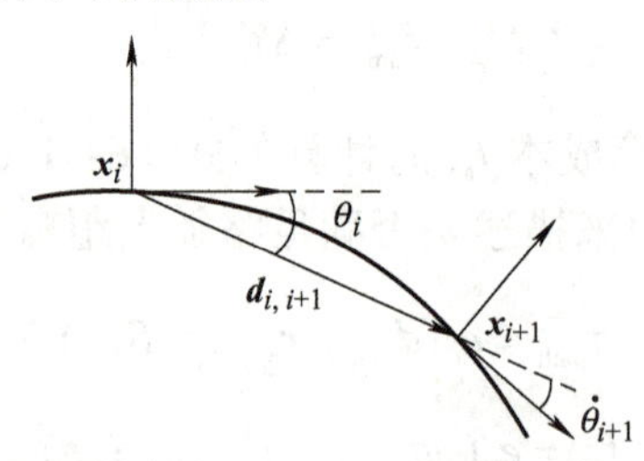

图 6-37　节点示意图

3. 图的构建

为了将 TEB 转化为图优化求解的问题，需要构建出优化图：将成本函数作为图的边，将节点作为图的顶点。根据上一部分的分析，有的成本函数的依赖超过两个节点，超过两个节点的边成为超边（Hyper-Edge），由超边构成的图称为超图（Hyper-Graph）。

根据上述的分析，f_{time} 依赖于 $\Delta T_0\cdots\Delta T_{n-1}$ 个节点，f_{rate} 依赖 ΔT_i 一个节点；f_{path} 和 f_{ob} 依赖 s_i 和障碍物或者路径点两个节点；f_{vel}、f_{acc} 分别依赖于 $(\boldsymbol{s}_i,\ \boldsymbol{s}_{i+1},\ \Delta T_i)$ 三个节点和 $(\boldsymbol{s}_{i\text{-}1},\ \boldsymbol{s}_i,\ \boldsymbol{s}_{i+1},\Delta T_{i-1},\Delta T_i)$ 五个节点；f_{nh} 依赖于 $(\boldsymbol{s}_i,\ \boldsymbol{s}_{i+1})$ 两个节点。不同的边和它们的节点可以表示为形如图 6-38 的超图。利用稀疏的系统矩阵可以定义超图的顶点和边，可以用 g2o 来求解该优化问题。下面将讨论为何会生成稀疏的系统矩阵。

4. 系统矩阵的推导

g2o 是一种用来高效求解具有稀疏的系统矩阵的图优化框架，其基本的优化问题结构为

$$F(\boldsymbol{x})=\sum_{k=\langle i,j\rangle\in\mathcal{C}}\underbrace{\boldsymbol{e}_k(\boldsymbol{x}_i,\boldsymbol{x}_j,\boldsymbol{z}_{ij})^{\mathrm{T}}\boldsymbol{\Omega}_k\boldsymbol{e}_k(\boldsymbol{x}_i,\boldsymbol{x}_j,\boldsymbol{z}_{ij})}_{F_k} \tag{6-39}$$

$$\boldsymbol{x}^*=\min_{\boldsymbol{x}}F(\boldsymbol{x}) \tag{6-40}$$

其中，$\boldsymbol{e}_k(\boldsymbol{x}_i,\ \boldsymbol{x}_j,\ \boldsymbol{z}_{ij})$ 表示节点 $\boldsymbol{x}_i$、$\boldsymbol{x}_j$ 之间的边和约束 $\boldsymbol{z}_{ij}$ 的误差函数，当节点之间边满足约束时，$\boldsymbol{e}_k(\boldsymbol{x}_i,\ \boldsymbol{x}_j,\ \boldsymbol{z}_{ij})=\boldsymbol{0}$，$\boldsymbol{\Omega}_k$ 表示信息矩阵，或者权重矩阵。

通过近似推导，可以将式（6-39）和式（6-40）的非线性优化问题转化为式（6-41）的线性方程求解：

$$\boldsymbol{H}\Delta\boldsymbol{x}^{*}=-\boldsymbol{b} \tag{6-41}$$

其中，$\boldsymbol{H}=\sum\boldsymbol{J}_k^{\mathrm{T}}\boldsymbol{\Omega}_k\boldsymbol{J}_k$，$\boldsymbol{H}$ 为系统矩阵（海森矩阵），$\boldsymbol{J}_k$ 为系统雅克比矩阵，$\boldsymbol{b}=\sum\boldsymbol{e}_k^{\mathrm{T}}\boldsymbol{\Omega}_k\boldsymbol{e}_k$。

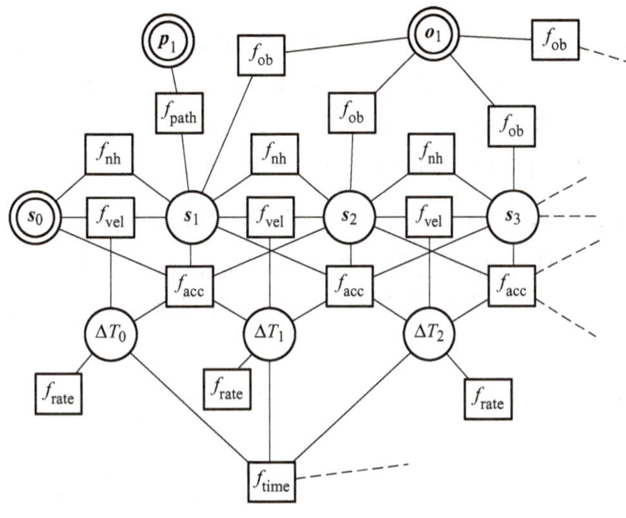

图 6-38　图的构建

5. TEB 系统矩阵的基本形式

这部分将讨论 TEB 系统矩阵的基本形式。式（6-39）～式（6-41）在 TEB 中的具体形式太过复杂，不具体推导，这里主要关注 TEB 中不同边的 $\boldsymbol{H}_k$ 以及整体的 $\boldsymbol{H}$ 的形式。

首先关注一般形式的边及其海森矩阵的形式。设超图中任意的边 $\boldsymbol{f}_k(\boldsymbol{x}_1, \boldsymbol{x}_2,\cdots, \boldsymbol{x}_n)$ 依赖于 n 个顶点 $\boldsymbol{x}_1$、$\boldsymbol{x}_2$、$\cdots$、$\boldsymbol{x}_n$，$\boldsymbol{x}\in\mathbb{R}^m$，则该边的雅克比矩阵 $\boldsymbol{J}_k$ 可以表示成 $m\times n$ 的矩阵：

$$\boldsymbol{J}_k=\begin{pmatrix} J_{11} & J_{12} & \cdots & J_{1n} \\ \vdots & \vdots & \ddots & \vdots \\ J_{m1} & J_{m2} & \cdots & J_{mn} \end{pmatrix} \tag{6-42}$$

信息矩阵 $\boldsymbol{\Omega}$ 可以表示为 $m\times m$ 的对角矩阵：

$$\boldsymbol{\Omega}=\begin{pmatrix} \Omega_{11} & 0 & 0 & 0 \\ 0 & \Omega_{22} & 0 & 0 \\ 0 & 0 & \ddots & 0 \\ 0 & 0 & 0 & \Omega_{mm} \end{pmatrix} \tag{6-43}$$

则该边的海森矩阵可以表示为 $m\times n$ 的形式：

$$\boldsymbol{H}_k=\begin{pmatrix} H_{11} & H_{12} & \cdots & H_{1n} \\ \vdots & \vdots & \ddots & \vdots \\ H_{m1} & H_{m2} & \cdots & H_{mn} \end{pmatrix} \tag{6-44}$$

从图 6-38 以及上述的讨论可知，TEB 规划器所构造的图存在 7 条不同的边，因此存在 7 种不同类型的海森矩阵，分别为：

1）f_{time} 依赖于 $\Delta T_0 \cdots \Delta T_{n-1} n$ 个节点，其海森矩阵 $\boldsymbol{H}_{time}$ 为 $n \times n$ 矩阵。

2）f_{rate} 依赖 ΔT_i 一个节点，其海森矩阵 $\boldsymbol{H}_{rate}$ 为标量。

3）f_{path} 和 f_{ob} 依赖 $\boldsymbol{s}_i$ 和障碍物或者路径点两个节点，其海森矩阵 $\boldsymbol{H}_{path}\boldsymbol{H}_{ob}$ 为 2×2 矩阵。

4）f_{vel} 依赖于 $(s_i, s_{i+1}, \Delta T_i)$ 三个节点，其海森矩阵 $\boldsymbol{H}_{vel}$ 为 3×3 矩阵。

5）f_{acc} 依赖于 $(s_{i-1}, s_i, s_{i+1}, \Delta T_{i-1}, \Delta T_i)$ 五个节点，其海森矩阵 $\boldsymbol{H}_{acc}$ 为 5×5 矩阵。

6）f_{nh} 依赖于 (s_i, s_{i+1}) 两个节点，其海森矩阵 $\boldsymbol{H}_{nh}$ 为 2×2 矩阵。

根据上述分析，不同的边和它们的节点可以表示为形如图 6-38 的超图。

以 $\boldsymbol{x} = (\boldsymbol{s}_0, \boldsymbol{s}_1, \boldsymbol{s}_2, \boldsymbol{s}_3, \boldsymbol{s}_4, \boldsymbol{s}_5, \boldsymbol{s}_6, \boldsymbol{s}_7, \boldsymbol{s}_8, o, p, \Delta T_0, \Delta T_1, \Delta T_2, \Delta T_3, \Delta T_4, \Delta T_5, \Delta T_6, \Delta T_7)$ 的节点构建的系统为例，其系统矩阵的推导过程如图 6-39 所示，每个边对应的 $\boldsymbol{H}_k$ 只与自己依赖的节点有关，从图中可以看出系统矩阵为稀疏矩阵，并且随着节点数量的增多，矩阵会越稀疏。

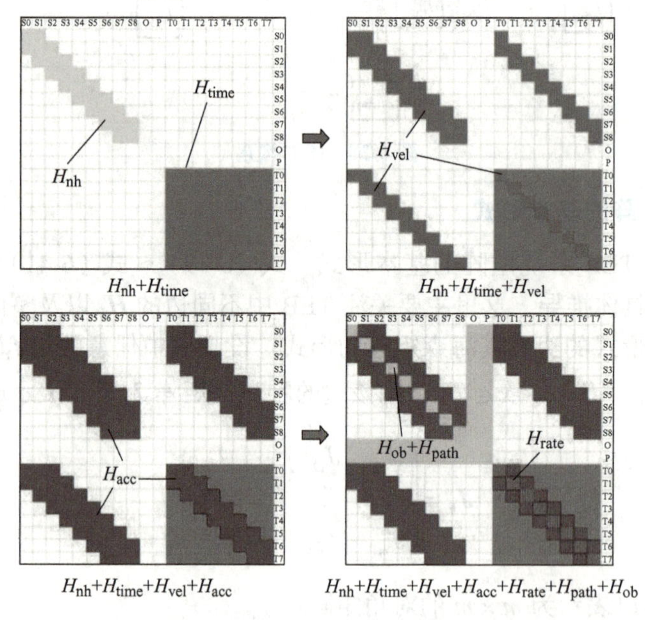

图 6-39　系统矩阵推导过程

上面几部分分别讨论了 TEB 规划器的优化模型建立、各个成本函数的计算、如何把 TEB 表述为图优化问题并且构建了超图、推导了 TEB 系统矩阵的合成，g2o 可以用于高效地求解 TEB，生成一条满足各种约束的路径，本质上是对全局最优路径的一种局部修正， 适用于各种满足非完整运动学约束的运动机构。

即便如此，TEB 规划器仍存在一些问题：当面对规模越来越大的问题时，即使在 g2o 的帮助下，TEB 的运算速度仍然会存在实时性不足的情况；更严重的是，容易陷入局部最优解，如图 6-40 中的 a 所示，在 a 的情况下从起点到终点显然存在更优的路径，这种情况可引入拓扑结构得到解决。

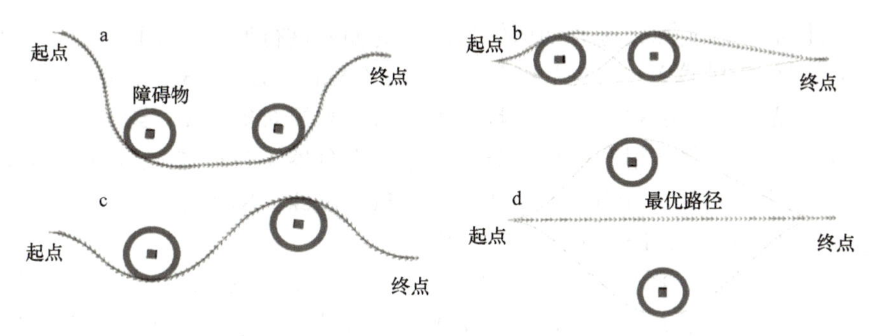

图 6-40　TEB 规划器测试结果

6.2　机器人路径 / 轨迹跟踪控制

6.2.1　路径 / 轨迹跟踪介绍

路径 / 轨迹跟踪控制是指移动机器人在路径 / 轨迹规划基础上，通过所设计的跟踪控制器让移动机器人精确、稳定地沿着预定的路径或轨迹运动。移动机器人的路径跟踪和轨迹跟踪是两个密切相关但又有所区别的概念。

1. 路径跟踪

路径跟踪主要关注的是机器人在二维平面上的移动轨迹，即机器人在环境中从起点到终点的移动路线。它强调的是机器人沿着预定路径的移动能力，而不特别关注速度和加速度的具体变化。路径跟踪控制算法相对简单，主要目的是确保机器人在面对障碍物或其他环境变化时，仍能保持在预定路径上。路径跟踪更多地关注于如何避免碰撞和保持在路径上，而不是精确地复现一个复杂的运动模式。

2. 轨迹跟踪

轨迹跟踪关注的是机器人在二维和三维空间中的运动，不仅包括机器人的移动路径，还包括机器人在移动过程中的速度、加速度以及方向的变化。它要求机器人能够精确地按照预定的轨迹（包括位置、速度和方向的时序变化）进行移动。轨迹跟踪通常涉及更复杂的控制算法，因为它需要考虑机器人的动态行为和多维的运动控制。在轨迹跟踪中，机器人的每个点都有具体的速度和加速度要求，机器人需要在保持这些参数的同时跟踪路径。

总结来说，轨迹跟踪是一个更为复杂的概念，它不仅包括路径跟踪的所有要求，还需要机器人能够按照预定的时间和空间分布来执行复杂的运动。在实际应用中，轨迹跟踪通常用于需要精确控制机器人运动的任务，如工业自动化中的精确装配；而路径跟踪则更多用于需要机器人在环境中自主导航的场景，如无人驾驶车辆和清洁机器人。

移动机器人的路径 / 轨迹跟踪控制算法通常需要考虑机器人的动态特性、环境障碍物以及可能的外部扰动，常见的移动机器人路径 / 轨迹跟踪算法包括 PID 控制算法、自抗扰控制算法、滑模控制算法、神经网络控制算法、模型预测控制算法以及强化学习算法等。

（1）PID 控制算法　比例积分微分（PID）控制是一种经典的控制方法，通过调整比例（P）、积分（I）和微分（D）三个参数来实现对机器人速度和方向的精确控制。PID

控制器能够对机器人的实际轨迹和期望轨迹之间的偏差进行调整，从而实现轨迹跟踪。

（2）自抗扰控制算法　自抗扰控制算法（Active Disturbance Rejection Control，ADRC）是一种无模型的控制方法，它具有不依赖于被控对象模型、综合考虑系统内外扰动的特性，通常由四个部件组合而成，分别是跟踪微分器（TD，Tracking Differentiator）、非线性状态误差反馈（Nonlinear State Error Feedback，NLSEF）、扩展状态观测器（Extended State Observer，ESO）和扰动补偿。

（3）滑模控制算法　滑模控制（Sliding Mode Control，SMC）是一种非线性控制策略，通过在状态空间中定义一个切换面来实现轨迹跟踪。当系统状态达到这个面时，控制输入会发生突变，以保证系统状态跟踪预定轨迹。

（4）神经网络控制算法　神经网络控制算法通过训练神经网络模型来学习轨迹跟踪的控制规律，具有较好的泛化能力和适应性，尤其适用于处理复杂的动态系统。

（5）模型预测控制算法　模型预测控制（Model Predictive Control，MPC）是一种基于模型的控制策略，它通过预测未来轨迹并优化控制输入来实现轨迹跟踪。

（6）强化学习算法　强化学习（Reinforcement Learning，RL）算法允许机器人通过与环境的交互学习最优行为。机器人通过试错来改进其行为，以最大化累积奖励。

6.2.2　无模型控制方法

无模型控制方法是一种仅利用输入输出数据设计控制器的方法，适用于复杂对象无法建立数学模型的情况。该方法在一些假设条件下具有收敛性和稳定性，并在实际应用中得到广泛使用。本节主要介绍两类典型的无模型控制方法，分别是 PID 控制方法和自抗扰控制方法。其中，PID 由于其结构简单、便于设计的优势，自 20 世纪 20 年代以来被广泛应用于工业领域并且取得了突出的成就；自抗扰控制方法继承了 PID 控制的无模型思想，同时克服了 PID 算法在误差选取难、抗扰能力差等方面的缺陷。

1. PID 控制方法

PID 是一种无模型的基于误差的闭环控制方法，其优势在于无须建立复杂精准的模型，仅利用期望控制值与实际控制值的误差，通过比例、积分、微分的数学方法就能够实现稳定和快速的控制效果。一般系统的 PID 控制算法框图如图 6-41 所示。

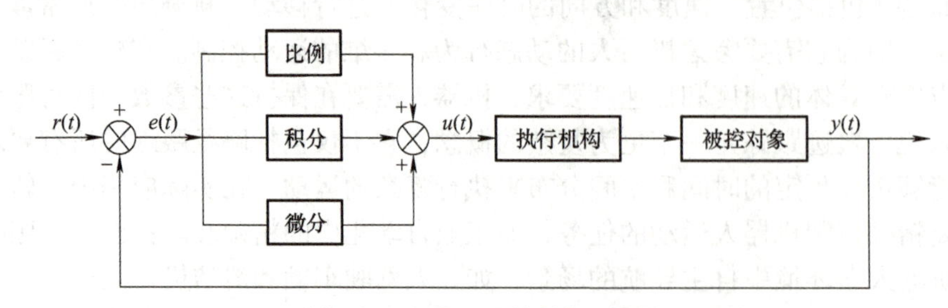

图 6-41　经典 PID 控制算法框图

图中，$e(t)=r(t)-y(t)$ 为控制器的输入，$u(t)$ 为控制器的输出。其算法公式为

$$u(t)=K_{\mathrm{p}}\left[e(t)+\frac{1}{T_{\mathrm{i}}}\int_{0}^{t}e(\tau)\mathrm{d}\tau+T_{\mathrm{d}}\frac{\mathrm{d}e(t)}{\mathrm{d}t}\right] \tag{6-45}$$

上述公式为连续系统中的控制算法，式中，K_p 是比例系数，对应参数 P，T_i 是积分时间常数，对应参数 I，T_d 是微分时间常数，对应参数 D。对于机器人运动控制而言，无论是仿真测试还是实物实验，被控对象都是离散的控制系统。因此，有必要将连续的 PID 算法离散化，离散的 PID 控制方法可以分为位置式算法和增量式算法，下面分别给出这两种算法的计算方式。

位置式 PID 根据当前系统的实际位置与预期位置的偏差进行控制，计算公式如下：

$$u(k)=K_p e(k)+K_I\sum_{i=0} e(i)+K_D[e(k)-e(k-1)] \tag{6-46}$$

式中，$e(k)$ 是当前误差，$e(k-1)$ 是上一次的误差。值得注意的是，对于位置式 PID，由于积分项是从初始时刻开始不断累积的，因此极易导致在后续控制过程中，积分项的值累加过大，导致系统出现振荡。因此，有必要在接近稳态时进行积分饱和的限制。

增量式 PID 与位置式 PID 相比，主要的区别在于其控制量的计算是根据近几次位置误差的增量，而不是对应于实际位置的偏差，其最大的优点在于没有误差累积的缺陷，计算公式如下：

$$\begin{aligned}\Delta u(k)&=u(k)-u(k-1)\\&=K_p[e(k)-e(k-1)]+K_I e(k)+K_D[e(k)-2e(k-1)+e(k-2)]\end{aligned} \tag{6-47}$$

可以看到，增量式 PID 中不需要累加积分项。控制增量 $\Delta u(k)$ 的确定仅与最近 3 次的采样值有关，容易通过加权处理获得比较好的控制效果，并且在系统发生问题时，增量式 PID 不会严重影响系统的工作。

综上，可以总结两种 PID 计算方法的优缺点。位置式 PID 的优点在于它是一种非递推式的算法，可以直接作用于被控对象，输入值与反馈的实际位置一一对应，能够在不带积分部件的被控对象中得到很好的应用，其缺点在于每次输出都与历史的状态有关，容易出现积分项过大导致系统振荡的情况，需要添加积分饱和限制。增量式 PID 方法的优点是可以使用逻辑判断的方法去掉出错数据，算式中不存在累加项，无需积分饱和限制；缺点在于积分阶段效应大，存在一定的稳态误差。在实际应用过程中，应该针对被控对象的系统特性妥善选择位置式或增量式 PID 控制方法，以期达到最佳的控制效果。

2. 自抗扰控制方法

自抗扰控制（ADRC）技术是深入认识经典控制理论与现代控制理论各自优缺点，大量运用计算机数字仿真进行探索和改进而发展出来的。大量的数字仿真研究和现场应用实践表明，由于自抗扰控制器完全独立于被控对象的具体数学模型，对被控对象进行大致描述的近似模型再加一些极端形式扰动的模型来代表被控对象，进行计算机数字仿真实验所得的结果，完全可以直接应用于实际对象上。从这种观点看，把计算机作为数字仿真实验平台来进行控制系统的实验研究是完全可以的。另外，计算机仿真技术已发展到很高的水平，以很高的逼真度来模仿许多实际系统行为。实际上，以这种仿真系统作为平台来进行控制系统的实验研究已经在控制工程界得以实现。

自抗扰控制器由四个部件组合而成，分别是跟踪微分器（TD）、非线性状态误差反馈（NLSEF）、扩张状态观测器（ESO）、扰动补偿，如图 6-42 所示。

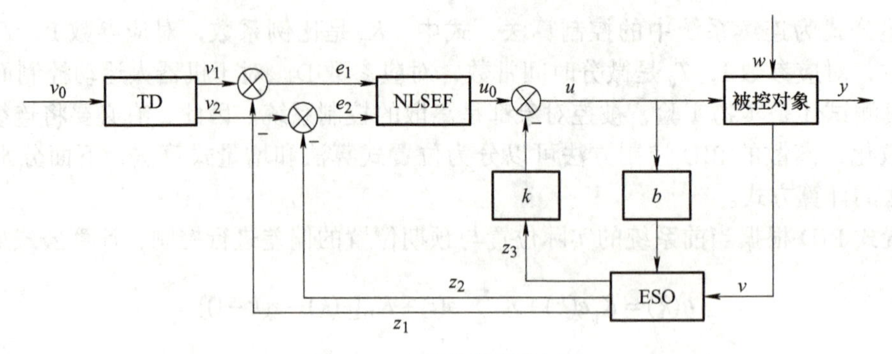

图 6-42　自抗扰控制器框图

跟踪微分器的作用是根据控制目标和对象承受能力安排合适的过渡过程，且能合理地提取微分信号，传统的微分提取形式噪声放大效应很严重，而跟踪微分器以两个惯性环节输出之差来实现微分功能，能够降低噪声的放大效应；由跟踪微分器可以产生过渡过程的误差信号 e_1 和误差的微分信号 e_2，从而生成误差的积分信号 e_0，PID 控制器只是把这三者进行线性的组合，然而这种线性的组合不一定最好，大量仿真研究表明，采用三者的适当非线性组合效果更好，通常采用的非线性组合有如下两种形式：

$$u=k_0\text{fal}(e_0,a_0,\delta)+k_1\text{fal}(e_1,a_1,\delta)+k_2\text{fal}(e_2,a_2,\delta) \tag{6-48}$$

$$u=k_0e_0+\text{fhan}(e_1,c*e_2,r,h) \tag{6-49}$$

其中：

$$\text{fal}(x,a,\delta)=\begin{cases}\dfrac{x}{\delta^{(1-a)}} & |x|\leqslant\delta\\ \text{sign}(x)|x|^a & |x|>\delta\end{cases} \tag{6-50}$$

$$\text{fhan}(x_1,x_2,r,h)\begin{cases}d=rh^2,a_0=hx_2\\ y=x_1+a_0\\ a_1=\sqrt{d(d+8|y|)}\\ a_2=a_0+\text{sign}(y)(a_1-d)/2\\ S_y=[\text{sign}(y+d)-\text{sign}(y-d)]/2\\ a=(a_0+y-a_2)S_y+a_2\\ S_a=[\text{sign}(a+d)-\text{sign}(a-d)]/2\\ \text{fhan}=-r[a/d-\text{sign}(a)]S_a-r\text{sign}(a)\end{cases} \tag{6-51}$$

扩张状态观测器的作用是对系统中的状态进行观测，同时估计出扰动量，并在扰动补偿环节进行补偿，扩张状态观测器是自抗扰控制技术的核心，能够对各种扰动（包括建模、未建模动态和外部扰动）的总扰动进行观测估计，有了这个总扰动的估计，整个控制问题就变成了简单的误差反馈问题了。

为了便于读者理解和实际操作，这里给出 MATLAB 软件下设计 ADRC 控制器的示例流程。控制对象为模拟电动机，控制目标是使得电动机转速跟踪一个给定的正弦信号，可以利用 Simulink 插件设计控制过程，如图 6-43 所示。

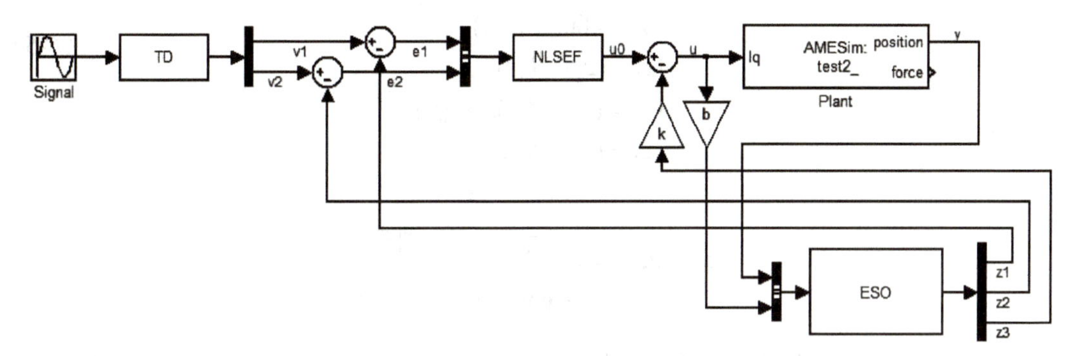

图 6-43　自抗扰控制器的 Simulink 框图

图中被控对象（Plant）为电动机模型，其模型建立在 AMESim 软件里，与 MATLAB 进行联合仿真，电动机模型如图 6-44 所示。

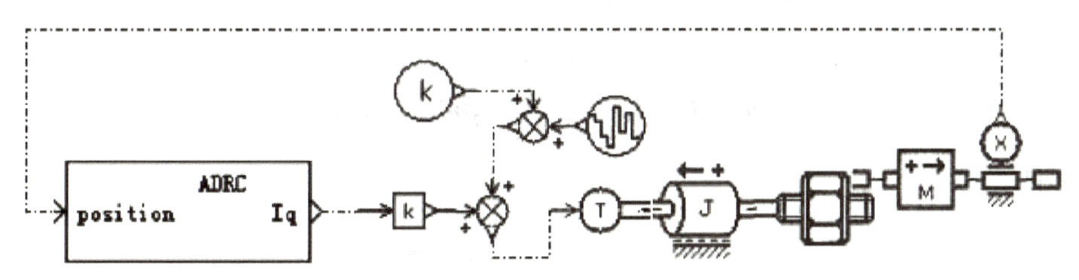

图 6-44　AMESim 软件建模的电动机模型

首先需要设计跟踪微分器（TD）：

$$\begin{cases}\dot{v}_1 = v_2 \\ \dot{v}_2 = \text{fhan}(v_1 - v, v_2, r_0, h)\end{cases} \tag{6-52}$$

$$\text{fhan}(x_1, x_2, r, h)\begin{cases}d = rh^2, a_0 = hx_2 \\ y = x_1 + a_0 \\ a_1 = \sqrt{d(d + 8|y|)} \\ a_2 = a_0 + \text{sign}(y)(a_1 - d)/2 \\ S_y = (\text{sign}(y + d) - \text{sign}(y - d))/2 \\ a = (a_0 + y - a_2)S_y + a_2 \\ S_a = (\text{sign}(a + d) - \text{sign}(a - d))/2 \\ \text{fhan} = -r(a/d - \text{sign}(a))S_a - r\text{sign}(a)\end{cases} \tag{6-53}$$

式中，v_1 为给定信号的过渡信号；v_2 为过渡过程的微分信号；r_0、h 为待调整参数。

然后设计扩张状态观测器（ESO）：

$$\begin{cases} e = z_1 - y \\ fe_1 = \text{fal}(e, \alpha_1, h) \\ fe_2 = \text{fal}(e, \alpha_2, h) \\ \dot{z}_1 = (z_2 - \beta_{01} e) \\ \dot{z}_2 = (z_3 - \beta_{02} fe_1 + b_0 u) \\ \dot{z}_3 = (-\beta_{03} fe_2) \end{cases} \tag{6-54}$$

$$\text{fal}(x, a, \delta) = \begin{cases} \dfrac{x}{\delta^{(1-a)}} & |x| \leqslant \delta \\ \text{sign}(x)|x|^a & |x| > \delta \end{cases} \tag{6-55}$$

式中，y 为反馈量；z_1 为对给定的估计值；z_2 为对给定微分的估计值；z_3 则为扩张状态观测器对整个系统的外扰动和模型不确定性的估计；α_1、α_2、β_{01}、β_{02}、β_{03}、b_0 为待调整参数，一般来说 α_1 可以取值为 0.5，α_2 可以取值为 0.25。

接下来是进行非线性的组合，可以采用

$$\begin{cases} e_1 = v_1 - z_1, e_2 = v_2 - z_2 \\ u_0 = k_1 \text{fal}(e_1, a_1, \delta_2) + k_2 \text{fal}(e_2, a_2, \delta_2) \end{cases} \tag{6-56}$$

或者是

$$\begin{cases} e_1 = v_1 - z_1, e_2 = v_2 - z_2 \\ u_0 = \text{fhan}(e_1, ce_2, r, h_1) \end{cases} \tag{6-57}$$

式中，k_1、k_2、a_1、a_2、δ_2 为待调整参数，以及 c、r、h_1 也为待调整参数。

最后进行扰动补偿：

$$u = u_0 - b_0 * z_3 \tag{6-58}$$

式中，u_0 为 NLSEF 环节的输出量；u 为补偿扰动 z_3 后的输出量；b_0 为待调整参数。

对应的 MATLAB 中的功能函数分别如下。

1）跟踪微分器。

```
function sys=mdlUpdate(t, x, u, r0, h)
    e=x(1)-u;
    sys(1)=x(1)+0.001*x(2);
    sys(2)=x (2) +0.001*fhan (e, x (2), r0, h);
```

参数配置如图 6-45 所示。

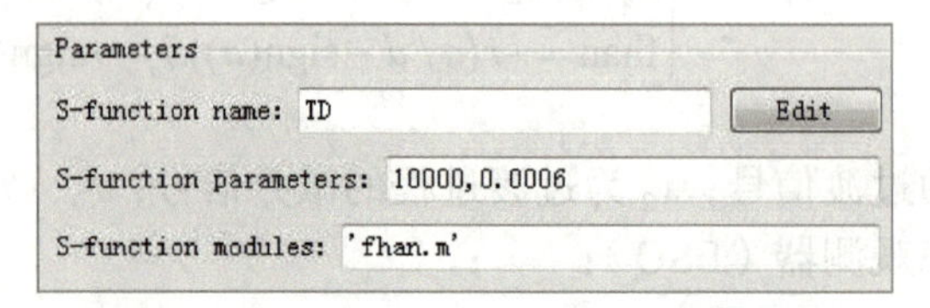

图 6-45 跟踪微分器（TD）的参数配置

第一个参数为 r_0=10000，第二个参数为 h=0.0006。

2）扩展状态观测器。

```
function sys=mdlUpdate(t, x, u, a1, a2, d, b01, b02, b03, b0)
    e=x(1)-u(1);
    sys(1)=x(1)+0.001*(x(2)-b01*e);
    sys(2)=x(2)+0.001*(x(3)-b02*fal(e, a1, d)+b0*u(2));
    sys(3)=x(3)-0.001*b03*fal(e, a2, d);
```

参数配置如图 6-46 所示。

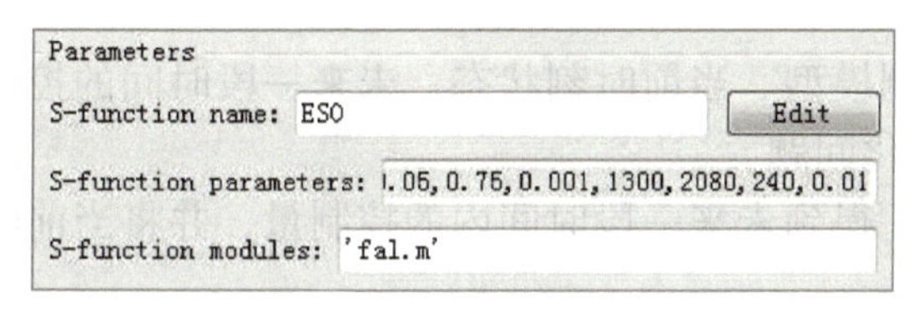

图 6-46　扩展状态观测器 ESO 的参数配置

参数配置分别为 α_1=0.05、α_2=0.75、β_{01}=1300、β_{02}=2080、β_{03}=240、b_0=0.01。

3）非线性状态误差反馈。

```
function sys=mdlUpdate(t, x, u, k1, k2, a1, a2, h2)
  sys=k1*fal(u(1), a1, h2)+k2*fal(u(2), a2, h2);
```

这里选择的非线性组合是：$\begin{cases} e_1 = v_1 - z_1, e_2 = v_2 - z_2 \\ u_0 = k_1\text{fal}(e_1, a_1, \delta_2) + k_2\text{fal}(e_2, a_2, \delta_2) \end{cases}$

参数配置如图 6-47 所示，分别为 k_1=30、k_2=10、a_1=0.25、a_2=0.95、δ_2=0.001。

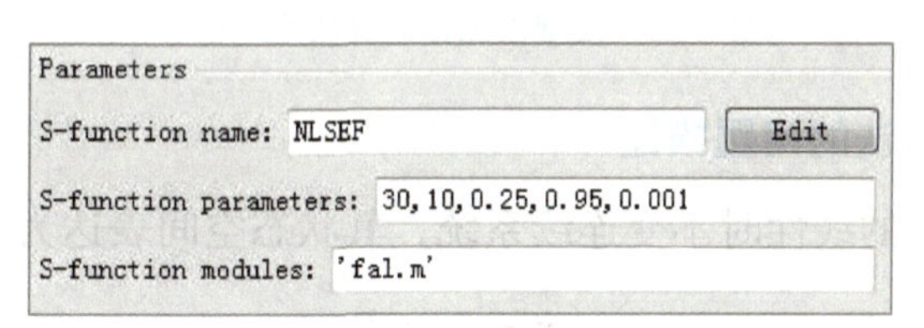

图 6-47　非线性组合 NLSEF 的参数配置

4）扰动补偿。扰动补偿即为 ESO 估计出的 z_3 反馈到输出量上，反馈增益为参数 b_0，这里取 b_0=1，即图 6-43 Simulink 仿真中的增益 k 取 1，b 取 200。

6.2.3　模型预测控制算法

本节以三轮全向轮机器人的轨迹跟踪问题为例，介绍模型预测控制算法的基础知识和设计思路，主要分为模型预测控制的基本概念介绍、模型预测控制算法的问题描述、基于模型预测控制的轨迹跟踪控制算法三个部分。

1. 模型预测控制的基本概念介绍

模型预测控制（Model Predictive Control，MPC）是一种基于先验知识的预测模型与系统反馈信息的优化控制算法。其中预测模型是模型预测控制的基础，通常能根据被控对象的状态量和控制量预测系统的未来输出；反馈信息通常可直接或间接地获取被控对象当前时刻的状态量，并利用实时信息更新预测模型和控制量。模型预测控制算法区别于最优控制的最大特点是滚动优化，滚动优化中预测模型会计算未来一段时间内的状态，通过使开发者设计的优化目标函数最小化来获得未来一段时间内的控制量，这个过程在模型预测控制中是在线反复进行的。

模型预测控制算法的原理框图如图 6-48 所示，算法主要包含下述三个步骤。

1）根据反馈信息估计或测量读取系统的当前时刻状态，并将系统的当前时刻状态输入至预测模型。

2）根据系统的预测模型、当前时刻状态、未来一段时间的控制量、约束条件、优化目标函数等要素构建优化问题。

3）求解优化问题，得到未来一段时间内的控制量，并将当前时刻的控制量作为被控对象的输入。

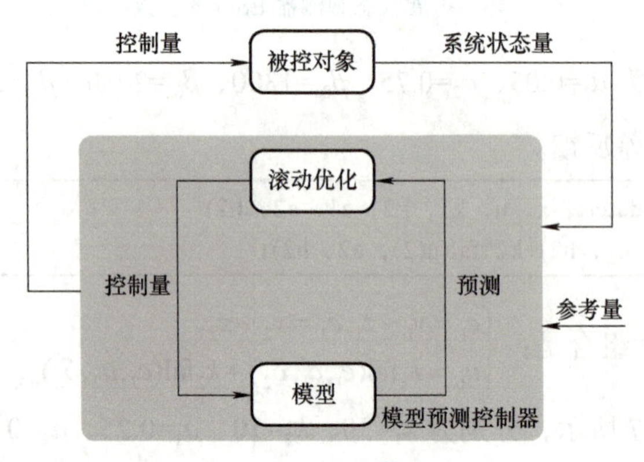

图 6-48　模型预测控制算法原理框图

2. 模型预测控制算法的问题描述

首先考虑一个简单的线性时不变连续系统，其状态空间表达为

$$\begin{cases}\dot{\boldsymbol{x}}=\boldsymbol{A}\boldsymbol{x}+\boldsymbol{B}\boldsymbol{u}\\ \boldsymbol{y}=\boldsymbol{C}\boldsymbol{x}\end{cases} \tag{6-59}$$

式中，$\boldsymbol{x}$ 为系统的状态量向量，其维度为 n；$\boldsymbol{y}$ 为系统的输出量向量，其维度为 n；$\boldsymbol{u}$ 为系统的控制量向量，其维度为 r；$\boldsymbol{A}$ 为系统矩阵，其维度为 $n\times n$；$\boldsymbol{B}$ 为输入矩阵，其维度为 $n\times r$；$\boldsymbol{C}$ 为输出矩阵，其维度为 $m\times n$。

采用前向欧拉法将状态方程离散化，得：

$$\begin{cases}\boldsymbol{x}(k+1)=(\boldsymbol{A}T+\boldsymbol{I})\boldsymbol{x}(k)+\boldsymbol{B}T\boldsymbol{u}(k)\\ \boldsymbol{y}(k)=\boldsymbol{C}\boldsymbol{x}(k)\end{cases} \tag{6-60}$$

式中，k 为当前采样时刻，k+1 为下一采样时刻，T 为采样时间，$\boldsymbol{I}$ 为单位矩阵，其维度为 $n\times n$。为便于表达，记：

$$\begin{cases} \bar{\boldsymbol{A}} = \boldsymbol{A}T + \boldsymbol{I} \\ \bar{\boldsymbol{B}} = \boldsymbol{B}T \end{cases} \tag{6-61}$$

则有：

$$\begin{cases} \boldsymbol{x}(k+1) = \bar{\boldsymbol{A}}\boldsymbol{x}(k) + \bar{\boldsymbol{B}}\boldsymbol{u}(k) \\ \boldsymbol{y}(k) = \boldsymbol{C}\boldsymbol{x}(k) \end{cases} \tag{6-62}$$

模型预测控制算法的特点之一在于需要对未来一段时间内的系统状态进行预测，再根据滚动优化求解未来一段时间内的控制量，记预测时域的步数为 N_p。根据预测模型，可以得到如下预测序列：

$$\begin{aligned} \boldsymbol{x}(k+1 \mid k) &= \bar{\boldsymbol{A}}\boldsymbol{x}(k) + \bar{\boldsymbol{B}}\boldsymbol{u}(k \mid k) \\ \boldsymbol{x}(k+2 \mid k) &= \bar{\boldsymbol{A}}\boldsymbol{x}(k+1 \mid k) + \bar{\boldsymbol{B}}\boldsymbol{u}(k+1 \mid k) \\ &= \bar{\boldsymbol{A}}^2\boldsymbol{x}(k) + \bar{\boldsymbol{A}}\bar{\boldsymbol{B}}\boldsymbol{u}(k \mid k) + \bar{\boldsymbol{B}}\boldsymbol{u}(k+1 \mid k) \\ \boldsymbol{x}(k+3 \mid k) &= \bar{\boldsymbol{A}}\boldsymbol{x}(k+2 \mid k) + \bar{\boldsymbol{B}}\boldsymbol{u}(k+2 \mid k) \\ &= \bar{\boldsymbol{A}}^3\boldsymbol{x}(k) + \bar{\boldsymbol{A}}^2\bar{\boldsymbol{B}}\boldsymbol{u}(k \mid k) + \bar{\boldsymbol{A}}\bar{\boldsymbol{B}}\boldsymbol{u}(k+1 \mid k) + \bar{\boldsymbol{B}}\boldsymbol{u}(k+2 \mid k) \\ &\vdots \\ \boldsymbol{x}(k+N_p \mid k) &= \bar{\boldsymbol{A}}^{N_p}\boldsymbol{x}(k) + \sum_{i=0}^{N_p-1} \bar{\boldsymbol{A}}^{N_p-1-i}\bar{\boldsymbol{B}}\boldsymbol{u}(k+i \mid k) \end{aligned} \tag{6-63}$$

整理为矩阵形式，可得：

$$\begin{cases} \boldsymbol{X}_k = \boldsymbol{\Psi}\boldsymbol{x}(k) + \boldsymbol{\Theta}\boldsymbol{U}_k \\ \boldsymbol{Y}_k = \bar{\boldsymbol{C}}\boldsymbol{X}_k \end{cases} \tag{6-64}$$

其中：

$$\boldsymbol{X}_k = (\boldsymbol{x}(k+1 \mid k)^{\mathrm{T}} \quad \boldsymbol{x}(k+2 \mid k)^{\mathrm{T}} \quad \cdots \quad \boldsymbol{x}(k+N_p \mid k)^{\mathrm{T}})^{\mathrm{T}} \tag{6-65}$$

$$\boldsymbol{U}_k = (\boldsymbol{u}(k \mid k)^{\mathrm{T}} \quad \boldsymbol{u}(k+1 \mid k)^{\mathrm{T}} \quad \cdots \quad \boldsymbol{u}(k+N_p-1 \mid k)^{\mathrm{T}})^{\mathrm{T}} \tag{6-66}$$

$$\boldsymbol{Y}_k = (\boldsymbol{y}(k+1 \mid k)^{\mathrm{T}} \quad \boldsymbol{y}(k+2 \mid k)^{\mathrm{T}} \quad \cdots \quad \boldsymbol{y}(k+N_p \mid k)^{\mathrm{T}})^{\mathrm{T}} \tag{6-67}$$

$$\boldsymbol{\Psi} = \left(\bar{\boldsymbol{A}}^{\mathrm{T}} \quad \bar{\boldsymbol{A}}^{2^{\mathrm{T}}} \quad \cdots \quad \bar{\boldsymbol{A}}^{N_p^{\mathrm{T}}}\right)^{\mathrm{T}} \tag{6-68}$$

$$\boldsymbol{\Theta} = \begin{pmatrix} \bar{\boldsymbol{B}} & \cdots & 0 & 0 \\ \bar{\boldsymbol{A}}\bar{\boldsymbol{B}} & \bar{\boldsymbol{B}} & \cdots & 0 \\ \vdots & \vdots & & \vdots \\ \bar{\boldsymbol{A}}^{N_p-1}\bar{\boldsymbol{B}} & \bar{\boldsymbol{A}}^{N_p-2}\bar{\boldsymbol{B}} & \cdots & \bar{\boldsymbol{B}} \end{pmatrix} \tag{6-69}$$

$$\bar{\boldsymbol{C}}=\begin{pmatrix}\boldsymbol{C} & \cdots & 0 & 0\\ 0 & \boldsymbol{C} & \cdots & 0\\ \vdots & \vdots & & \vdots\\ 0 & 0 & \cdots & \boldsymbol{C}\end{pmatrix} \tag{6-70}$$

为寻找最佳的控制量 $\boldsymbol{U}_k$，使得预测时域内的输出量与参考值尽可能接近，可使用预测输出量与参考值之间的累计误差定义一个简单的优化目标函数：

$$\begin{aligned}J(\boldsymbol{x}(k),\boldsymbol{U}(k))&=\sum_{i=1}^{N_p}(\boldsymbol{Y}(k+i\mid k)-\boldsymbol{Y}_{ref}(k+i))^{\mathrm{T}}\boldsymbol{Q}(\boldsymbol{Y}(k+i\mid k)-\boldsymbol{Y}_{ref}(k+i))\\&=\sum_{i=1}^{N_p}\left\|\boldsymbol{Y}(k+i\mid k)-\boldsymbol{Y}_{ref}(k+i)\right\|_{\boldsymbol{Q}}^2\end{aligned} \tag{6-71}$$

式中，N_p 为预测时域的步数；$\boldsymbol{Y}(k+i\mid k)$ 是在第 k 步预测的第 $k+i$ 步的系统输出；$\boldsymbol{Y}_{ref}(k+i)$ 是系统在第 $k+i$ 步的参考输出，对于上述二者而言，$i=1$、2、…、N_p。

目标函数中的第一项为预测时域内输出量误差的二范数之和，该项将轨迹跟踪精度纳入目标函数考虑，当跟踪误差增大时，目标函数也随之增大，$\boldsymbol{Q}$ 为该项的权重矩阵，其维度为 $(nN_p)\times(nN_p)$。此时优化问题可描述为

$$\begin{gathered}\min_{\boldsymbol{U}_k}J(\boldsymbol{x}(k),\boldsymbol{U}(k))\\ \text{s.t.}\\ \boldsymbol{u}_{\min}\leqslant\boldsymbol{u}(k+i\mid k)\leqslant\boldsymbol{u}_{\max},i=0,1,2,\cdots,N_p-1\end{gathered} \tag{6-72}$$

为解决该优化问题，通常将上述问题转化为二次规划问题，可对 $J(\boldsymbol{x}(k),\ \boldsymbol{U}(k))$ 展开并化简：

$$\begin{aligned}J(\boldsymbol{x}(k),\boldsymbol{U}(k))&=(\boldsymbol{Y}(k+i\mid k)-\boldsymbol{Y}_{ref}(k+i))^{\mathrm{T}}\boldsymbol{Q}(\boldsymbol{Y}(k+i\mid k)-\boldsymbol{Y}_{ref}(k+i))\\&=(\bar{\boldsymbol{C}}\boldsymbol{\Psi}\boldsymbol{x}(k)+\bar{\boldsymbol{C}}\boldsymbol{\Theta}\boldsymbol{U}_k-\boldsymbol{Y}_{ref})^{\mathrm{T}}\boldsymbol{Q}(\bar{\boldsymbol{C}}\boldsymbol{\Psi}\boldsymbol{x}(k)+\bar{\boldsymbol{C}}\boldsymbol{\Theta}\boldsymbol{U}_k-\boldsymbol{Y}_{ref})\\&=(\bar{\boldsymbol{C}}\boldsymbol{\Psi}\boldsymbol{x}(k)-\boldsymbol{Y}_{ref})^{\mathrm{T}}\boldsymbol{Q}(\bar{\boldsymbol{C}}\boldsymbol{\Psi}\boldsymbol{x}(k)-\boldsymbol{Y}_{ref})+(\bar{\boldsymbol{C}}\boldsymbol{\Theta}\boldsymbol{U}_k)^{\mathrm{T}}\boldsymbol{Q}(\bar{\boldsymbol{C}}\boldsymbol{\Theta}\boldsymbol{U}_k)+\\&\quad 2(\bar{\boldsymbol{C}}\boldsymbol{\Psi}\boldsymbol{x}(k)-\boldsymbol{Y}_{ref})^{\mathrm{T}}\boldsymbol{Q}(\bar{\boldsymbol{C}}\boldsymbol{\Theta}\boldsymbol{U}_k)\\&=\boldsymbol{U}_k^{\mathrm{T}}(\boldsymbol{\Theta}^{\mathrm{T}}\bar{\boldsymbol{C}}^{\mathrm{T}}\boldsymbol{Q}\bar{\boldsymbol{C}}\boldsymbol{\Theta})\boldsymbol{U}_k+(2(\bar{\boldsymbol{C}}\boldsymbol{\Psi}\boldsymbol{x}(k)-\boldsymbol{Y}_{ref})^{\mathrm{T}}\boldsymbol{Q}(\bar{\boldsymbol{C}}\boldsymbol{\Theta}))\boldsymbol{U}_k+\\&\quad(\bar{\boldsymbol{C}}\boldsymbol{\Psi}\boldsymbol{x}(k)-\boldsymbol{Y}_{ref})^{\mathrm{T}}\boldsymbol{Q}(\bar{\boldsymbol{C}}\boldsymbol{\Psi}\boldsymbol{x}(k)-\boldsymbol{Y}_{ref})\end{aligned} \tag{6-73}$$

式中，$(\bar{\boldsymbol{C}}\boldsymbol{\Psi}\boldsymbol{x}(k)-\boldsymbol{Y}_{ref})^{\mathrm{T}}\boldsymbol{Q}(\bar{\boldsymbol{C}}\boldsymbol{\Psi}\boldsymbol{x}(k)-\boldsymbol{Y}_{ref})$ 项只与当前时刻状态及参考输出有关，与控制量无关，在每一次的优化问题中不影响目标函数 J 取得最小值时 $\boldsymbol{U}_k$ 的取值，因此可将上述问题转化为一个标准二次型规划问题：

$$\begin{gathered}\min_{\boldsymbol{U}_k}\frac{1}{2}\boldsymbol{U}_k^{\mathrm{T}}\boldsymbol{H}\boldsymbol{U}_k+\boldsymbol{g}^{\mathrm{T}}\boldsymbol{U}_k\\ \text{s.t.}\\ \boldsymbol{u}_{\min}\leqslant\boldsymbol{u}(k+i\mid k)\leqslant\boldsymbol{u}_{\max},i=0,1,2,\cdots,N_p-1\end{gathered} \tag{6-74}$$

其中：

$$
\begin{aligned}
\boldsymbol{H} &= \boldsymbol{\Theta}^{\mathrm{T}}\bar{\boldsymbol{C}}^{\mathrm{T}}\boldsymbol{Q}\bar{\boldsymbol{C}}\boldsymbol{\Theta} \\
\boldsymbol{g}^{\mathrm{T}} &= (\bar{\boldsymbol{C}}\boldsymbol{\Psi}\boldsymbol{x}(k)-\boldsymbol{Y}_{ref})^{\mathrm{T}}\boldsymbol{Q}(\bar{\boldsymbol{C}}\boldsymbol{\Theta})
\end{aligned} \tag{6-75}
$$

针对上述二次规划问题，可以使用 MATLAB 提供的 QP 求解器 quadprog 求解，得到预测时域内的控制量序列 $\boldsymbol{U}_k$，并将 $\boldsymbol{U}_k$ 的第一个元素 $\boldsymbol{u}(k \mid k)$ 提取出来，作为本控制周期的控制量。

3. 基于模型预测控制的轨迹跟踪控制算法

这里将以三轮全向轮机器人为例，介绍一种基于模型预测控制的轨迹跟踪算法。图 6-49 是一种三轮全向轮全向移动机器人平台的示意图，该系统的三个全向轮的轮轴夹角各为 $\phi = 2\pi/3$。图中 XOY 为世界坐标系，$X'O'Y'$ 为机器人坐标系，θ 为机器人坐标系与世界坐标系的夹角，w1、w2、w3 分别为机器人的三个全向轮。

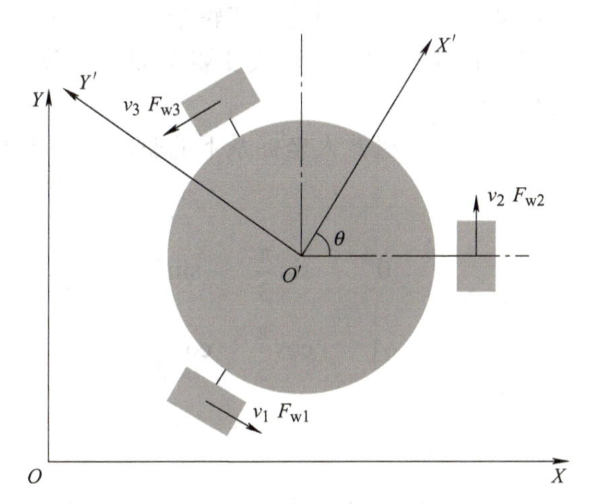

图 6-49　三轮全向轮全向移动机器人平台示意图

r 为机器人中心到全向轮中心的距离，系统在世界坐标系下沿 X 轴和 Y 轴的速度分别为 v_X 和 v_Y，系统在世界坐标系下沿 X 轴和 Y 轴的驱动力分别为 F_X 和 F_Y，系统在机器人坐标系下沿 X' 轴和 Y' 轴的速度分别为 $v_{X'}$ 和 $v_{Y'}$，系统在机器人坐标系下沿 X' 轴和 Y' 轴的驱动力分别为 $F_{X'}$ 和 $F_{Y'}$，系统的角速度为 ω，系统的转矩为 M，轮 w1、w2、w3 的速度分别为 v_1、v_2、v_3，轮 w1、w2、w3 对系统提供的驱动力分别为 F_{w1}、F_{w2}、F_{w3}。

在上述条件下，由运动的合成与分解可知，系统在机器人坐标系下的运动与机器人各轮速度之间的关系如下：

$$
\begin{pmatrix} v_1 \\ v_2 \\ v_3 \end{pmatrix} = \begin{pmatrix} 0 & -1 & r \\ \sin\dfrac{\pi}{3} & \cos\dfrac{\pi}{3} & r \\ -\sin\dfrac{\pi}{3} & \cos\dfrac{\pi}{3} & r \end{pmatrix} \begin{pmatrix} v_{X'} \\ v_{Y'} \\ \omega \end{pmatrix} \tag{6-76}
$$

系统在机器人坐标系下的运动与在世界坐标系下的运动关系如下：

$$\begin{pmatrix} v_{X'} \\ v_{Y'} \\ \omega \end{pmatrix} = \begin{pmatrix} \cos\theta & \sin\theta & 0 \\ -\sin\theta & \cos\theta & 0 \\ 0 & 0 & 1 \end{pmatrix} \begin{pmatrix} v_X \\ v_Y \\ \omega \end{pmatrix} \tag{6-77}$$

可知：

$$\begin{pmatrix} v_1 \\ v_2 \\ v_3 \end{pmatrix} = \begin{pmatrix} -\sin(\theta+\pi) & \cos(\theta+\pi) & r \\ -\sin\left(\theta-\dfrac{\pi}{3}\right) & \cos\left(\theta-\dfrac{\pi}{3}\right) & r \\ -\sin\left(\theta+\dfrac{\pi}{3}\right) & \cos\left(\theta+\dfrac{\pi}{3}\right) & r \end{pmatrix} \begin{pmatrix} v_X \\ v_Y \\ \omega \end{pmatrix} \tag{6-78}$$

当$r \neq 0$时，系数矩阵为满秩矩阵，此时对于在世界坐标系下任意给定的系统运动需求，机器人的三个全向轮运动有唯一解，因此该三轮全向轮全向移动平台可以完成约束在平面上的任意运动，系统具备前文所述的无须改变姿态即可实现任意方向的移动的能力，以及改变姿态时无须任何移动的能力。

由力的合成与分解可知，系统在机器人坐标系下的驱动力与机器人各轮对系统提供的驱动力之间的关系如下：

$$\begin{pmatrix} F_{X'} \\ F_{Y'} \\ M_{Z'} \end{pmatrix} = \begin{pmatrix} 0 & \sin\dfrac{\pi}{3} & -\sin\dfrac{\pi}{3} \\ -1 & \cos\dfrac{\pi}{3} & \cos\dfrac{\pi}{3} \\ r & r & r \end{pmatrix} \begin{pmatrix} F_{w1} \\ F_{w2} \\ F_{w3} \end{pmatrix} \tag{6-79}$$

各轮对系统提供的驱动力在机器人坐标系下的运动与在世界坐标系下的关系如下：

$$\begin{pmatrix} F_{X'} \\ F_{Y'} \\ M_{Z'} \end{pmatrix} = \begin{pmatrix} \cos\theta & \sin\theta & 0 \\ -\sin\theta & \cos\theta & 0 \\ 0 & 0 & 1 \end{pmatrix} \begin{pmatrix} F_{w1} \\ F_{w2} \\ F_{w3} \end{pmatrix} \tag{6-80}$$

可知各轮所需提供的驱动力与系统在世界坐标系下驱动力的关系如下：

$$\begin{pmatrix} F_{w1} \\ F_{w2} \\ F_{w3} \end{pmatrix} = \begin{pmatrix} -\dfrac{2}{3}\sin(\theta+\pi) & \dfrac{2}{3}\cos(\theta+\pi) & \dfrac{1}{3r} \\ -\dfrac{2}{3}\sin\left(\theta-\dfrac{\pi}{3}\right) & \dfrac{2}{3}\cos\left(\theta-\dfrac{\pi}{3}\right) & \dfrac{1}{3r} \\ -\dfrac{2}{3}\sin\left(\theta+\dfrac{\pi}{3}\right) & \dfrac{2}{3}\cos\left(\theta+\dfrac{\pi}{3}\right) & \dfrac{1}{3r} \end{pmatrix} \begin{pmatrix} F_X \\ F_Y \\ M \end{pmatrix} \tag{6-81}$$

其中：

$$\begin{cases} F_X = ma_x \\ F_Y = ma_y \\ M = I_Z\beta \end{cases} \tag{6-82}$$

式中，m 为机器人系统的总质量；I_Z 为以移动平台的中心为基准，平台自转的转动惯量；a_x 和 a_y 分别为机器人在世界坐标系 X 向与 Y 向的加速度；β 为机器人的角加速度。

由介绍可知对于该系统有运动学方程：

$$\dot{\boldsymbol{X}}(t) = \begin{pmatrix} \dot{x}(t) \\ \dot{y}(t) \\ \dot{\theta}(t) \end{pmatrix} = \begin{pmatrix} -\frac{2}{3}\sin(\theta(t)+\pi) & -\frac{2}{3}\sin\left(\theta(t)-\frac{\pi}{3}\right) & -\frac{2}{3}\sin\left(\theta(t)+\frac{\pi}{3}\right) \\ \frac{2}{3}\cos(\theta(t)+\pi) & \frac{2}{3}\cos\left(\theta(t)-\frac{\pi}{3}\right) & \frac{2}{3}\cos\left(\theta(t)+\frac{\pi}{3}\right) \\ \frac{1}{3r} & \frac{1}{3r} & \frac{1}{3r} \end{pmatrix} \begin{pmatrix} v_1(t) \\ v_2(t) \\ v_3(t) \end{pmatrix} \tag{6-83}$$

式中，$\dot{\boldsymbol{X}}$ 为机器人的速度状态量；$\dot{x}$ 为机器人在世界坐标系 X 轴上的运动速度分量；$\dot{y}$ 为机器人在世界坐标系 Y 轴上的运动速度分量；$\dot{\theta}$ 为机器人绕机器人坐标系中心 O' 自转的角速度；v_1、v_2、v_3 分别为三轮与地面的相对运动速度；θ 为机器人系统在世界坐标系中的朝向角；r 为各全向轮质心投影到机器人质心投影 O' 的距离。

对于该系统有动力学方程：

$$\ddot{\boldsymbol{X}}(t) = \begin{pmatrix} \ddot{x}(t) \\ \ddot{y}(t) \\ \ddot{\theta}(t) \end{pmatrix} = \begin{pmatrix} \frac{-\sin(\theta(t)+\pi)}{m} & \frac{-\sin\left(\theta(t)-\frac{\pi}{3}\right)}{m} & \frac{-\sin\left(\theta(t)+\frac{\pi}{3}\right)}{m} \\ \frac{\cos(\theta(t)+\pi)}{m} & \frac{\cos\left(\theta(t)-\frac{\pi}{3}\right)}{m} & \frac{\cos\left(\theta(t)+\frac{\pi}{3}\right)}{m} \\ \frac{r}{I_Z} & \frac{r}{I_Z} & \frac{r}{I_Z} \end{pmatrix} \begin{pmatrix} u_1(t) \\ u_2(t) \\ u_3(t) \end{pmatrix} \tag{6-84}$$

式中，$\ddot{\boldsymbol{X}}$ 为机器人的加速度状态量；$\ddot{x}$ 为机器人在世界坐标系 X 轴上的运动加速度分量；$\ddot{y}$ 为机器人在世界坐标系 Y 轴上的运动加速度分量；$\ddot{\theta}$ 为机器人绕机器人坐标系中心 O' 自转的角加速度；u_1、u_2、u_3 分别为三轮对机器人系统提供的驱动力。

模型预测控制器设计采用了位置环和速度环的双环结构，其轨迹跟踪算法框图如图 6-50 所示，位置环计算所得的控制量为机器人系统在世界坐标系中的速度量，位置环的控制量再作为速度环的参考量参与运算。

对于位置环而言，有：

$$\begin{cases} \boldsymbol{X}(k+1) = \bar{\boldsymbol{A}}_p\boldsymbol{X}(k) + \bar{\boldsymbol{B}}_p\boldsymbol{u}_p(k) \\ \boldsymbol{Y}_p(k) = \boldsymbol{C}_p\boldsymbol{X}(k) \end{cases} \tag{6-85}$$

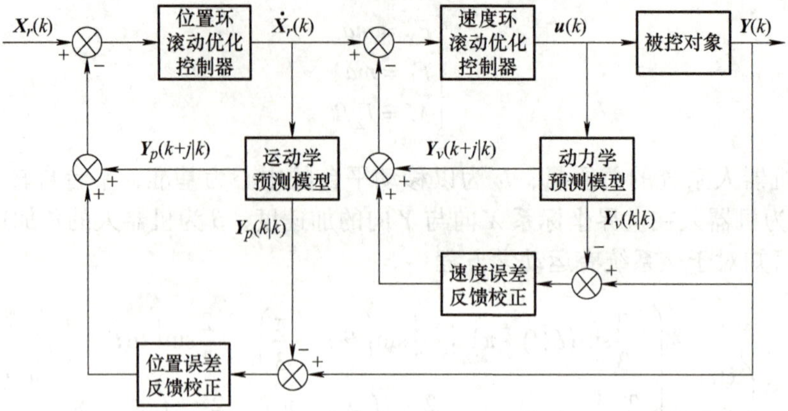

图 6-50　基于模型预测控制的轨迹跟踪算法框图

其中：
$$\bar{\boldsymbol{A}}_p=\begin{pmatrix}1&0&0\\0&1&0\\0&0&1\end{pmatrix},\bar{\boldsymbol{B}}_p=\begin{pmatrix}1&0&0\\0&1&0\\0&0&1\end{pmatrix},\boldsymbol{C}_p=\begin{pmatrix}1&0&0\\0&1&0\\0&0&1\end{pmatrix}\tag{6-86}$$

对于轨迹跟踪问题而言，目标函数通常需要达到能使机器人准确且平稳地轨迹跟踪这一目标，为此可设计目标函数，将机器人运动的状态量与参考轨迹的偏差以及每个采样周期内的控制量变化考虑在目标函数中，同时又需要在优化时使得优化目标可解。

对于位置环，目标函数的表达形式如下：

$$\begin{aligned}J_p(k)=&\sum_{i=1}^{N_{pp}}\left\|\boldsymbol{Y}\left(k+i\mid k\right)-\boldsymbol{Y}_{pr}(k+i)\right\|_{\boldsymbol{Q}_p}^2+\\&\sum_{i=1}^{N_{pc}}\left\|\boldsymbol{u}_p\left(k+i\mid k\right)-\boldsymbol{u}_p\left(k+i-1\mid k\right)\right\|_{\boldsymbol{R}_p}^2+\left\|\varepsilon_p\right\|_{\rho_p}^2\end{aligned}\tag{6-87}$$

式中，N_{pp} 为位置环的预测时域步数；N_{pc} 为位置环的控制时域步数。式中第一项为位置状态量误差项经矩阵 $\boldsymbol{Q}_p$ 加权后的二范数在预测域内求和，该项反映了系统在运动控制时对于位置量跟踪的精确性。第二项为速度向量的差值经矩阵 $\boldsymbol{R}_p$ 加权后的二范数在控制域内求和，该量的平稳性会通过速度环间接影响到整个运动控制的平稳性。第三项为松弛因子项，对优化求解的可解性起到优化效果。

对于该目标函数而言，为构建二次型问题，首先构建新的状态向量：

$$\boldsymbol{\chi}_p=\begin{pmatrix}\boldsymbol{x}_p(k)\\\boldsymbol{u}_p(k-1)\end{pmatrix}\tag{6-88}$$

则可以得到新的状态空间表达：

$$\begin{cases}\boldsymbol{\chi}_p\left(k\mid k\right)=\tilde{\boldsymbol{A}}_{pk}\boldsymbol{\chi}_p(k)+\tilde{\boldsymbol{B}}_{pk}\Delta\boldsymbol{u}_p(k)\\\boldsymbol{\eta}_p(k)=\tilde{\boldsymbol{C}}_{pk}\boldsymbol{\chi}_p(k)\end{cases}\tag{6-89}$$

其中：

$$\tilde{\boldsymbol{A}}_{pk}=\begin{pmatrix}\bar{\boldsymbol{A}}_k & \bar{\boldsymbol{B}}_k\\ \boldsymbol{0}_{m\times n} & \boldsymbol{I}_m\end{pmatrix},\tilde{\boldsymbol{B}}_{pk}=\begin{pmatrix}\bar{\boldsymbol{B}}_k\\ \boldsymbol{I}_m\end{pmatrix},\tilde{\boldsymbol{C}}_{pk}=(\boldsymbol{C}_k \quad \boldsymbol{0}),\Delta\boldsymbol{u}_p(k)=\boldsymbol{u}_p(k)-\boldsymbol{u}_p(k-1) \tag{6-90}$$

$\boldsymbol{I}$ 为单位矩阵，且 m=3，n=3。则对于新的状态向量，有预测：

$$\boldsymbol{\chi}_p(k+j\mid k)=\tilde{\boldsymbol{A}}_{pk}^j\boldsymbol{\chi}_p(k)+\sum_{i=0}^{j-1}\tilde{\boldsymbol{A}}_{pk}^{j-i}\tilde{\boldsymbol{B}}_{pk}\Delta\boldsymbol{u}_p(k+i\mid k),j=1,2,\cdots,N_{pp} \tag{6-91}$$

其中，N_{pp} 为位置环的预测时域步数，根据该预测，可知新的状态空间方程系统的输出量为

$$\boldsymbol{\eta}_p(k+j\mid k)=\begin{cases}\tilde{\boldsymbol{C}}_{pk}\tilde{\boldsymbol{A}}_{pk}^j\boldsymbol{\chi}(k)+\sum\limits_{i=0}^{j}\tilde{\boldsymbol{C}}_{pk}\tilde{\boldsymbol{A}}_{pk}^{j-i}\Delta\boldsymbol{u}_p(k+i\mid k),j=1,2,\cdots N_{pc}-1\\ \tilde{\boldsymbol{C}}_{pk}\tilde{\boldsymbol{A}}_{pk}^j\boldsymbol{\chi}(k)+\sum\limits_{i=j}^{j-1+N_{pc}}\tilde{\boldsymbol{C}}_{pk}\tilde{\boldsymbol{A}}_{pk}^{i-N_{pc}}\Delta\boldsymbol{u}_p(k+i\mid k),j=N_{pc},N_{pc}+1,\cdots,N_{pp}\end{cases} \tag{6-92}$$

为便于后续讨论，用矩阵形式表达系统预测的未来时刻输出量：

$$\tilde{\boldsymbol{Y}}_p(k)=\boldsymbol{\varPsi}_p\boldsymbol{\chi}_p(k)+\boldsymbol{\varTheta}_p\Delta\boldsymbol{U}_p(k) \tag{6-93}$$

其中：

$$\begin{gathered}\tilde{\boldsymbol{Y}}_p(k)=\begin{pmatrix}\boldsymbol{\eta}_p(k+1)\\ \boldsymbol{\eta}_p(k+2)\\ \vdots\\ \boldsymbol{\eta}_p(k+N_{pc})\\ \vdots\\ \boldsymbol{\eta}_p(k+N_{pp})\end{pmatrix},\boldsymbol{\varPsi}_p=\begin{pmatrix}\tilde{\boldsymbol{C}}_{pk}\tilde{\boldsymbol{A}}_{pk}\\ \tilde{\boldsymbol{C}}_{pk}\tilde{\boldsymbol{A}}_{pk}^2\\ \vdots\\ \tilde{\boldsymbol{C}}_{pk}\tilde{\boldsymbol{A}}_{pk}^{N_{pc}}\\ \vdots\\ \tilde{\boldsymbol{C}}_{pk}\tilde{\boldsymbol{A}}_{pk}^{N_p}\end{pmatrix},\Delta\boldsymbol{U}_p(k)=\begin{pmatrix}\Delta\boldsymbol{u}_p(k)\\ \Delta\boldsymbol{u}_p(k+1)\\ \vdots\\ \Delta\boldsymbol{u}_p(k+N_{pc})\end{pmatrix}\\ \boldsymbol{\varTheta}_p=\begin{pmatrix}\tilde{\boldsymbol{C}}_{pk}\tilde{\boldsymbol{B}}_{pk} & \boldsymbol{0} & \cdots\ \boldsymbol{0} & \boldsymbol{0}\\ \tilde{\boldsymbol{C}}_{pk}\tilde{\boldsymbol{A}}_{pk}\tilde{\boldsymbol{B}}_{pk} & \tilde{\boldsymbol{C}}_{pk}\tilde{\boldsymbol{B}}_{pk} & \boldsymbol{0}\ \cdots & \boldsymbol{0}\\ \vdots & \vdots & & \vdots\\ \tilde{\boldsymbol{C}}_{pk}\tilde{\boldsymbol{A}}_{pk}^{N_{pc}}\tilde{\boldsymbol{B}}_{pk} & \tilde{\boldsymbol{C}}_{pk}\tilde{\boldsymbol{A}}_{pk}^{N_{pc}-1}\tilde{\boldsymbol{B}}_{pk} & \cdots & \tilde{\boldsymbol{C}}_{pk}\tilde{\boldsymbol{A}}_{pk}\tilde{\boldsymbol{B}}_{pk}\\ \vdots & \vdots & & \vdots\\ \tilde{\boldsymbol{C}}_{pk}\tilde{\boldsymbol{A}}_{pk}^{N_{pp}-1}\tilde{\boldsymbol{B}}_{pk} & \tilde{\boldsymbol{C}}_{pk}\tilde{\boldsymbol{A}}_{pk}^{N_{pp}-2}\tilde{\boldsymbol{B}}_{pk} & \cdots\ \cdots & \tilde{\boldsymbol{C}}_{pk}\tilde{\boldsymbol{A}}_{pk}^{N_{pp}-N_{pc}}\tilde{\boldsymbol{B}}_{pk}\end{pmatrix}\end{gathered} \tag{6-94}$$

则位置环的优化目标函数可表达为

$$\begin{aligned}J_p(\Delta\boldsymbol{U}_p)&=(\boldsymbol{Y}_p-\boldsymbol{Y}_{pr})^{\mathrm{T}}\tilde{\boldsymbol{Q}}_p(\boldsymbol{Y}_p-\boldsymbol{Y}_{pr})+\Delta\boldsymbol{U}_p^{\mathrm{T}}\tilde{\boldsymbol{R}}_p\Delta\boldsymbol{U}_p\\ &=\Delta\boldsymbol{U}_p^{\mathrm{T}}(\boldsymbol{\varTheta}_p^{\mathrm{T}}\tilde{\boldsymbol{Q}}_p\boldsymbol{\varTheta}_p+\tilde{\boldsymbol{R}}_p)\Delta\boldsymbol{U}_p+2(\boldsymbol{\varPsi}_p\boldsymbol{\chi}_p(k)-\boldsymbol{Y}_{pr})^{\mathrm{T}}\tilde{\boldsymbol{Q}}_p\boldsymbol{\varTheta}_p\Delta\boldsymbol{U}_p+\\ &\quad(\boldsymbol{\varPsi}_p\boldsymbol{\chi}_p(k)-\boldsymbol{Y}_{pr})^{\mathrm{T}}\tilde{\boldsymbol{Q}}_p(\boldsymbol{\varPsi}_p\boldsymbol{\chi}_p(k)-\boldsymbol{Y}_{pr})-2\boldsymbol{Y}_{pr}^{\mathrm{T}}\tilde{\boldsymbol{Q}}_p(\boldsymbol{\varPsi}_p\boldsymbol{\chi}_p(k)-\boldsymbol{Y}_{pr})\end{aligned} \tag{6-95}$$

其中：

$$\tilde{\boldsymbol{Q}}_p = \boldsymbol{I}_{N_{pp}} \otimes \boldsymbol{Q}_p, \tilde{\boldsymbol{R}}_p = \boldsymbol{I}_{N_{pp}} \otimes \boldsymbol{R}_p \tag{6-96}$$

⊗表示克罗内克积。式（6-96）中后两项与控制量的取值无关，因此可构建二次型问题：

$$\begin{gathered}\min_{\Delta \boldsymbol{U}_p} \frac{1}{2} \Delta \boldsymbol{U}_p^{\mathrm{T}} \boldsymbol{H}_p \Delta \boldsymbol{U}_p + \boldsymbol{g}^{\mathrm{T}} \Delta \boldsymbol{U}_p \\ \text{s.t.} \\ \Delta \boldsymbol{U}_{\min} \leqslant \Delta \boldsymbol{U}_p \leqslant \Delta \boldsymbol{U}_{\max} \\ \boldsymbol{U}_{\min} \leqslant \boldsymbol{K}_{pk} \Delta \boldsymbol{U}_p + \tilde{\boldsymbol{U}}_k \leqslant \boldsymbol{U}_{\max}\end{gathered} \tag{6-97}$$

其中：

$$\tilde{\boldsymbol{U}}_k = ((1 \quad 1 \quad \cdots \quad 1)^{\mathrm{T}})_{N_c \times 1} \otimes \boldsymbol{u}(k-1)$$

$$\boldsymbol{K}_k = \begin{pmatrix} 1 & 0 & 0 & \cdots & 0 \\ 1 & 1 & 0 & \cdots & 0 \\ 1 & 1 & 1 & & 0 \\ \vdots & \vdots & \vdots & & 0 \\ 1 & 1 & 1 & \cdots & 1 \end{pmatrix}_{N_c \times N_c} \tag{6-98}$$

优化求解得到适当的控制增量$\Delta \boldsymbol{U}_p^*$后，即可求出控制量：

$$\boldsymbol{U}_p(k) = \boldsymbol{U}_p(k-1) + \Delta \boldsymbol{U}_p^*(k) \tag{6-99}$$

类似地，对于速度环而言，有：

$$\begin{cases} \dot{\boldsymbol{X}}(k+1) = \bar{\boldsymbol{A}}_v \dot{\boldsymbol{X}}(k) + \bar{\boldsymbol{B}}_v \boldsymbol{u}(k) \\ \boldsymbol{Y}_v(k) = \boldsymbol{C}_v \dot{\boldsymbol{X}}(k) \end{cases} \tag{6-100}$$

其中：

$$\bar{\boldsymbol{A}}_v = \begin{pmatrix} 1 & 0 & 0 \\ 0 & 1 & 0 \\ 0 & 0 & 1 \end{pmatrix}, \boldsymbol{C}_v = \begin{pmatrix} 1 & 0 & 0 \\ 0 & 1 & 0 \\ 0 & 0 & 1 \end{pmatrix},$$

$$\bar{\boldsymbol{B}}_v = \begin{pmatrix} \dfrac{-\sin\left(\theta_r(k)+\pi\right)}{m} & \dfrac{-\sin\left(\theta_r(k)-\dfrac{\pi}{3}\right)}{m} & \dfrac{-\sin\left(\theta_r(k)+\dfrac{\pi}{3}\right)}{m} \\ \dfrac{\cos\left(\theta_r(k)+\pi\right)}{m} & \dfrac{\cos\left(\theta_r(k)-\dfrac{\pi}{3}\right)}{m} & \dfrac{\cos\left(\theta_r(k)+\dfrac{\pi}{3}\right)}{m} \\ \dfrac{r}{I_Z} & \dfrac{r}{I_Z} & \dfrac{r}{I_Z} \end{pmatrix} \tag{6-101}$$

可以设计速度环的目标函数如下：

$$J_v(k)=\sum_{i=1}^{N_{vp}}\left\|\boldsymbol{Y}(k+i\mid k)-\boldsymbol{Y}_{vr}(k+i)\right\|_{\boldsymbol{Q}_v}^2+\sum_{i=1}^{N_{vc}}\left\|\boldsymbol{u}(k+i\mid k)-\boldsymbol{u}(k+i-1\mid k)\right\|_{\boldsymbol{R}_v}^2+\left\|\varepsilon_v\right\|_{\rho_v}^2$$

式中，$J_v(k)$ 为速度环优化目标函数；$\boldsymbol{Q}_v$ 和 $\boldsymbol{R}_v$ 分别为权重矩阵；ε_v 为松弛因子；ρ_v 为松弛因子权重系数；N_{vp} 为预测步数，N_{vc} 为控制步数，有 $N_{vp}\geqslant N_{vc}$。式中第一项为速度状态量误差项经矩阵 $\boldsymbol{Q}_v$ 加权后的二范数在预测域内求和，该项反映了系统在运动控制时对于位置环所发出的速度量跟踪的精确性。第二项为控制量的差值经矩阵 $\boldsymbol{R}_v$ 加权后的二范数在控制域内求和，该项反映了系统在运动控制时的平稳性。第三项为松弛因子 ε_v 经 ρ_v 加权后的二范数，加入该项是为了防止在计算过程中出现没有可行解的情况，对优化求解的可解性起到优化效果。

对于该目标函数而言，为构建二次型问题，首先构建新的状态向量：

$$\boldsymbol{\chi}_v=\begin{pmatrix}\boldsymbol{x}_v(k)\\ \boldsymbol{u}(k-1)\end{pmatrix} \tag{6-102}$$

则可以得到新的状态空间表达：

$$\begin{cases}\boldsymbol{\chi}_v(k\mid k)=\tilde{\boldsymbol{A}}_{vk}\boldsymbol{\chi}_v(k)+\tilde{\boldsymbol{B}}_{vk}\Delta\boldsymbol{u}(k)\\ \boldsymbol{\eta}_v(k)=\tilde{\boldsymbol{C}}_{vk}\boldsymbol{\chi}_v(k)\end{cases} \tag{6-103}$$

其中：

$$\tilde{\boldsymbol{A}}_{vk}=\begin{pmatrix}\bar{\boldsymbol{A}}_k & \bar{\boldsymbol{B}}_k\\ \boldsymbol{0}_{m\times n} & \boldsymbol{I}_m\end{pmatrix},\tilde{\boldsymbol{B}}_{vk}=\begin{pmatrix}\bar{\boldsymbol{B}}_k\\ \boldsymbol{I}_m\end{pmatrix},\tilde{\boldsymbol{C}}_{vk}=(\boldsymbol{C}_k\quad \boldsymbol{0}),\Delta\boldsymbol{u}(k)=\boldsymbol{u}(k)-\boldsymbol{u}(k-1) \tag{6-104}$$

$\boldsymbol{I}$ 为单位矩阵，且 $m=3$，$n=3$。则对于新的状态向量，有预测：

$$\boldsymbol{\chi}_v(k+j\mid k)=\tilde{\boldsymbol{A}}_{vk}^j\boldsymbol{\chi}_v(k)+\sum_{i=0}^{j-1}\tilde{\boldsymbol{A}}_{vk}^{j-i}\tilde{\boldsymbol{B}}_{vk}\Delta\boldsymbol{u}(k+i\mid k),j=1,2,\cdots,N_{vp} \tag{6-105}$$

其中，N_{vp} 为位置环的预测时域步数，根据该预测，可知新的状态空间方程系统的输出量为

$$\boldsymbol{\eta}_v(k+j\mid k)=\begin{cases}\tilde{\boldsymbol{C}}_{vk}\tilde{\boldsymbol{A}}_{vk}^j\boldsymbol{\chi}(k)+\sum\limits_{i=0}^{j}\tilde{\boldsymbol{C}}_{vk}\tilde{\boldsymbol{A}}_{vk}^{j-i}\Delta\boldsymbol{u}(k+i\mid k),j=1,2,\cdots N_{vc}-1\\ \tilde{\boldsymbol{C}}_{vk}\tilde{\boldsymbol{A}}_{vk}^j\boldsymbol{\chi}(k)+\sum\limits_{i=j}^{j-1+N_{pc}}\tilde{\boldsymbol{C}}_{vk}\tilde{\boldsymbol{A}}_{vk}^{i-N_{pc}}\Delta\boldsymbol{u}(k+i\mid k),j=N_{vc},N_{vc}+1,\cdots,N_{vp}\end{cases} \tag{6-106}$$

为便于后续讨论，用矩阵形式表达系统预测的未来时刻输出量：

$$\tilde{\boldsymbol{Y}}_v(k)=\boldsymbol{\Psi}_v\boldsymbol{\chi}_v(k)+\boldsymbol{\Theta}_v\Delta\boldsymbol{U}(k) \tag{6-107}$$

其中：

$$\tilde{\boldsymbol{Y}}_v(k)=\begin{pmatrix}\boldsymbol{\eta}_v(k+1)\\ \boldsymbol{\eta}_v(k+2)\\ \vdots\\ \boldsymbol{\eta}_v(k+N_{pc})\\ \vdots\\ \boldsymbol{\eta}_v(k+N_{pp})\end{pmatrix},\boldsymbol{\Psi}_v=\begin{pmatrix}\tilde{\boldsymbol{C}}_{vk}\tilde{\boldsymbol{A}}_{vk}\\ \tilde{\boldsymbol{C}}_{vk}\tilde{\boldsymbol{A}}_{vk}^2\\ \vdots\\ \tilde{\boldsymbol{C}}_{vk}\tilde{\boldsymbol{A}}_{vk}^{N_{pc}}\\ \vdots\\ \tilde{\boldsymbol{C}}_{vk}\tilde{\boldsymbol{A}}_{vk}^{N_p}\end{pmatrix},\Delta\boldsymbol{U}(k)=\begin{pmatrix}\Delta\boldsymbol{u}(k)\\ \Delta\boldsymbol{u}(k+1)\\ \vdots\\ \Delta\boldsymbol{u}(k+N_{vc})\end{pmatrix}$$

$$\boldsymbol{\Theta}_v=\begin{pmatrix}\tilde{\boldsymbol{C}}_{vk}\tilde{\boldsymbol{B}}_{vk} & \boldsymbol{0} & \cdots & \boldsymbol{0} & \boldsymbol{0}\\ \tilde{\boldsymbol{C}}_{vk}\tilde{\boldsymbol{A}}_{vk}\tilde{\boldsymbol{B}}_{vk} & \tilde{\boldsymbol{C}}_{vk}\tilde{\boldsymbol{B}}_{vk} & \boldsymbol{0} & \cdots & \boldsymbol{0}\\ \vdots & \vdots & & & \vdots\\ \tilde{\boldsymbol{C}}_{vk}\tilde{\boldsymbol{A}}_{vk}^{N_{vc}}\tilde{\boldsymbol{B}}_{vk} & \tilde{\boldsymbol{C}}_{vk}\tilde{\boldsymbol{A}}_{vk}^{N_{vc}-1}\tilde{\boldsymbol{B}}_{vk} & \cdots & & \tilde{\boldsymbol{C}}_{vk}\tilde{\boldsymbol{A}}_{vk}\tilde{\boldsymbol{B}}_{vk}\\ \vdots & \vdots & & & \vdots\\ \tilde{\boldsymbol{C}}_{vk}\tilde{\boldsymbol{A}}_{vk}^{N_{vp}-1}\tilde{\boldsymbol{B}}_{vk} & \tilde{\boldsymbol{C}}_{vk}\tilde{\boldsymbol{A}}_{vk}^{N_{vp}-2}\tilde{\boldsymbol{B}}_{vk} & \cdots & \cdots & \tilde{\boldsymbol{C}}_{vk}\tilde{\boldsymbol{A}}_{vk}^{N_{vp}-N_{vc}}\tilde{\boldsymbol{B}}_{vk}\end{pmatrix} \tag{6-108}$$

则速度环的优化目标函数可表达为

$$\begin{aligned}J_v(\Delta\boldsymbol{U})&=(\boldsymbol{Y}_v-\boldsymbol{Y}_{vr})^{\mathrm{T}}\tilde{\boldsymbol{Q}}_v(\boldsymbol{Y}_v-\boldsymbol{Y}_{vr})+\Delta\boldsymbol{U}^{\mathrm{T}}\tilde{\boldsymbol{R}}_v\Delta\boldsymbol{U}\\ &=\Delta\boldsymbol{U}_v^{\mathrm{T}}(\boldsymbol{\Theta}_v^{\mathrm{T}}\tilde{\boldsymbol{Q}}_v\boldsymbol{\Theta}_v+\tilde{\boldsymbol{R}}_v)\Delta\boldsymbol{U}_v+2(\boldsymbol{\Psi}_v\chi_v(k)-\boldsymbol{Y}_{vr})^{\mathrm{T}}\tilde{\boldsymbol{Q}}_v\boldsymbol{\Theta}_v\Delta\boldsymbol{U}+\\ &\quad(\boldsymbol{\Psi}_v\chi_v(k)-\boldsymbol{Y}_{vr})^{\mathrm{T}}\tilde{\boldsymbol{Q}}_v(\boldsymbol{\Psi}_v\chi_v(k)-\boldsymbol{Y}_{vr})-2\boldsymbol{Y}_{vr}^{\mathrm{T}}\tilde{\boldsymbol{Q}}_v(\boldsymbol{\Psi}_v\chi_v(k)-\boldsymbol{Y}_{vr})\end{aligned} \tag{6-109}$$

其中：

$$\tilde{\boldsymbol{Q}}_v=\mathbf{I}_{N_{vp}}\otimes\boldsymbol{Q}_v,\tilde{\boldsymbol{R}}_v=\mathbf{I}_{N_{vp}}\otimes\boldsymbol{R}_v \tag{6-110}$$

$\otimes$表示克罗内克积。式中后两项与控制量的取值无关，因此可构建二次型问题：

$$\begin{gathered}\min_{\Delta\boldsymbol{U}}\frac{1}{2}\Delta\boldsymbol{U}^{\mathrm{T}}\boldsymbol{H}_v\Delta\boldsymbol{U}_v+\boldsymbol{g}^{\mathrm{T}}\Delta\boldsymbol{U}_v\\ \text{s.t}\\ \Delta\boldsymbol{U}_{\min}\leqslant\Delta\boldsymbol{U}_v\leqslant\Delta\boldsymbol{U}_{\max}\\ \boldsymbol{U}_{\min}\leqslant\boldsymbol{K}_{vk}\Delta\boldsymbol{U}_v+\tilde{\boldsymbol{U}}_v\leqslant\boldsymbol{U}_{\max}\end{gathered} \tag{6-111}$$

其中：

$$\begin{gathered}\tilde{\boldsymbol{U}}_k=((1\quad 1\quad\cdots\quad 1)^{\mathrm{T}})_{N_c\times 1}\otimes\boldsymbol{u}(k-1)\\ \boldsymbol{K}_k=\begin{pmatrix}1 & 0 & \cdots & \cdots & 0\\ 1 & 1 & 0 & \cdots & 0\\ 1 & 1 & 1 & & 0\\ \vdots & \vdots & & & 0\\ 1 & 1 & \cdots & 1 & 1\end{pmatrix}_{N_c\times N_c}\end{gathered} \tag{6-112}$$

优化求解得到适当的控制增量 $\Delta\boldsymbol{U}^*$ 后，即可求出控制量：

$$U(k)=U(k-1)+\Delta U^{*}(k) \tag{6-113}$$

6.3　机器人未知环境自主探索算法设计

本节将深入探讨移动机器人如何在没有先验知识的情况下，通过自主学习或启发式算法，有效地探索并理解其周围的未知环境。这是智能移动机器人系统研究中的一个核心问题，对于提高机器人的自主性和适应性具有重要意义。无论是在室内清洁、灾难响应、星球探测，还是在复杂工业场景中，机器人都可能面临需要独立探索和操作的情况。因此，设计有效的自主探索算法不仅是技术创新的体现，也是拓展机器人应用领域的关键。

本节内容将涵盖从基于边界的探索算法到利用最新的强化学习技术的方法，为读者提供一个全面的视角来理解机器人在未知环境中的自主探索策略。每一种算法都有其特定的适用场景、优点和局限性，了解这些差异对于选择或设计适用于特定任务的算法至关重要。

6.3.1　基于边界的自主探索算法

基于边界的自主探索算法是一种依赖于环境边缘识别和跟踪的方法，旨在通过映射环境的边缘来导航和探索未知区域。该算法的核心思想是利用机器人的感知系统（如摄像头、激光雷达等）来检测环境中的边界，并以此为指导进行探索。这种策略在结构化或半结构化的环境中特别有效，因为这些环境通常具有清晰的边缘和轮廓，可以作为探索引导。

1. 工作原理

基于边界的自主探索算法的工作原理，可以进一步细分为以下几个关键环节。

1）边界检测。在此阶段，机器人使用其搭载的传感器（如摄像头、激光雷达）收集周围环境的数据。这些数据随后通过图像或点云处理技术被分析，以识别出环境中的物理边界。边界检测不仅包括静态物体（如墙壁、家具边缘）的识别，也可能涉及动态障碍物的检测。边界检测的精确性直接影响到后续探索的效率和准确度。

2）边界跟踪。确定边界之后，机器人需要沿着这些边界移动来探索未知区域。这一过程涉及复杂的路径规划和障碍物避让策略。机器人需要实时调整其行进路线，以便尽可能紧贴边界线进行探索，同时避免与障碍物发生碰撞。在某些情况下，机器人可能需要做出是否跨越某些小障碍继续前进的决定，这要求算法能够灵活处理各种情形。

3）地图更新与扩展。随着探索的进行，机器人将所获取的新信息反馈到环境地图中，逐步更新并扩充已知区域。这个过程通常涉及对地图的实时或定期重构，以确保地图的准确性和完整性。该阶段的挑战在于如何高效地处理大量数据，以及如何解决因感知误差导致的地图不一致问题。

4）终止条件。设定合适的终止条件是保证探索任务有效完成的关键。这些条件可以基于多种因素，例如已探索区域的百分比、特定时间或能量限制，或是达到预定的探索目标（如特定地点的检查）。当满足终止条件时，机器人将结束探索任务，可能返回起点或执行其他后续操作。

2. 实现步骤

基于边界的自主探索算法实现过程可以细化为以下详细步骤，以确保算法能够有效地引导机器人完成未知环境的探索任务。

1）初始化阶段。根据已知环境信息选择合适的起始点，该点应靠近未知区域的边界，以便开始探索。在探索开始前，对机器人上的所有传感器进行校准，确保数据采集的准确性。然后启动机器人的环境感知系统，如摄像头、激光雷达等，开始采集周围环境数据。

2）感知与定位阶段。在移动过程中，持续收集和分析环境数据，用于边界检测和障碍物识别。利用 SLAM 或其他定位技术，不断更新机器人在环境中的位置和姿态。

3）决策与执行阶段。根据当前已知的环境信息和机器人位置，规划一条沿着边界行进，同时避开障碍物的最优路径。通过调整机器人的速度和方向，跟随规划路径移动。同时在移动过程中，根据新的环境数据实时调整路径，保持紧贴边界的探索行为。

4）重复与更新阶段。将新探索到的区域信息更新到环境地图中，包括边界信息和障碍物位置。根据当前的探索进度和地图信息，可以调整探索策略，以提高效率或覆盖更多区域。同时判断是否满足终止条件（如探索目标完成、时间达限、能量消耗殆尽等），若满足则结束探索，否则继续执行以上步骤。

5）结束处理阶段。探索结束后，对收集到的数据进行整理和分析，以供后续任务或研究使用。评估本次探索任务的效率、覆盖率等指标，为改进算法和调整策略提供参考。如果需要，机器人可以按预定路线返回到起始点或指定的位置。

通过以上实现步骤，基于边界的自主探索算法能够有效地引导机器人在未知环境中进行系统性的探索。这不仅需要精确的传感器数据处理和强大的路径规划能力，还依赖于高效的决策制定和运动控制技术，以应对环境中可能出现的各种情况。在工业巡检或室内清洁的场景中，机器人可以利用基于边界的自主探索算法，高效地完成任务。例如，一个清洁机器人可以沿着房间的墙壁移动，确保覆盖所有边缘附近的区域；一个巡检机器人可以沿着管道或设备的外围进行检查，确保对关键设施的全面评估。

3. 优点与局限性

优点：直观简单，在结构化环境中（如车间、仓库等）易于实现；对于具有明显物理边界的场景效果较好。

局限性：在复杂或自然环境中，由于缺乏清晰的物理边界，该方法可能难以应用；高度依赖感知系统的准确性，误差可能导致探索效率低下或出现漏检区域。

基于边界的自主探索算法提供了一种有效的方式来处理某些类型的探索任务，尤其是在环境结构相对简单且边界明显的情况下。然而，针对更加复杂或不规则的环境，可能需要采用其他更灵活的探索策略。

6.3.2 基于概率采样的自主探索算法

基于概率采样的自主探索算法允许机器以高度自主性在未知环境中进行导航和决策，算法核心依赖于概率采样方法，通过在决策过程中引入随机性，能够处理和适应动态变化的环境。该算法通过评估可能的行动方案，并根据概率模型优化其行为策略，使机器人能够在探索过程中自我学习和适应。特别适用于对环境信息缺乏完全了解的情况，使机器人能够有效地处理不确定性，发现并执行达到目标的最优路径，如图 6-51 所示。

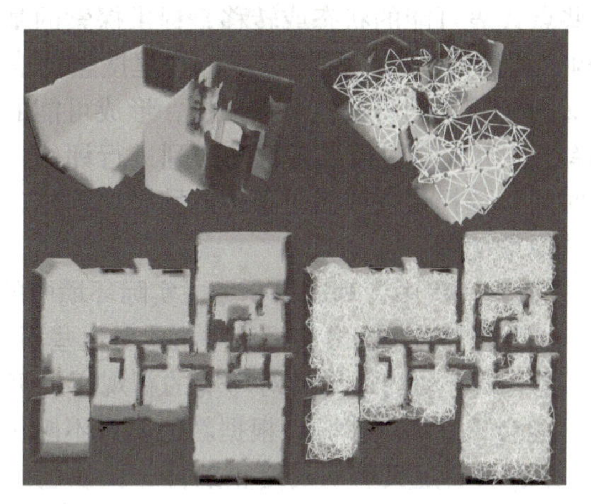

图 6-51　基于概率采样的自主探索算法示例

1. 工作原理

基于概率采样的自主探索算法主要工作原理是通过随机性引导探索过程，并利用概率模型来评估和优化其决策。

1）生成样本点。算法首先在状态空间（例如机器人可能存在的所有位置和方向）中生成若干随机样本点。这些样本点基于概率分布而非确定性规则生成，从而涵盖了状态空间的广泛区域。

2）构建搜索树。算法会根据以上样本点构建一个搜索树或图结构。每个样本点代表树上的一个节点，搜索树则在不断进行的探索过程中展开和更新。这些节点之间的连接反映了从一个状态转移到另一个状态的可能性。

3）评估与决策。基于预定义的目标准则（如最小化距离、时间或者能耗），算法将评估生成的路径，并选择最有可能达成目标的路线。这个决策过程通常利用启发式或者成本函数来帮助判定路径的优劣。

4）处理不确定性与动态变化。在实际环境中，机器人会遇到不确定性（如环境变化、传感器误差等）。基于概率的方法能够对此类不确定性建模，并在计算出的策略中加以考虑。

5）反馈与迭代。当采用某个策略后，会从实际的行动结果中学习，并更新其概率模型。这个过程是不断反馈迭代的，可以不断优化机器人的探索策略。随着时间推移和探索深入，算法会逐渐减少随机探索，越来越倾向于选择已证明有效的路径和策略，从而使探索行为收敛于最优解。

2. 实现步骤

代表性的基于概率采样的算法有 RRT（快速随机树）、PRM（概率路线图）等，这些算法在具体实现探索和路径规划时有不同的侧重点和适用场景，但通常遵循以下关键步骤。

1）定义状态空间。明确机器人或自动化系统可以处于的所有可能的状态，包括位置、方向、速度等参数的集合。

2）概率采样。在定义的状态空间内，基于特定的概率分布函数执行采样操作，生成一系列随机样本点。这些点代表可能的状态或转移，提供探索的基础。

3）构建搜索图结构。利用采样得到的样本点，构建搜索图或树结构。新的样本点成为图中的节点，通过定义的转移规则与其他节点连接，形成可能的路径或者动作序列。

4）路径评估与选择。对生成的路径或者行动序列进行评估，根据某些标准（如最短路径、最低成本或最快时间）选择最优或满足条件的路径。评估过程可能涉及每个路径的成本、风险或效益，并选择最优解。

5）处理不确定性。在探索过程中，算法需要考虑实际环境中的不确定性因素，如传感器误差、环境动态变化等。这通常通过在概率模型中集成对这些不确定性的估计来实现。

6）循环迭代。基于上一步行动的结果和对环境的新观察，算法可能需要重新采样和更新搜索图。这个过程可能会重复以上步骤，根据新的信息不断优化和调整探索策略。

7）终止条件判断。算法需要定义明确的终止条件，比如达到目标状态、执行了预定数量的步骤或者满足了某个性能标准。当满足终止条件时，探索过程结束。

8）路径平滑和优化。在找到满足条件的路径后，可能还需要进行后处理，比如路径平滑，以去除不必要的转向或动作，进一步优化成本或效率。

9）执行与反馈学习。最后，将选择的最优路径转化为具体动作执行，并根据执行结果反馈调整模型和策略，以提高未来的效率和准确性。

3. 优点与局限性

优点：适用性广泛，这些算法能够处理高维空间和复杂约束的问题，适用于多种机器人和自动化系统的路径规划任务；算法通过概率采样来考虑不确定性，如传感器误差和环境变化，使得算法能够在不完全已知的环境中进行有效探索，具备处理不确定性的能力；因其快速向空间未探索区域扩展的特性，能够在较短时间内找到可行的路径，适合于实时或近实时的应用场景；基于概率采样的自主探索算法相对直接，容易理解和实现，同时提供了灵活性以针对特定需求进行修改和扩展。

局限性：虽然能够快速找到解决方案，但生成的路径往往不是最优的，特别是在初期迭代时，可能比较曲折或迂回；对于大规模或高度复杂的环境，采样和路径搜索的计算成本可能会很高，影响算法的实时性能；算法性能高度依赖于采样策略和分布，不恰当的采样可能导致搜索效率低下或探索不足；该算法虽然可以处理一定的环境动态性，但在高度动态或极端变化的环境中，算法可能需要频繁更新或重构搜索树，导致性能下降。

综上，基于概率采样的自主探索算法提供了一个强大的工具，可以应用于许多复杂的路径规划和导航问题。然而，为了克服这些缺点，可以通过改进采样策略、采用启发式方法或与其他算法结合（例如，通过后处理步骤对 RRT 生成的路径进行优化），来提高路径的质量和算法的性能。在具体应用中，选择和设计算法时需要根据任务需求、环境特性和系统资源仔细权衡这些优缺点。

6.3.3 基于强化学习的自主探索算法

在现今日益复杂和动态的世界中，智能系统的自我改进能力变得尤为重要。基于强化学习的自主探索算法正是在这种背景下应运而生，它们赋能智能体通过与环境的交互，无须外部指导便能自主学习最优行为策略。这一领域的迅速发展不仅推动了机器学习技术的进步，也为自动化、机器人学和人工智能等多个领域提供了新的解决方案。

1. 工作原理

在自主探索算法中，强化学习的核心思想是让机器人智能体（Agent）通过与环境（Environment）的交互学习，根据当前的状态（State）选择动作（Action），以最大化长期累计奖励（Reward）。智能体通过试错（Trial–and–Error）和经验积累学习策略（Policy），即在某一状态下应采取最佳动作，如图 6-52 所示。

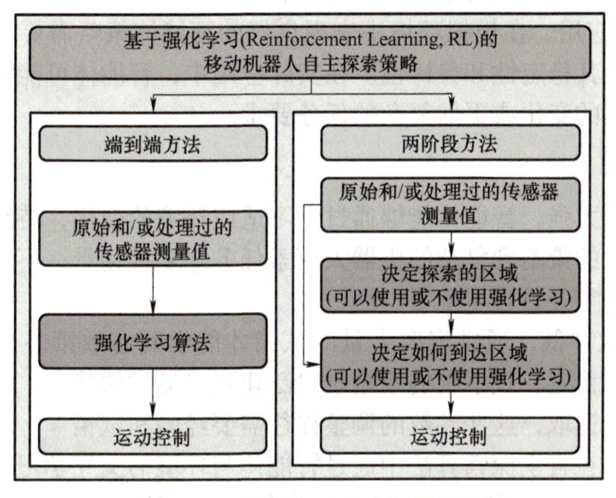

图 6-52　基于强化学习的自主探索算法框架

学习策略：包括两种，一是发现新知识，通过尝试未被探索的动作来发现可能获得更大奖励的机会；二是利用已知知识，重复已知可获得奖励的行为，以确保高奖励的收益率。

决策过程：强化学习通常使用马尔科夫决策过程（Markov Decision Process，MDP）作为决策的数学模型，其中包括状态（S）、动作（A）、奖励（R）和状态转移概率（P）。智能体根据当前状态，选择一个动作，环境根据动作给出新的状态和即时奖励，智能体根据反馈更新其行为策略。

2. 实现步骤

以下步骤提供基于强化学习的自主探索算法的细化实施框架。需要注意的是，实际操作中可能会根据特定任务的要求和挑战进行适当的调整和优化。

1）环境定义与建模。首先，需要明确智能体需要完成的任务，这个任务将决定环境如何被建模，包括可能的状态、动作以及任务的目标。确定智能体可能遇到的所有状态。状态应该提供足够的信息，使智能体能根据当前状态做出决策。同时，明确智能体可以执行的所有动作。这些动作是智能体与环境交互的方式。奖励机制作为关键因素是评价智能体动作好坏的标准，需要根据任务目标设计合理的奖励函数。

2）初始化。设置学习率、探索率等智能体的初始参数。这些参数会影响智能体学习的速度和效果。根据选定的算法，初始化状态价值函数或动作价值函数。这些函数初期通常被初始化为 0 或随机值。

3）循环交互与学习过程。根据当前的策略或价值函数，智能体选择一个动作执行。这个过程会考虑探索与利用的平衡。智能体执行选择的动作，并从环境中获得新的状态和奖励信息。根据获得的奖励和新状态，更新智能体的价值函数和策略。智能体不断重复上述过程，通过与环境的交互学习，逐步优化其行为策略。

4）评估与调优。定期评估智能体的学习性能和策略效果，可以通过设置验证环节或测试环境来完成。根据性能评估的结果，调整学习率、探索率等参数，或者调整价值函数和策略更新的算法，以提高学习效率和策略表现。针对特定任务和环境，可能需要定制或选择更合适的学习算法，以提高学习的稳定性和效率。

5）部署与实际应用。在模拟环境中表现良好的智能体策略需要在真实世界环境中进一步测试验证，确保其稳定性和鲁棒性。在实际应用中，智能体可能需要不断调整和优化其策略，以适应环境的变化或更加复杂的任务要求。

3. 优点与局限性

优点：自适应能力强，智能体能够通过学习适应环境的变化，持续改进其策略；应用广泛，适用于从简单的策略到复杂的机器人探索任务等多种场景；不需要关于环境的先验知识，智能体可以从零开始自主学习。

局限性：样本效率低，通常需要大量的试错才能学到有效策略，尤其是在复杂任务中；学习过程可能不稳定，且学到的策略难以泛化到未见过的状态；强化学习算法的性能高度依赖于超参数的选取，这些参数的调整往往需要经验和试错。

综上，强化学习在自主探索算法中通过智能体与环境的交互学习来优化决策策略，具有自适应强、应用广泛等优点。然而，其也面临样本效率低、稳定性和调参问题等挑战。通过改进算法、设计更高效的样本利用策略和增强学习稳定性的方法，可以进一步扩大强化学习在自主探索领域的应用。

6.3.4 基于贝叶斯网络的自主探索算法

在探索未知环境和做出决策的任务中，智能体面临的最大挑战之一是如何处理信息的不确定性。传统算法在这方面的表现可能受限于其对不确定性处理能力的缺乏。进入 21 世纪以来，贝叶斯网络作为一种强大的概率图模型，为解决这一难题提供了新的视角和方法。基于贝叶斯网络的自主探索算法通过构建和利用概率模型，能有效地处理不确定性信息，优化决策过程。

1. 工作原理

基于贝叶斯网络（Bayesian Networks）的自主探索算法主要利用概率图模型来处理不确定性的信息，并基于这些信息进行决策学习。通过将环境的状态、动作以及状态转移的不确定性用贝叶斯网络表示，智能体可以在存在不确定性的环境中进行有效的学习和决策，包括以下关键点。

1）模型构建与表示。算法首先通过贝叶斯网络来表示和构建对环境的理解，其中环境状态、智能体行为及其相互作用被抽象为节点，节点间的依赖关系通过有向边表示。这个网络模型能够捕捉变量间的条件依赖性，为智能体提供了一种概率式的世界观。

2）学习与适应。智能体通过与环境的互动收集数据，使用这些数据来更新贝叶斯网络，包括结构和参数的调整。这个更新过程使模型更加准确地反映实际环境，从而提高智能体对环境的适应性和决策的准确性。

3）决策与探索。基于更新后的模型，算法能够评估不同行动方案的期望效果，选择最佳方案执行。在面对高不确定性时，算法倾向于执行探索行为，以减少不确定性并优化长期决策结果。

4）反馈循环。执行行动并观察结果后，这些新信息被重新馈入模型中，形成一个不断学习和自我优化的过程。通过这样的反馈循环，智能体能够不断适应环境变化，并优化其行为策略以达成目标。

2. 实现步骤

基于贝叶斯网络的自主探索算法的实现步骤涉及几个重要阶段，从环境模型的初步构建到智能体通过不断的学习和探索优化其决策过程。

1）贝叶斯网络模型的初步构建。定义变量，确定代表环境状态、智能体行动和可能结果的变量。根据变量间的假定关系构建初步的网络结构。这包括确定哪些变量受其他变量影响以及这些影响的方向。初始化参数，为网络中的每一个变量间关系指定一个初始的条件概率分布。

2）数据收集与模型学习。通过智能体与环境的互动收集数据，包括执行特定行动并观察结果。利用收集到的数据更新贝叶斯网络的结构和参数。这通常需要应用贝叶斯学习算法，如最大似然估计或最大后验估计来重估网络的参数和结构。

3）决策制定。使用更新后的贝叶斯网络对当前状态下不同行动可能带来的后果进行推理，以估计不同决策选项的期望效用或结果。基于推理结果，选择最优策略执行。这项选择通常基于期望最大化准则，即选择期望结果最优的行动。

4）探索与优化。当存在较大不确定性时，智能体可能采取探索性行为收集更多信息，而非仅基于当前模型直接做出决策。探索行为和随后的观测结果反馈到模型中，进一步更新和精化贝叶斯网络模型。这一连续的反馈循环帮助智能体更好地理解环境，提高决策质量。

5）循环迭代。智能体通过不断地交互、学习、决策制定和探索来优化其行为策略，以适应环境变化并最大化其目标函数。

3. 优点和局限性

优点：贝叶斯网络天生具有强大的不确定性处理能力，使其在复杂多变的环境中表现出色；提供了一种结构化的方式来合成新信息，为决策提供支持，尤其是在信息不完全时，通过不断更新概率分布，智能体能够动态地适应环境的变化。

局限性：计算复杂度高，随着状态和动作空间的增大，贝叶斯网络的复杂度和相关计算量也会显著增加；正确地构建和初始化贝叶斯网络需要大量先验知识和数据，这在某些环境中可能难以获得；由于模型更新和推断过程的计算成本，学习过程可能相对缓慢，尤其是在资源有限的场合。

综上，基于贝叶斯网络的自主探索算法提供了一种高效处理不确定信息并进行决策学习的方法，尽管存在计算成本高和模型构建挑战性大等缺点，但其独特的优势使其在许多复杂应用场景中得到应用。

6.3.5 机器人未知环境自主探索算法设计示例

Technologies for Autonomous Robot Exploration（TARE）算法是美国卡内基梅隆大学提出的机器人自主探索算法，提供了一种解决探索问题的新思路。该算法引入全局引导来解决贪心策略带来的短视行为，并将探索决策模块分为全局和局部两个层次。在全局层，TARE 计算一条粗略的全局路径来确定机器人的大致行进方向；在局部层，TARE 会寻找一条能让机器人传感器完全覆盖局部探索区域的路线从而使得机器人的行进路线能够更具目的性，避免了单纯地追求未知区域的大小而忽略探索效率的问题。同时，由于计算时间和资源的限制，TARE 算法能够有效集中主要的计算资源于离机器人较近的空间之内，避免了浪费在远处不确定性更大的地方的情况发生。因此，TARE 算法能够提高探索效率，减少无效探索，从而对于三维环境下的机器人探索任务具有重要的应用价值。

TARE 总体算法如图 6-53a 所示，在一个局部区域内（灰色框），机器人会沿着一条由计算机大量计算给出的精细路径（灰色框内的彩色路径）进行。而在这个区域之外，则是由一条由计算机少量计算给出的粗略路径（灰色框外的黑色虚线路径）引导，实心灰色块则是未探索完全但目前机器人并不会对此处精细计算的子空间。

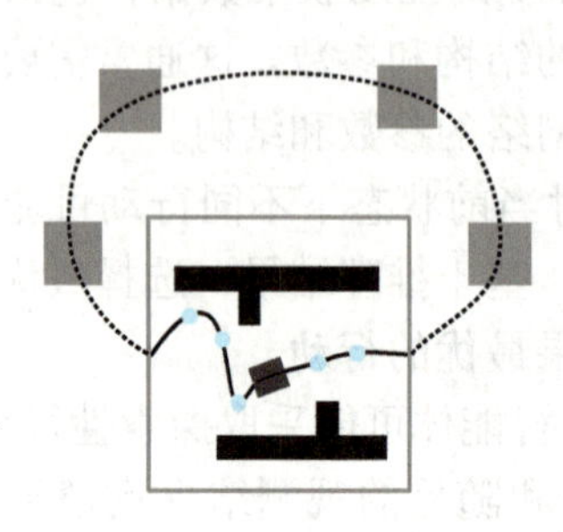

a) TARE算法总体示意图

b) TARE算法局部区域示意图

图 6-53　视点示意图

TARE 算法在机器人附近的局部区域内会寻找一条最短路径，以使传感器能够完全覆盖该区域，并保证地图质量。这一方法不同于传统方法只用边界点引导机器人进行探索，而是采取视点循环的方式寻找能让传感器“看全、看好”的最短路径。在建图时，为了获得高质量的数据，激光雷达需要从特定范围内的角度和距离观测物体。因此，TARE 算法通过循环采样视点，寻找最优路径来最大化传感器对物体表面的覆盖，从而实现高质量地图的构建。如图 6-53b 所示，黑色曲线代表最优轨迹，彩色圆圈表示采样得到的视点，彩色曲线边界表示需要被传感器完全覆盖的物体表面。TARE 算法采用了层级结构，能够在相似的计算资源下处理更大范围的环境，并给出接近最优解的路径。在每个层级中，TARE 利用解决旅行商问题的方法来确定机器人探索目标的顺序。相较于其他前沿方法，TARE 算法具有更高的探索效率和更快的计算速度，在实际应用中具有广泛的适用性和重要价值。下面分三步简单阐述算法核心思想。

1. 视点选择与优化

（1）视点候选点生成　系统从地形分析模块获取到机器人周围环境的障碍物点云 $\boldsymbol{C}_{\mathrm{obs}}$ 以及地形点云 $\boldsymbol{C}_{\mathrm{terrain}}$，然后系统将在传感器所能获取到的有限的已知地图环境中等间隔地放置 $N\times N$ 个候选点，将候选点作为一张节点图，每个节点对其相邻的节点进行连接检测和障碍物碰撞检测。具体检测方法见算法 6-3，候选点生成后通过系统可视化界面可以看到视点候选点如图 6-54 所示。

算法 6-3　候选点连接检测和碰撞检测

已知：$\boldsymbol{N}_{\mathrm{c}}$：候选点点阵；$\boldsymbol{C}_{\mathrm{obs}}$：障碍物点云；$r_{\mathrm{h}}$ 机器人高度；

求：$\boldsymbol{G}_{\mathrm{g}}$：节点图；

1：将 $\boldsymbol{N}_{\mathrm{c}}$ 和 $\boldsymbol{C}_{\mathrm{obs}}$ 一起体素化
2：**for** $n \in \boldsymbol{N}_{\mathrm{c}}$ **do**
3：　　从 $\boldsymbol{C}_{\mathrm{t}}$ 中在 XY 平面上查找离 n 最近的地形点 p
4：　　$n.z=p.z+r_{\mathrm{h}}$
5：　　$n.h=p.h$
6：　　**if** n 所在体素内有障碍物点云 **then**
7：　　　　将 n 从 $\boldsymbol{N}_{\mathrm{c}}$ 中删掉
8：　　**end if**
9：**end for**
10：**for** $n \in \boldsymbol{N}_{\mathrm{c}}$ **do**
11：　　找出 n 在 $\boldsymbol{N}_{\mathrm{c}}$ 中的相邻节点放入 $n.nbrs$
12：　　求出 n 离 $\boldsymbol{C}_{\mathrm{obs}}$ 的最近距离 $dist$
13：　　$n.r=dist$
14：**end for**
15：$\boldsymbol{G}_{\mathrm{g}}=\boldsymbol{N}_{\mathrm{c}}$
16：**return** $\boldsymbol{G}_{\mathrm{g}}$

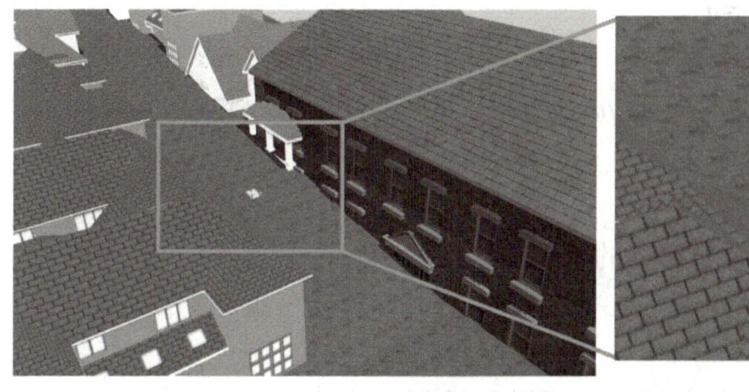

图 6-54　视点候选点可视化图

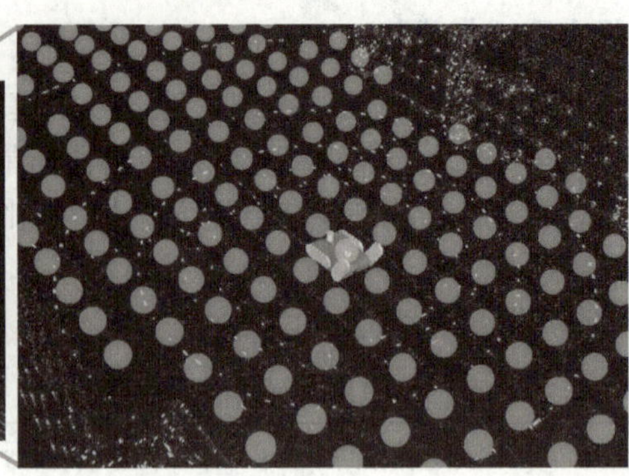

图 6-54　视点候选点可视化图（续）

（2）视点筛选　传感器物理感知范围 Q 是很大的（感知范围可达 0.1 ～ 150m），在 SLAM 领域中只要物体出现在传感器物理感知范围内则可认定该物体被传感器覆盖。为了促使机器人能够到达每个角落，定义传感器软件感知范围 q，其中 $q \in Q$。定义在视点 v 的范围 q 以内的点为视点 v 能够覆盖的点。视点集选择的具体算法见算法 6-4，第 5 行对被选定为视点的候选点增加了当前候选点的防护半径约束和高度成本约束，这保证了所选中的视点对于机器人来说是更加安全可靠的，更加适合导航。

算法 6-4　视点集选择

已知：$\boldsymbol{G}_{\mathrm{g}}$：节点图；$\mathcal{P}_{\mathrm{u1}}$：待覆盖的表面；$\mathcal{P}_{\mathrm{u2}}$：待覆盖的边界面；$thr$：能选为视点的候选点所能覆盖的点的阈值；$d_{\mathrm{thr}}$：能选为视点的候选点到障碍物的最小距离阈值；$h_{\mathrm{thr}}$：能选为视点的候选点的相对高度最高阈值；

求：$\mathcal{V}$：视点集；

1：$\mathcal{P}_{\mathrm{temp}}=\mathcal{P}_{\mathrm{u1}}+\mathcal{P}_{\mathrm{u2}}$
2：定义一个队列 *queue* 和一个视点 q
3：**for** $n \in \boldsymbol{G}_{\mathrm{g}}$ **do**
4：　　计算 n 在 $\mathcal{P}_{\mathrm{temp}}$ 中能覆盖到点数 N 和点 P_{n}
5：　　**if** $N>thr$ 且 $n.r>d_{\mathrm{thr}}$ 且 $n.h<h_{\mathrm{thr}}$ **then**
6：　　　　$q.num=N$
7：　　　　$q.node=n$
8：　　　　$q.points=P_{\mathrm{n}}$
9：　　　　将 q 放入队列 *queue*
10：　　**end if**
11：**end for**
12：将队列 *queue* 中的元素按元素的 *num* 从大到小排序
13：$K=queue.size()$
14：**while** True **do**
15：　　在队列 *queue* 中前 K 个元素随机选择一个元素 q_{cur}
16：　　将 $q_{\mathrm{cur}}.node$ 放入 $\mathcal{V}$
17：　　$\mathcal{P}_{\mathrm{temp}}=\mathcal{P}_{\mathrm{temp}}-q_{\mathrm{cur}}.points$

```
18:        从 queue 中移除 q_cur
19:        for q ∈ queue do
20:            根据当前的 P_temp 更新 q.num, q.points
21:        end for
22:        将队列 queue 中的元素按元素的 num 从大到小排序
23:        求出 queue 中元素的 num 开始小于 thr 的序号并赋值给 K
24:        求出 P_temp 的大小 S
25:        if S<thr 或 queue[0].num<thr then
26:            break;
27:        end if
28:    end while
29:    return V
```

2. 视点排序与优化

旅行商问题（Traveling Salesman Problem，TSP）是给定多个城市和它们之间的距离，计算从其中某个城市出发，有且仅经过一次其他城市，最后返回出发城市的最短路径问题。该问题最早源于推销员需要在不同城市之间进行销售，要求找出最短路线以节省时间成本。旅行商问题是一个经典的组合优化问题，同时也是一个 NP（Non-deterministic Polynomial）问题，无法在多项式时间内求出精确解。二十世纪三十年代开始，该问题一直被讨论和研究。目前针对常规的旅行商问题已有专门的 TSP 求解器，仅需输入城市集合和城市间距离即可求解出城市顺序。因此将视点集和机器人作为所有城市集合，利用解决旅行商问题的方法便可解决视点集排序问题。

机器人在确定了包含 n 个视点的视点集 $V=\{v_1,v_2,\cdots,v_n\}$ 后，将机器人当前位置 p_r 放到集合 V 的最前方得到 $\tilde{V}$，即 $\tilde{V}=\{p_r,v_1,v_2,\cdots,v_n\}$，再求解出各节点之间的距离矩阵 $\boldsymbol{D}$，将 $\tilde{V}$ 和 $\boldsymbol{D}$ 输入到求解旅行商问题的 TSP 求解器便可解决视点集顺序问题。

$$\boldsymbol{D}=\begin{pmatrix} l_{rr} & l_{r1} & l_{r2} & \cdots & l_{rn} \\ l_{1r} & l_{11} & l_{12} & \cdots & l_{1n} \\ l_{2r} & l_{21} & l_{22} & \cdots & l_{2n} \\ \vdots & \vdots & \vdots & & \vdots \\ l_{nr} & l_{n1} & l_{n2} & \cdots & l_{nn} \end{pmatrix} \tag{6-114}$$

其中 $l_{ij}=l_{ji}$，$i=1, 2, \cdots, n$，$j=1, 2, \cdots, n$，l_{ij} 表示视点 v_i 和 v_j 之间的可通行路径的长度，矩阵 $\boldsymbol{D}$ 的第一行和第一列表示机器人与各视点之间的距离。

事实上，机器人在探索过程中出现受困、卡死的情况往往是因为机器人当前选择的视点 v_i 不够合理，即机器人与 v_i 之间障碍物过多或者是道路过于狭窄，但 TSP 求解器在解决这一问题的时候并没有考虑这么多因素，仅仅是根据距离矩阵来进行求解。为降低机器人的受困概率，定义 u_{ri} 为机器人到视点 v_i 之间的旅行商代价，此代价与各视点的选择度 s_i 直接相关，对距离矩阵进行修改，修改后的距离矩阵为

$$
\boldsymbol{D}=\begin{pmatrix} u_{rr} & u_{r1} & u_{r2} & \cdots & u_{rn} \\ u_{1r} & u_{11} & u_{12} & \cdots & u_{1n} \\ u_{2r} & u_{21} & u_{22} & \cdots & u_{2n} \\ \vdots & \vdots & \vdots & & \vdots \\ u_{nr} & u_{n1} & u_{n2} & \cdots & u_{nn} \end{pmatrix} \tag{6-115}
$$

定义：

$$
\begin{cases} u_{ri}=u_{ir}=\dfrac{1}{s_i} \\ s_i=\dfrac{\lambda_i \cdot d_{ri}}{l_{ri}\cdot(d_{ri}+l_{ri})} \\ d_{ri}=\left|p_r-p_i\right| \end{cases} \tag{6-116}
$$

其中 λ_i 为下层局部规划器为每个视点的反馈评分，$0<\lambda_i \leqslant 1$，每个视点对应的反馈初始评分都为 1，如果机器人在局部规划时认定去往视点 v_i 有难度，则局部规划器反馈给探索决策模块的 λ_i 会逐步降低；p_i 为视点 v_i 的位置。当机器人与视点 v_i 的路径长度比直线距离大很多的话，可以认为机器人与视点 v_i 之间会有较多的障碍物，机器人不得不选择绕远路，在探索过程中系统并不希望机器人率先选择去到该视点，所以该视点应具有更低的选择度，更高的旅行商代价。

TSP 算法改进距离矩阵输入的效果如图 6-55 所示，假设机器人是 1 号五角星，它需要分别去往另外三个视点（五角星左上方数字代表 TSP 求解出的视点顺序），当距离矩阵元素为视点间直线距离时，TSP 求解出机器人应该先去往如图 6-55a 所示中 2 号五角星的视点，但该视点与机器人有障碍，机器人去往该视点会有很大难度；当距离矩阵元素为视点间路径长度时，TSP 求解出视点顺序如图 6-55b 所示，可见当前的顺序依旧不是最优（2、3 号视点相邻视点间具有太多障碍物）；当距离矩阵元素为视点间旅行商代价时，TSP 求解出视点顺序如图 6-55c 所示，可见此时的视点顺序才是合理的。

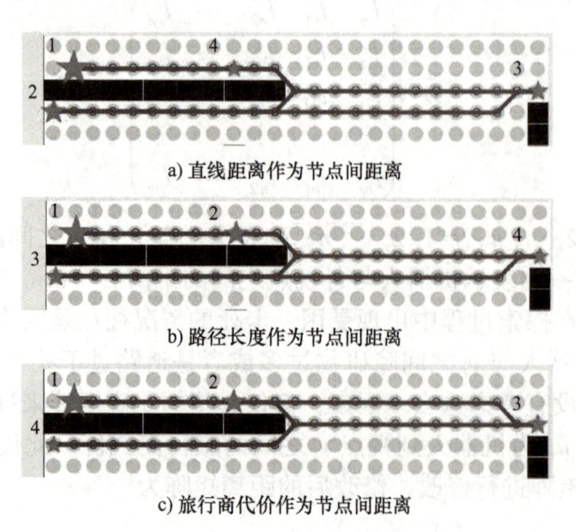

图 6-55　TSP 算法改进距离矩阵输入的效果图

求解出各视点顺序后，机器人根据该视点顺序再次利用路径规划算法进行各视点之间的路径搜索供机器人跟踪。

3. 路径规划与优化

在求解视点顺序的时候，首先要求得距离矩阵 $\boldsymbol{D}$，即各视点之间的可通行路径长度，所以路径规划能否在各视点之间求解到一条可靠的路径对视点顺序的选择的合理性会有直接影响。不仅如此，在求解到合理的视点顺序后，又需要根据这些顺序求解视点之间的探索路径来将视点连接，所以路径规划算法至关重要。

在视点选择中，机器人已经在自身周围的已知环境中布置好了一系列有序的视点候选点，这些视点候选点在输入给视点选择器的同时还将输入路径规划模块作为节点图。在选择视点的时候，机器人已经对该节点图进行了预处理，该节点图中每个节点不仅仅只有位置信息和邻居节点信息，还具有每个节点的高度代价和防护半径，这些信息都将加入到路径搜索的代价函数中直接促使机器人搜索出一条安全可靠的探索路径。

路径规划算法是一种用于在网格或图中找到最优路径的算法。它将通过搜索所有可能的路径来找到最短距离或最少扭曲的路径。路径规划算法通常用于求解地图上机器人的最优路径或网络路径。路径规划算法通常分为广度优先搜索和启发式搜索两类。广度优先搜索被用来解决最短路径问题，它将搜索空间分割成固定窗口大小，并将路径最短的点保留在搜索空间中。启发式搜索被用来解决少量约束的问题，并使用一些简单的准则来进行搜索。例如 A* 搜索算法将估计最终位置到拓展节点的直线距离，并寻找拥有最小该距离的下一个点。Jump Point Search（JPS）算法是对 A* 算法改进后的寻路算法，其算法流程见算法 6-5 和算法 6-6。

算法 6-5　JPS 中搜索节点 N 的近邻节点阶段一：横向纵向搜索

已知： $\boldsymbol{G}_{\mathrm{g}}$：节点图；$X_{\mathrm{s}}$：起始节点；$X_{\mathrm{g}}$：目标节点；$N$：当前节点；

求： n_{nbr}：节点 N 的近邻节点；

1：定义 ***dir List***= ∅
2：**if** N 没有父节点 **then**
3：　　***dirList***={ 上 (0,1), 下 (0,−1), 左 (−1,0), 右 (1,0)}
4：**else**
5：　　父方向分解出横向方向 Dir_{h} 和纵向方向 Dir_{v}
6：　　**if** $Dir_{\mathrm{h}} \neq (0,0)$ **then**
7：　　　　Dir_{h} 加入至 ***dirList***
8：　　**end if**
9：　　**if** $Dir_{\mathrm{v}} \neq (0,0)$ **then**
10：　　　　Dir_{v} 加入至 ***dirList***
11：　　**end if**
12：**end if**
13：**for** $Dir_{\mathrm{cur}} \in$ ***dirList*** **do**
14：　　令节点 $B=N$
15：　　**while true do**

```
16:                     B=B+Dir_cur
17:                     if B 是跳点 then
18:                         给 B 赋权值并将其加入 n_nbr
19:                         break;
20:                     end if
21:                     if B 是障碍物或者边界 then
22:                         break;
23:                     end if
24:             end while
25:     end for
26:     return n_nbr
```

算法 6-6　JPS 中搜索节点 N 的近邻节点阶段二：斜方向搜索

已知：$\boldsymbol{G}_{\mathrm{g}}$：节点图；$X_{\mathrm{s}}$：起始节点；$X_{\mathrm{g}}$：目标节点；$N$ 当前节点；

求：$\boldsymbol{n}_{\mathrm{nbr}}$：节点 N 的近邻节点；

```
1:  定义 dirList= ∅
2:  if N 没有父节点 then
3:      dirList={ 左上 (-1,1)，右上 (1,1)，左下 (-1,-1)，右下 (1,-1)}
4:  else
5:          令 F=N 的父节点
6:          令 (x,y) = FN→
7:          if x≠0 ∩ y≠0 then
8:              将（x,y）加入到 dir List
9:          end if
10: end if
11: for C ∈ N 的所有强制邻居 do
12:         将 NC→ 加入到 dirList
13: end for
14: for Dir_cur ∈ dirList do
15:         Dir_cur 分解出横向方向 Dir_h 和纵向方向 Dir_v
16:         定义 dirList_cur={Dir_h, Dir_v, Dir_cur}
17:         for d_cur ∈ dirList_cur do
18:             令节点 B=N
19:             while true do
20:                     B=B+d_cur
21:                     if B 是跳点 then
22:                         给 B 赋权值并将其加入 n_nbr
23:                         break;
```

```
24:                 end if
25:                 if B 是障碍物或者边界 then
26:                     break;
27:                 end if
28:             end while
29:         end for
30: end for
31: return  n_nbr
```

本章小结

本章从机器人路径 / 轨迹规划算法设计出发，详细介绍了基于图结构的路径搜索、基于采样的路径搜索和考虑运动学约束的路径搜索。其中图搜索主要介绍了经典的贪婪算法、Dijkstra 算法和 A* 算法，基于采样的搜索介绍了应用较广泛的 RRT 算法和 RRT*，而考虑运动学约束的搜索介绍了 Hybrid A* 算法。同时考虑到局部规划的实用性，介绍了 DWA 和 TEB 这两种主流的局部规划算法。然后针对机器人路径 / 轨迹跟踪控制问题，主要介绍了无模型的 PID 控制和自抗扰控制方法，和基于模型预测控制的控制方法。最后介绍了机器人未知环境自主探索算法设计，主要是基于边界的自主探索算法、基于概率采样的自主探索算法、基于强化学习的自主探索算法以及基于贝叶斯网络的自主探索算法，同时也提供了一个机器人未知环境自主探索算法设计实例。

参考文献

[1] LAVALLE S. Rapidly-exploring random trees：a new tool for path planning[R]. The Annual Research Report，Computer Science Department，Iowa State University，1999.

[2] LA VALLE S M，KUFFNER JR J J. Randomized kinodynamic planning[J]. International Journal of Robotics Research. 2001，20（5）：378-400.

[3] KARAMAN S，WALTER M R，PEREZ A，et al. Anytime motion planning using the RRT*[C]. Shanghai：IEEE International Conference on Robotics and Automation，2011.

[4] DOLGOV D，THRUN S，MONTEMERLO M，et al. Practical search techniques in path planning for autonomous driving[C]. Anchorage：American Association for Artificial Intelligence （AAAI） Workshop-Technical，2008.

[5] KÜMMERLE R，GRISETTI G，STRASDAT H，et al. G2o：a general framework for graph optimization[C]. Shanghai：IEEE International Conference on Robotics and Automation，2011.

[6] FOX D，BURGARD W，THRUN S. The dynamic window approach to collision avoidance[J]. IEEE Robotics & Automation Magazine，1997，4（1）：23-33.

[7] QUINLAN S，KHATIB O. Elastic bands：connecting path planning and control[C]. Atlanta：IEEE International Conference on Robotics and Automation，1993.

[8] ROSMANN C，FEITEN W，WOSCH T，et al. Efficient trajectory optimization using a sparse model[C]. Barcelona：European Conference on Mobile Robots，ECMR，2013.

[9] ROSMANN C，HOFFMANN F，BERTRAM T. Planning of multiple robot trajectories in distinctive topologies[C]. Lincoln：European Conference on Mobile Robots，ECMR，2015.

[10] ROSMANN C，HOFFMANN F，BERTRAM T. Integrated online trajectory planning and optimization in distinctive topologies[J]. Robotics and Autonomous Systems，2017，88：142–153.

[11] XU Z，DENG D，SHIMADA K. Autonomous UAV exploration of dynamic environments via incremental sampling and probabilistic roadmap[J]. IEEE Robotics and Automation Letters，2021，6（2）：2729-2736.

[12] GARAFFA L C，BASSO M，KONZEN A A，et al. Reinforcement learning for mobile robotics exploration：a survey[J]. IEEE Transactions on Neural Networks and Learning Systems，2023，34（8）：3796–3810.

第 7 章　典型移动机器人系统设计案例

导读

面向实际应用场景的智能移动机器人通常是一个复杂的系统，其设计需要考虑多方面因素。本章从为读者提供典型设计案例的角度出发，以智能自主探测回收机器人、智能搜救机器人和排爆机器人为例，详细介绍了面向不同应用场景的移动机器人系统综合设计，从需求分析到软硬件系统的设计，再到循序渐进的迭代调整，帮助读者了解如何从需求出发，贯穿整体到部分、再到整体的设计思路，以及模块化的设计理念。

本章知识点

- 智能自主探测回收机器人系统设计
- 智能搜救机器人系统设计
- 排爆机器人系统设计

7.1　智能自主探测回收机器人系统设计案例

本节主要介绍面向大范围荒漠环境，如何设计搭载环境传感器、内部传感器与机械臂的移动机器人实现自主定位、自主导航、目标识别、目标抓取以及任务行为规划等功能，最终实现对金属破片的自主探测与回收。

7.1.1　案例背景与需求

二十世纪八十年代以来，随着科学技术的不断发展，机器人逐渐在各行各业中取代人类角色。尤其是在一些恶劣环境中，机器人可以极大降低人类作业风险，提高作业效率，自主探测与回收作业机器人就是其中的典型。在荒漠环境实现破片自主探测与回收，要求机器人能够自主定位并且按照规划的路径自主行进与避障，并在行进途中对金属破片进行探测与抓取。该任务主要有以下难点：荒漠为特征稀少的非结构化开阔环境，要求机器人能够实现自主定位及探索；金属破片目标形状不规则、大小不统一，且可能与沙石混杂，检测目标时容易出现误检测，抓取时容易漏捡；作业流程复杂，需要机器人具备合理高效的规划与控制架构。为此，需对机器人进行整体的软、硬件系统设计。

7.1.2 硬件系统设计

智能自主探测回收机器人的硬件系统主要由移动平台、定位建图模块、破片探测抓取模块以及通信模块构成。其基本硬件平台如图 7-1 所示。

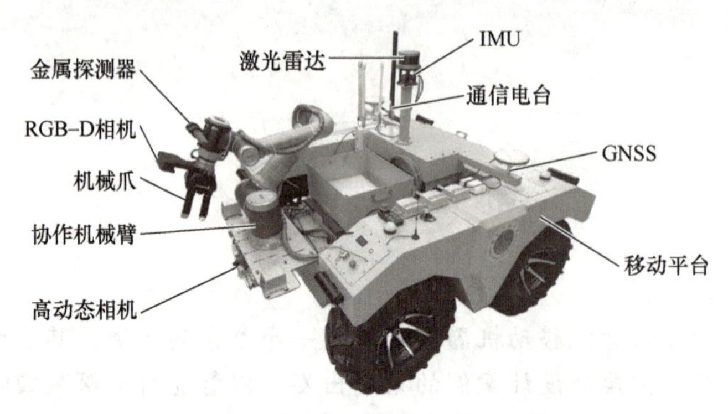

图 7-1 智能自主探测回收机器人硬件平台

1. 移动平台

移动平台是智能机器人实现移动任务的基础，为提高机器人运动过程中的稳定性与灵活性，移动平台选用双侧差速转向平台。该平台为四轮结构，其中左侧两轮与右侧两轮各由一个电动机控制，通过控制电动机转速差异能够实现平台前进、后退与转向。移动平台中间部分内凹，可用于承载多种载荷，适用于多种应用场景。同时，移动平台内部集成开发了轮式里程计，用于粗略估计平台的位移和朝向角变化。

2. 定位建图模块

定位建图模块用于机器人的自主导航定位，并建立环境点云地图、收集环境信息，是机器人实现导航规划、场景理解的必备基础。该机器人的定位建图模块由三个传感器构成。

（1）GNSS 全球导航卫星系统（Global Navigation Satellite System，GNSS）用于提供机器人所在位置的精确经纬度、航向角以及高度信息。GNSS 由 GNSS 接收机以及基站构成，采用实时差分定位（Real-Time Kinematic，RTK）测量方法实现机器人在野外环境的厘米级精确定位。GNSS 基站及接收机如图 7-2 所示。

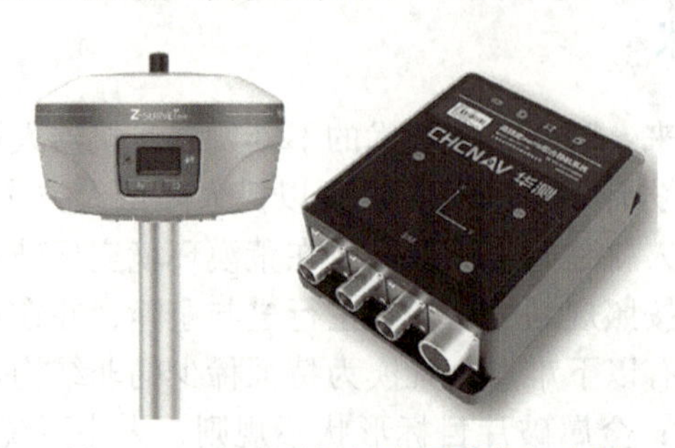

图 7-2 GNSS 基站（左）及接收机（右）

（2）IMU　惯性测量单元（Inertial Measurement Unit，IMU）用于提供高达 400Hz 频率输出的三维线加速度、三维角速度以及姿态数据。该数据与 GNSS 数据融合，可实现高频位姿估计。IMU 如图 7-3 所示。

（3）激光雷达　激光雷达可提供环境的距离信息，是实现环境稠密建图的基础。该机器人搭载的 16 线激光雷达如图 7-4 所示。

图 7-3　IMU

图 7-4　激光雷达

3. 破片探测抓取模块

破片探测抓取模块旨在实现金属破片的识别探测以及抓取回收。该模块包括用于探测的高动态相机、RGB-D 相机和金属探测器，以及用于抓取破片的六自由度协作机械臂和三指机械爪。主要硬件构成如下。

（1）高动态相机　由于普通相机在动态场景下采集的图片可能会出现运动模糊，进而导致识别算法无法准确识别目标，因此采用高动态相机实现行进中的目标识别。该相机采用全局快门，相机具备对输出图像进行去拖影功能，满足在动态场景下捕捉目标物清晰图像的需求。高动态相机如图 7-5 所示。

（2）RGB-D 相机　对高速相机采集的图像利用目标检测算法发现目标后，需结合 RGB-D 相机输出的深度信息给出目标位置，为后续抓取任务提供依据。RGB-D 相机如图 7-6 所示。

图 7-5　高动态相机

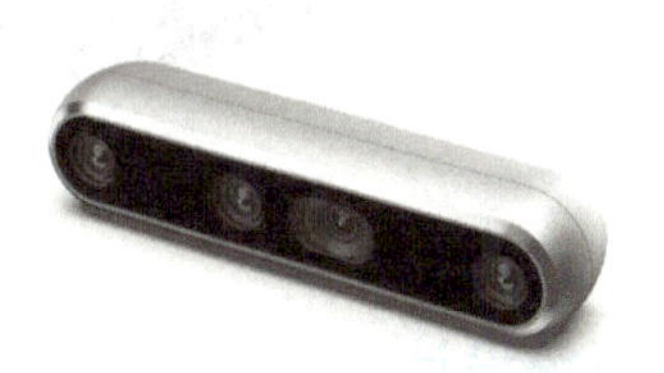

图 7-6　RGB-D 相机

（3）金属探测器　金属探测器利用电磁感应的原理，利用有交流电通过的线圈产生迅速变化的磁场。这个磁场能在金属物体内部产生涡电流，涡电流又会产生磁场，反过来影响原来的磁场，一旦原磁场的磁通量发生变化，磁场产生的感应电流就会变化，据此可判断目标物体是否为金属，当电流电压变化超过一定阈值时，认为检测结果为金属。金属探测器如图 7-7 所示。

（4）机械臂与机械爪　机械臂与机械爪是实现破片灵巧抓取的主要执行机构，其有效负载满足最大目标物重量的抓取需求，机械臂安装在移动平台前端，可实现平台前端

10 ～ 60cm、宽 1m 范围内的地面目标抓取。机械臂及机械爪如图 7-8 所示。

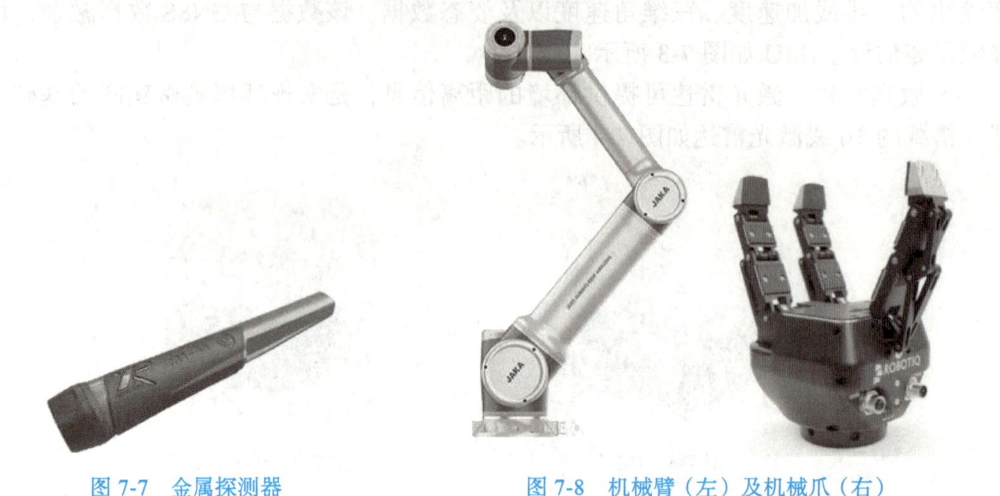

图 7-7　金属探测器　　　图 7-8　机械臂（左）及机械爪（右）

4. 通信模块

为实现对智能机器人工作状态的远程监控，掌握自主工作进程，需要利用通信模块实现控制台端与智能机器人端之间的无线通信。因为机器人作业范围大、机器人载荷空间有限，单组通信模块难以覆盖整个作业区域，所以需要能够支持同频组网、多跳中继，支持多种网络拓扑结构，如点对点、点对多点、链状中继、网状网络及混合网络拓扑等功能的 MESH 无线电台，从而实现远距离的无线通信。MESH 无线电台如图 7-9 所示。

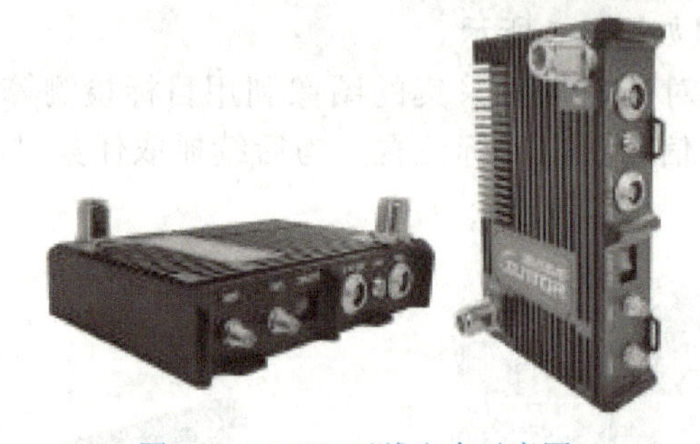

图 7-9　MESH 无线电台示意图

7.1.3　软件系统设计

为实现智能机器人的金属破片自主探测与回收功能，需基于上述硬件系统进行软件系统设计开发。根据任务的构成，软件系统主要分为作业流程控制部分、定位与建图部分、行驶规划避障部分、金属目标检测部分、机械臂自主抓取部分、数据库系统部分。软件系统整体采用第二代机器人操作系统（Robot Operating System 2，ROS2）的分布式通信架构进行软件节点数据交换与连接，从而构成完整软件系统。

1. 作业流程控制部分

本案例使用行为树（Behavior Tree， BT）作为作业流程的控制框架。行为树是用于流程化控制机器人行为的节点树，行为树通过双向控制传输机制有效地解决了反应性和模块化之间的平衡问题，使代码维护性提高的同时避免了流程陷入死循环。行为树提供的可视化编辑方式也提高了系统的可扩展性和模块重用性。本案例在 ROS2 的基础上增加以行为树为核心的“功能组织层”，对定位导航、目标识别、机械臂控制等基础功能进行了封装，以此实现作业逻辑的灵活编排与动态调整。

行为树执行时从根节点开始，按照从上往下、从左往右遍历，直到到达终结状态。行为树的叶子节点都是可执行的行为：叶子节点会进行具体的操作，节点会返回状态信息（SUCCESS、FAILURE、RUNNING）。而形成分支的则是各种类型的效用节点，它们控制树的遍历，会根据叶子节点返回的状态信息，按照特定的规则确定下一个执行的节点：若返回“SUCCESS”，则执行下一个节点；若返回“RUNNING”，继续执行此节点；若返回“FAILURE”，行为树终结。

本案例基于行为树的特性模块化构建了用于本体定位建图、行驶规划控制、目标检测与机械臂抓取等功能的服务端分系统。将服务端各分系统分别连接至用于集中管理的客户端，并分别注册其包含的功能节点，按照各节点的执行顺序构建形成行为树。其客户端与服务端的基本关系如图 7-10 所示。

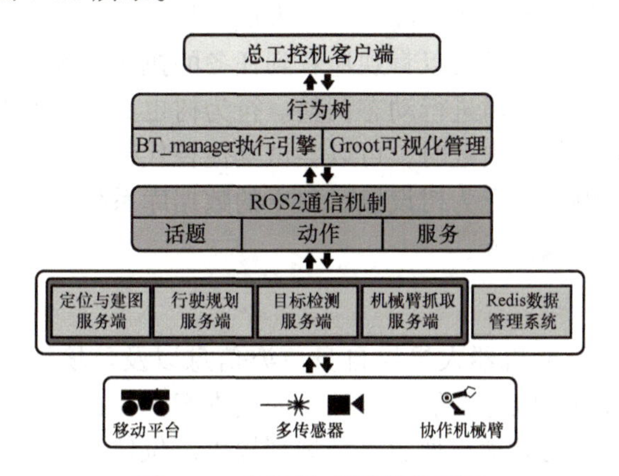

图 7-10 客户端 / 服务端关系图

基于行为树构建的控制框架总体结构如图 7-11 所示，在一次作业过程中，按照行为树中构建的顺序依次执行节点。基本流程为首先获取场景地图中需要探索的多个 GNSS 目标点，并提取一个 GNSS 目标点作为当前目标点。执行行驶规划节点，通过封装的行驶规划系统规划合理路径避开障碍到达目标点。定位节点判断机器人到达当前目标点后，行为树开始执行目标识别节点，收集前方图像并进行识别，以确认前方是否有目标破片。若存在则进一步获取目标破片位置信息。而后行为树重新执行行驶规划节点，控制机器人前往目标破片位置。判断机器人到达后，执行机械臂控制节点，控制机械臂末端运动至拍照点位置。此时执行目标检测节点，确认存在目标破片则执行机械臂控制节点实现对目标破片的抓取与放回，若不存在目标破片则回溯至行驶规划节点前往下一目标点。

通过构建基于行为树的作业流程控制框架，机器人能更好应对人为设计错误。机器人的任务被分解为多个独立的、可重用的行为模块，这种模块化设计使得每个行为模块相对简单，易于调试和测试，从而减少了传统方法状态爆炸和逻辑混乱的可能性。运行时客户端在请求服务时也无须再维护复杂的回调函数，只需根据任务需求引出对应的节点即可，提高了维护效率，增强了容错能力。同时由于行为树是通过组合不同类型的节点来明确任务的执行逻辑，每个节点的功能和行为都清晰定义，减少了设计上的歧义。

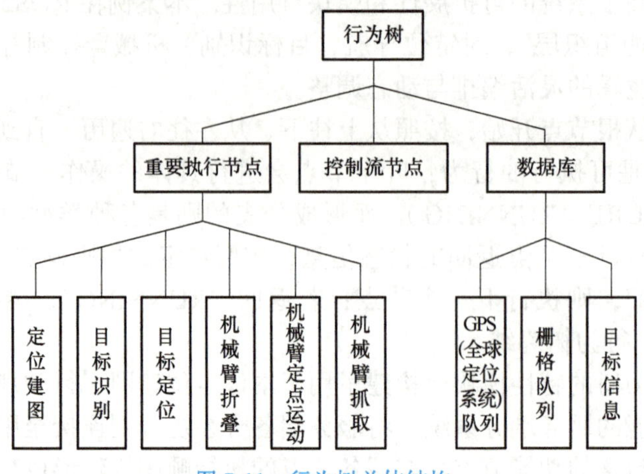

图 7-11　行为树总体结构

基于行为树的控制框架也大大提高了机器人应对故障和意外的能力。行为树支持图形化编辑和可视化监控，作业人员可以直观地看到任务的执行过程和失败原因，有助于快速定位并根据目标特性对任务逻辑进行动态调整。行为树也具有天然的容错能力，通过选择节点和重试机制，当某个行为失败时，可以尝试其他替代行为，这种机制提高了系统对意外故障的鲁棒性。本案例配合行为树设置了独立的数据库系统，机器人还能够在出现故障后自动尝试恢复，继续完成任务。

2. 定位与建图部分

定位与建图部分为智能机器人提供自身位姿信息以及环境地图信息，是后续路径规划、自主探索及破片自主回收等功能的基础。因此本案例在行为树的组织下封装了本功能节点，从而为机器人平台的运动规划、路径规划提供定位信息，并建立包含环境几何信息的三维地图。该节点封装的方法流程如图 7-12 所示。

本案例的开阔场地自主定位主要使用了扩展卡尔曼滤波（Extended Kalman Filter，EKF）算法进行实现，其基本原理如下。

EKF 以卡尔曼滤波为基础，其本质为利用初始值、之前时刻的观测值与状态值以及当前时刻的观测值去估计当前时刻的状态值。卡尔曼滤波主要由五个公式构成，第一个公式为

$$\boldsymbol{X}_{k_p} = \boldsymbol{A}\boldsymbol{X}_{k-1} + \boldsymbol{B}\boldsymbol{u}_k + \boldsymbol{w}_k \tag{7-1}$$

式中，$\boldsymbol{X}$ 表示状态值；$\boldsymbol{A}$ 为状态转移矩阵；$\boldsymbol{B}$ 为控制矩阵；$\boldsymbol{w}_k$ 为预测噪声。

该公式表示了如何用上一时刻状态去估计当前状态。第二个公式为

$$\boldsymbol{P}_{k_p} = \boldsymbol{A}\boldsymbol{P}_{k-1}\boldsymbol{A}^{\mathrm{T}} + \boldsymbol{Q}_k \tag{7-2}$$

式中，$\boldsymbol{P}$ 为协方差矩阵，该矩阵反映了系统中状态的不确定性；$\boldsymbol{Q}$ 也为协方差矩阵，代表了预测模型本身的噪声。

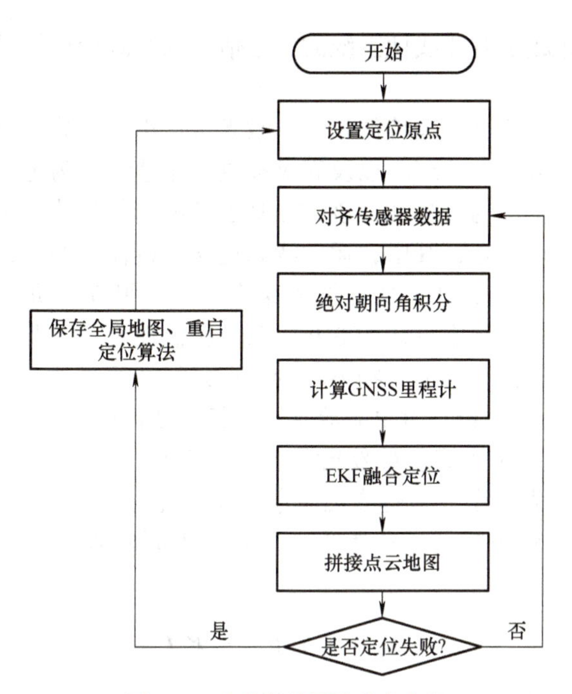

图 7-12　定位与建图的基本流程

该公式用于表示不确定性在各个时刻间的传递关系。以上两个公式用于更新系统的状态以及不确定性，称为预测方程。第三个公式为

$$\boldsymbol{K}=\frac{\boldsymbol{P}_{k_p}\boldsymbol{H}^{\mathrm{T}}}{\boldsymbol{H}\boldsymbol{P}_{k_p}\boldsymbol{H}^{\mathrm{T}}+\boldsymbol{R}} \tag{7-3}$$

式中，$\boldsymbol{K}$ 称为卡尔曼系数，它也是一个矩阵，它是对残差的加权矩阵；$\boldsymbol{H}$ 为观测矩阵；$\boldsymbol{R}$ 为协方差矩阵，表示观测的不确定性。

第四个公式为

$$\boldsymbol{X}_k=\boldsymbol{X}_{k_p}+\boldsymbol{K}(\boldsymbol{Y}_k-\boldsymbol{H}\boldsymbol{X}_{k_p}) \tag{7-4}$$

式中，$\boldsymbol{X}_{k_p}$ 为估计的状态值；$\boldsymbol{X}_k$ 为修正后的状态值。

该公式利用之前计算的卡尔曼系数 $\boldsymbol{K}$，以及实际观测值与估计状态值之间的残差 $(\boldsymbol{Y}_k-\boldsymbol{H}\boldsymbol{X}_{k_p})$ 来对状态估计值进行修正，得到更为准确的系统当前时刻状态。第五个公式为

$$\boldsymbol{P}_k=\boldsymbol{K}(\boldsymbol{I}-\boldsymbol{K}\boldsymbol{H})\boldsymbol{P}_{k_p} \tag{7-5}$$

该公式对代表系统不确定性的协方差矩阵进行更新，得到更为准确的协方差结果。

至此，卡尔曼滤波的基本步骤均已介绍完毕。扩展卡尔曼滤波是标准卡尔曼滤波在非线性情形下的一种扩展形式，它是一种高效率的递归滤波器，其中非线性指的是传感器测量值和目标的状态值之间无法通过观测矩阵 $\boldsymbol{H}$ 进行转换。它的基本思想是利用泰勒级数展开将非线性系统线性化，然后采用卡尔曼滤波框架对信号进行滤波，因此它是一种次优

滤波。然而，该方法兼顾了对非线性系统的状态估计以及减少计算量，适合用于实际工程实现中。

本案例考虑到开阔环境下环境特征较少、激光雷达里程计易失效、车载里程计精度无法保证等原因，因此将 IMU、GNSS 以及底盘提供的轮速计作为定位传感器，并对传感器数据进行松耦合，保证定位的可靠性。该方法基于扩展卡尔曼滤波算法实现，可根据传感器数据估计机器人的运动状态，其中，运动状态包含了机器人的三维位置、角速度、线速度与线加速度。该方法由于引进了高定位精度的 GNSS 组件，所以可实现高精度的定位估计，同时输出的定位数据频率可达 400Hz，满足底盘控制频率要求。

地图构建方面，由于荒漠环境中物体较少、点云特征稀疏的问题，不适合使用迭代最近邻点（Iterative Closest Point， ICP）等基于特征点匹配的点云配准方法进行点云拼接。本案例利用融合得到的里程计信息对激光雷达的单帧点云进行拼接，得到全局点云地图。要实现点云的拼接，需先将激光雷达点云映射至世界坐标系。记 $\boldsymbol{R}$、$\boldsymbol{t}$ 分别为平台当前时刻在世界坐标系下的旋转矩阵与平移矩阵，记 $\boldsymbol{p}_{\text{lidar}}$ 为原始激光雷达点云坐标，则世界坐标系下的激光雷达点云坐标为

$$\boldsymbol{p}_{\text{world}} = \boldsymbol{R}^{\text{T}}\boldsymbol{p}_{\text{lidar}} - \boldsymbol{R}^{\text{T}}\boldsymbol{t} \tag{7-6}$$

将各时刻世界坐标系下的激光雷达点云进行保存，即可得到开阔环境的激光雷达点云地图。同时由于融合了 GNSS 数据的 EKF 算法估计的平台位姿具有较高的准确度，因此获得的点云地图也有较高的准确度。

3. 行驶规划部分

行驶规划部分负责对荒漠场景下面积较大的任务区域实现路径覆盖，覆盖率是最优先的要求，因此本案例采用区域分割的算法。算法首先使用几何分割的方法生成一系列路径点，如图 7-13 所示。

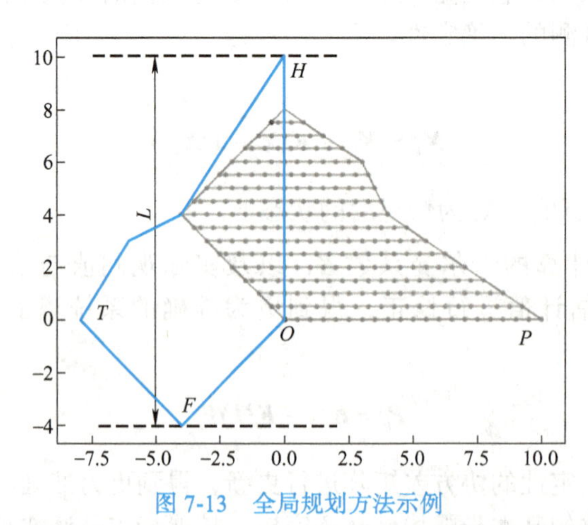

图 7-13　全局规划方法示例

图中阴影多边形为目标多边形区域，彩色多边形是基于目标区域按照如下方法生成的一个多边形区域：确定好起始点 O 和起始方向 OP，将目标多边形绕 O 点旋转，旋转角度为起始边 OP 到竖直方向的角度。在旋转后得到的多边形（彩色多边形）中确定最高点 H、

最低点 F 和最左侧点 T，根据最高点和最低点高度差确定一条最长线段 L。将线段 L 从最左侧的点 T 开始，从左往右移动，每隔 Δsm 记录 L 与多边形的交点，切割多边形，Δs 需要根据不同的任务需求确定。在获取到的切割线段中均匀地插入点，再根据起始位置对所有点进行一维距离上的排序，即可得到覆盖整个目标区域的系列路径点。

在得到上述系列路径点后，机器人可运用 A*、Hybird A* 等算法进行路径点之间的局部避障规划。在目标点较远的时候自动选择 A* 算法粗略生成路径，以缩短计算时间。在目标点较近的时候也自动选择 A* 算法。在目标点距离适中的情况下自动选择 Hybird A* 算法，最终实现平滑的路径生成。

4. 金属目标检测部分

金属目标检测是控制框架中核心功能节点之一，承担判断目标是否存在和确认目标位置的任务。在开阔的荒漠场地下，特种金属破片分布不均匀，形状不规则，并可能与沙石混杂在一起，情况较为复杂，现有的方法中并无统一范式解决此问题。本案例根据金属破片颜色深、密度大、具备金属特性的特征，提出了一种基于多传感器信息融合的三阶段破片检测方案。本案例采用基于视觉的实例分割算法进行第一阶段的破片检测，随后应用金属探测器进行第二阶段的检测，并结合力矩传感器与视觉信息估算密度进行第三阶段检测，整体工作流程如图 7-14 所示。三个阶段的检测任务侧重点不同，基于视觉的实例分割期望尽可能检测出所有破片，得到高召回率；后续的金属探测及力矩传感器则侧重于消除第一阶段的误检测，期望得到高精确率。

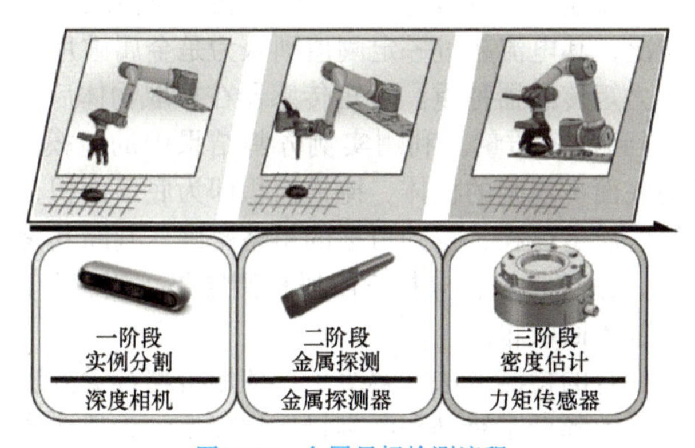

图 7-14　金属目标检测流程

第一阶段中采用 Yolact 实例分割网络进行破片检测。该网络利用 ResNet101 卷积神经网络作为骨干网络提取图片特征，将不同卷积层得到的特征进行拼接，根据得到的特征生成不同的候选框，对区域进行分类生成不同类别，然后对候选框内像素进行分类，得到实例分割区域。本案例对实时性要求较高，Yolact 能够在保证较好分割效果的前提下，以较高的帧率进行处理，从而及时发现并处理异常情况。尽管金属破片具有复杂的高反光性和重复性纹理，但 Yolact 在生成掩码时能够较好地捕捉这些特征，将图像数据从 RGB 空间转换至 HSV 空间处理，亮度通道滤除了部分阴影，从而在不同光照和反光条件下依然能够准确分割出金属破片。

得到实例分割的结果后将进行抓取点的计算，计算时，为适应本案例选用的三指夹爪，将候选框的长边中点作为一个抓取点，对边两个三等分点作为另外两个抓取点。得到抓取点后，将抓取点从相机坐标系下转换到机械臂基坐标系下，最终表示为该坐标系下的三组值（x，y，z），基本方法如图 7-15 所示。

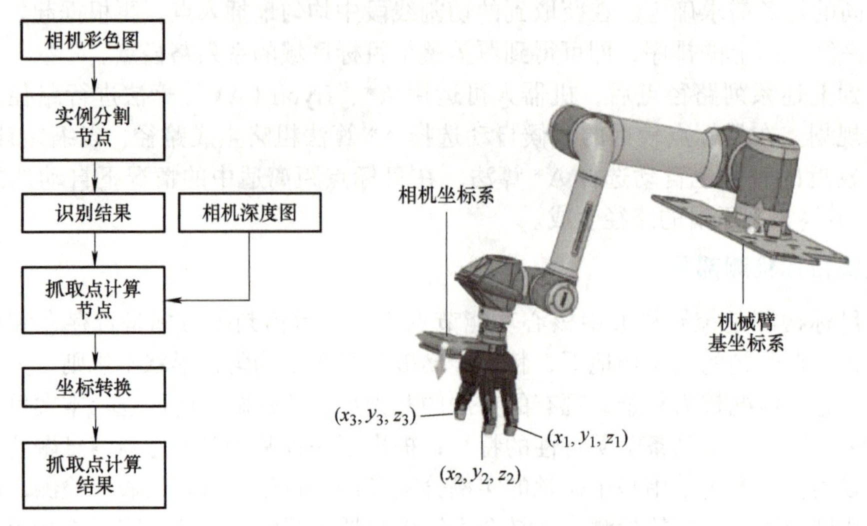

图 7-15　抓取点计算流程

第二阶段主要利用金属探测器对金属破片进行确认。金属探测器基于电磁感应原理，自身线圈通电后在空间产生涡旋电场，涡旋电场遇金属后会形成涡电流，从而确认探测到目标。本案例将金属探测器连接在机械臂五关节处，在一阶段结束后旋转关节，监测金属探测仪电流电压变化情况，其电流超过一定阈值则认为是金属破片。

第三阶段主要使用力矩传感器称重。力矩传感器在抓取物体后，对目标物体称重（统计 z 轴方向的应力），得到物体质量。利用实例分割结果中的掩模信息，估算破片体积，具体方法为假设破片为底面不规则的柱体，掩模面积即为底面面积，柱体高度由破片中心点高度决定。依据估算的质量体积，得到目标的粗略密度，判断其是否为金属破片。

进行完三个阶段后，系统将综合分析三阶段检测结果，当三阶段检测都同时为真时，认定目标为目标破片，放入回收箱。

通过上述多传感器融合的检测方法，解决了仅使用机器视觉方法训练成本过高且可能误判形似石块的问题，有效降低了错判和漏判目标的概率，为抓取成功提供了保障。将其封装为功能节点后，复用性增强，所有检测任务只需使用同一个封装节点。

5. 机械臂自主抓取部分

机械臂自主抓取也是核心功能节点之一，其封装的自主抓取规划方法对机械臂的运行轨迹进行规划，使机械臂在确定目标碎片和抓取平面后，能对目标检测给出的目标进行二次识别，并执行抓取和放置操作。

在抓取规划的过程中，本案例首先需要使用全局相机获取场景中障碍物点云，利用八叉树体素建模生成机械臂工作空间中的 OctoMap 空间概率地图，以表示每个栅格被占据的概率。将机械臂目标位姿和障碍物栅格作为避障约束，使用 RRT-connect 算法规划出末端运行轨迹，并利用样条曲线优化各关节运行轨迹。

整个执行流程分为三个阶段，基本流程如图 7-16 所示。其中机械臂有两个固定位置，称为拍照点、放置点。第一个阶段中，机械臂位于拍照点，在进行初步识别后末端由拍照点前往第一个探测点（位于目标正上方一定距离）。到达探测点后旋转第四关节，由金属探测仪进行探测，若为金属则等待行为树的下一步命令，否则返回拍照点。第二个阶段中，若确认目标为金属破片，则开始旋转机械臂第六关节对准抓取点，以更合适的角度与模式进行抓取。三指夹爪稳定包裹住目标后，上移 5cm，使用力矩传感器进行破片检测流程中第三阶段的检测，若结果为真则进行下一阶段，否则返回拍照点。第三阶段中，避开车体凸起，将抓取成功的目标移动到放置点，将目标置于回收箱中。其中第一、第三阶段均需进行避障规划。

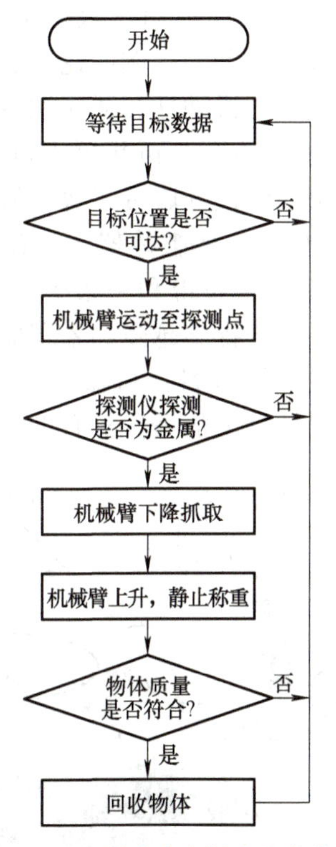

图 7-16　机械臂自主抓取基本流程

本案例将抓取流程中所需的碰撞检测、轨迹规划、运动学求解等方法集成在 Moveit 中，方便进行快速调用，显著优化了抓取规划和执行速度。

6. 数据库系统部分

本案例在基于行为树的控制框架下设置了基于 Redis 数据库的机器人数据管理系统。Redis 是一种非关系型数据库，采用基于内存的键值对存储方式，具备极高的读写速度，因此适用于机器人运行时的实时数据缓存和读取。本案例所设计的数据库采用 C/S（客户端 / 服务端）架构，其中基于行为树的控制框架为客户端，通过调用各接口实现与数据库的交互。

服务端维护了数据加载与初始化、数据通信、数据存储、数据发布、异常处理等多个服务。数据加载与初始化服务承担了数据库创建与加载的功能。数据通信服务目的是提供服务端其他功能节点与数据管理系统的交互手段。数据存储服务对其他功能节点传输的作业任务信息进行存储。数据存储时，由于 Redis 数据库不需要维护复杂的关系表，GNSS 信息、收集任务名称、待抓取目标队列、栅格数据等多种不同类型的相关作业信息都可以以键值对的形式存储于数据管理系统中。数据发布服务可以将作业任务信息进行发布，便于其他功能节点订阅并获取最新的任务信息。

7.2 智能搜救机器人系统设计案例

近年来，越来越多的研究机构专注于城市搜救（Urban Search and Rescue，USAR）。业界已经研发出许多不同类型的救援机器人，例如蛇形、轮式、腿式和履带式机器人。其中，履带式机器人在户外复杂环境中的机动性和适应性更强。因此，它们被广泛应用于城市搜救任务中。接下来，本案例将以 RoboCup 机器人世界杯救援机器人比赛 NuBot 机器人为例，从硬件和软件的角度介绍如何设计履带式救援机器人系统。

如图 7-17 所示为 NuBot 救援机器人的整体架构。针对救援任务的通过性和灵巧操作需求，NuBot 救援机器人设计采用六条履带和一条机械臂结构。在两条动力履带的基础上，增加了四条独立的摆臂履带，用于提高越障和攀爬能力，以使机器人平台在面对含有复杂大型障碍物等更危险地形时更具适应性。机械臂用于完成待操作目标的抓取、拧松、冲压等灵巧任务。此外，安装在机械臂上的摄像头有助于操作人员看到视野中的盲点。

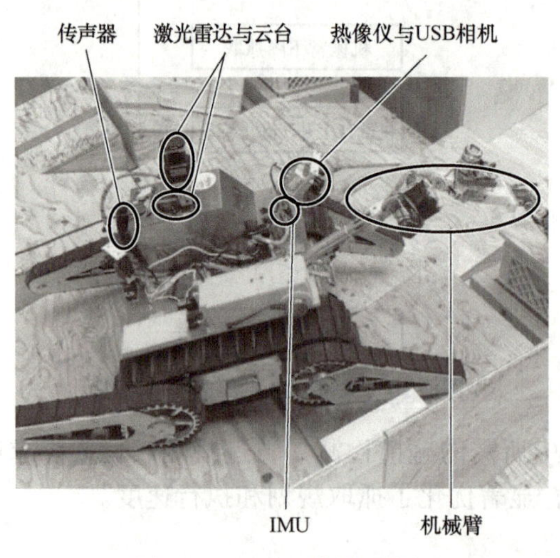

图 7-17 NuBot 救援机器人

对于机器人更高水平的智能化需求随着救援任务的日益复杂而与日俱增。NuBot 救援机器人搭载了多传感器系统，以增加环境感知和交互能力。机器人配备了二维 Hokuyo 激光雷达、IMU、传声器、USB 摄像头以及其他扩展配件。通过机器人回传的车载摄像头的实时图像信息，操作人员可以远程控制机器人穿越复杂的灾后环境。同时，机器人还能够创建环境地图，实现自主探索、检测受困者并识别危险物质等重要自主能力。此外，本案例也设计了一些人在回路中的半自主导航功能。

7.2.1　整体设计

1. 底盘

NuBot 救援机器人底盘采用轻量化履带式底盘设计，其内部结构如图 7-18 所示。这款带有前后子履带（摆臂）的履带式机器人具备极强的复杂地形通过能力，是 RoboCup 救援竞赛和真实救援任务中常见的平台构型。机器人采用主履带大面积包裹车身的形式，并使用两台无刷直流电动机驱动，极大地提升了其复杂地形的通过能力。履带则可在聚氨酯泡沫与橡胶履带间进行更换，以适用不同路面。这样的设计使机器人重心降低，提高稳定性，同时本案例采用加宽履带的方式降低机器人平均接地比压，从而减少地形中的凸起直接接触底盘底板的情况，尽可能避免卡死与脱带问题。机器人的四个摆臂采用三个电动机控制，其中前摆臂分别由两个电动机控制，而后摆臂采用一个电动机控制。四个摆臂为机器人底盘带来极强的灵活性，极大地提高了其越障能力。机器人底盘机体是将主履带驱动机构与摆臂驱动机构组合到一起的重要组件，并在最后与履带一同构成机器人整体外形。

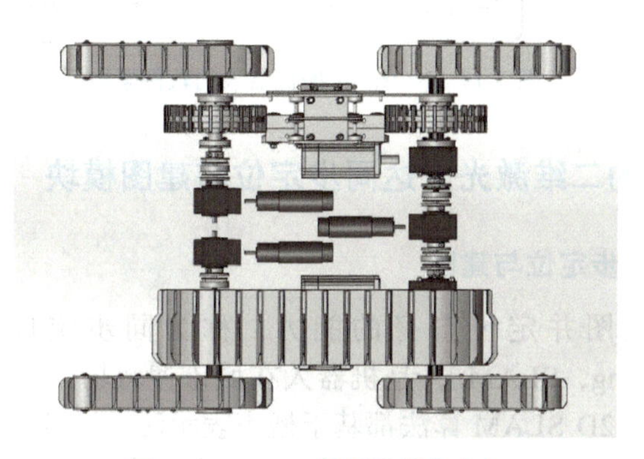

图 7-18　NuBot 救援机器人底盘

2. 硬件系统

为了完成城市搜救（USAR）任务，NuBot 救援机器人配备车载计算机和各种传感器，用于定位与地图构建、导航和受困者检测。该机器人采用了来自 Beckhoff 的先进工业级计算机。该计算机（Intel Core i7）具有足够的处理能力，可以处理大量数据，并在穿越挑战性地形时保持可靠性。机器人配备了 Hokuyo UTM-30LX 激光雷达。激光雷达因其低功耗和小巧的尺寸而非常适合移动机器人。该激光雷达的视场为 270°，扫描距离为 30m，扫描频率为 40Hz。Hokuyo UTM-30LX 可用于距离测量，且在不同表面、颜色甚至不同光照条件下获取的数据质量几乎相同。为了在探索非结构化和不平坦地形时测量机器人的姿态，机器人集成了 6 自由度惯性传感器 Xsens MTI-100。MTI-100 是一款微型 IMU，可输出无漂移的偏航角，并提供校准后的三轴加速度、角速度和磁场强度。视觉感知是受困者检测的最重要信息来源。因此，机器人搭载了一个云台变焦相机。此外，机器人还使用了一个低成本的 USB 摄像头和一台 Optris PI640 热成像相机。这些视觉传感器信息相互融合，可用于检测和定位受困者。此外，该机器人还配备了一个多自由度机械臂。在救援环境中，机械臂可以实现开关门、开关阀门以及向受困者或其他目标传递物品等操作。

3. 软件系统

NuBot 救援机器人基于机器人操作系统（Robot Operate System，ROS）来构建软件系统。ROS 是当今最受欢迎的机器人框架，它为机器人研究和应用提供了开源工具、库和驱动程序。救援机器人的软件架构如图 7-19 所示。各软件模块的设计将在下面具体介绍。

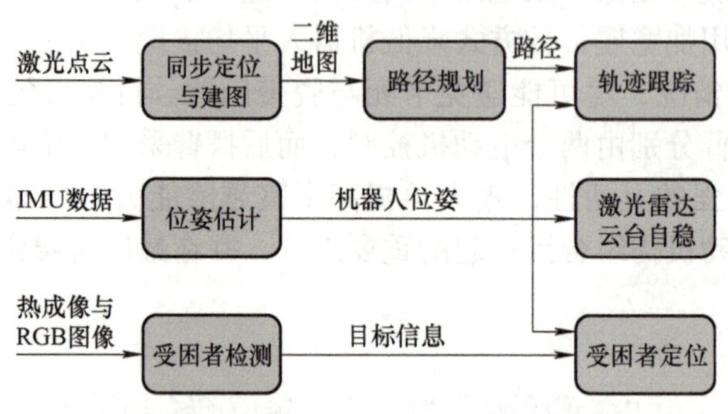

图 7-19　NuBot 救援机器人的软件架构

7.2.2　主动式自稳的二维激光雷达同步定位与建图模块

1. 二维激光雷达同步定位与建图

构建未知环境地图并定位自身的能力，称为同步定位与建图（Simultaneous Localization and Mapping，SLAM），是机器人在城市搜救场景中实现完全自主的最重要能力之一。目前大多数 2D SLAM 算法都基于概率表示法。这种方法的优点是能够抵抗测量噪声，并能在测量和估计过程中估计不确定性。大多数概率 SLAM 算法都基于贝叶斯规则进行实现。

Hector_SLAM 和 Gmapping 是两种典型的基于贝叶斯的方法，它们的算法已在 ROS 社区中开源实现。Hector_SLAM 是一个基于鲁棒扫描匹配的 2D SLAM 系统，而 Gmapping 则同时使用里程计和扫描匹配。然而，在救援环境中，里程计通常不可靠，这使得 Gmapping 难以适用。因此，NuBot 救援机器人采用 Hector_SLAM 作为基础 SLAM 系统。Hector_SLAM 是一个灵活且可扩展的 SLAM 系统，结合了基于二维激光雷达的 SLAM 系统和基于 IMU 的同步定位与建图系统。

Hector_SLAM 适用于为搭载有高速扫描频率激光雷达的平台解决帧间匹配问题。该算法不需要里程计信息，利用已获得的地图来优化激光束点云，估计激光点在地图中的表示和占用网格的概率，从而获得点云集合映射到现有地图的变换关系。同时，Hector_SLAM 使用多分辨率地图，避免陷入局部最小值。

然而，Hector_SLAM 对传感器的要求较高，需要具有高更新频率和小测量噪声的激光扫描仪。在建图过程中，机器人的速度需要控制在较低水平，才能获得较理想的建图效果。由于优化算法容易陷入局部最小值，且 Hector_SLAM 没有闭环检测，这导致在机器人快速转弯时出现误差。因此直接在救援环境（图 7-20）中使用 Hector_SLAM 存在许多局限性。下面将介绍 NuBot 救援机器人通过增加主动式自稳的激光雷达云台来解决这个问题。

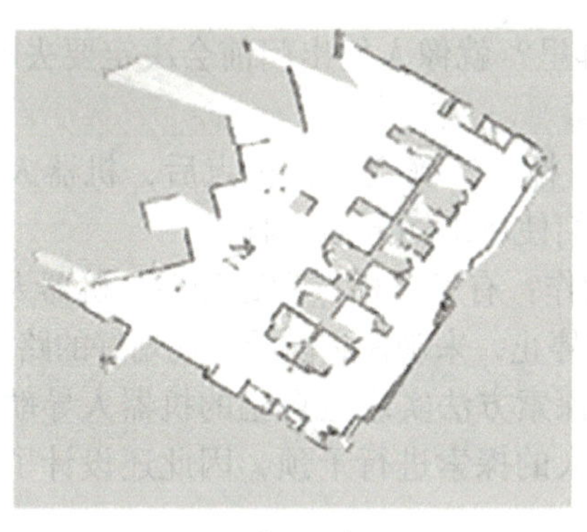

a) 办公环境

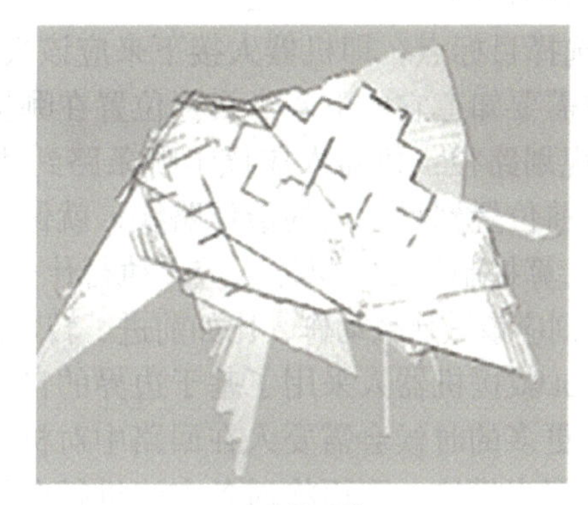

b) 救援环境

图 7-20　Hector_SLAM 在典型环境中的建图结果

2. 主动式激光雷达云台自稳

在城市搜救中，机器人常常不得不在不规则的地形、结构复杂的环境里工作。如果机器人的传感器是硬连接的，那它们获取的数据可能就不准确了。要解决这些问题，一个办法是不用二维激光雷达，而改用三维激光雷达。三维激光雷达扫描可以精确构建全局地图，并计算机器人的位姿。但是，用三维激光雷达点云与全局地图配准所需的时间，比二维激光雷达点云配准所需的时间要长得多。

NuBot 救援机器人设计了一个轻便的自稳云台，用两个舵机来调整二维激光雷达平台，让其始终保持水平，如图 7-17 所示。这个调整是基于 MTI 传感器的读数来完成的。这样，即使机器人在不平的地形上行走，二维激光雷达也能保持在水平面上。使用该激光雷达自稳云台后的 Hector_SLAM 结果如图 7-21 所示。

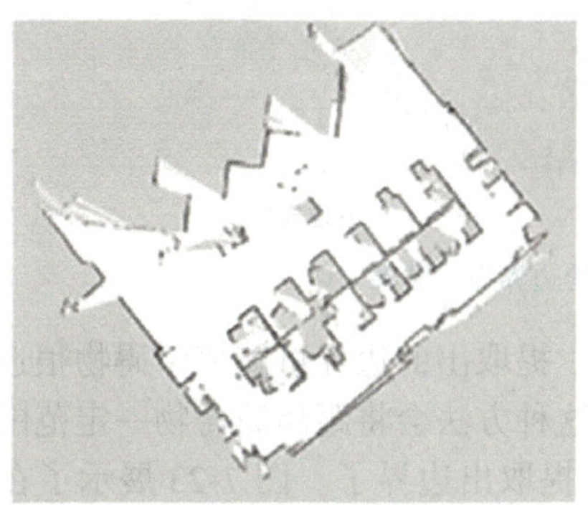

a) 办公环境

b) 救援环境

图 7-21　使用自稳云台后的 Hector_SLAM 在典型环境中的建图结果

7.2.3 自主探索模块

一个完全自主的救援机器人必须能够自主探索未知的救援环境并搜寻受困者。这个问题可以拆分为以下三个小问题。

1）选择目标点，即机器人接下来应该去哪里？就像人们出门前会决定要去哪里一样，机器人也需要知道它的下一个目标位置在哪里。

2）规划路径：机器人应该走哪条路到达目标点？确定了目标点后，机器人需要规划一条从当前位置到目标点的最佳路线，就像人们使用地图导航一样。

3）计算控制指令：机器人应该执行什么动作？有了目标点和路径后，机器人需要知道在每个时刻应该做什么动作，比如前进、转弯或停止，来确保它能沿着规划好的路径前进。

NuBot 救援机器人采用了基于边界的自主探索方法实现全自主的机器人导航。在实际应用中，更多的时候会需要人在回路中对机器人的探索进行干预，因此还设计了给定目标的半自主探索模块。下面将对各方法进行介绍。

1. 基于边界的自主探索

自主探索的主要问题在于：基于现实世界的已有知识，机器人应该移动到哪里，以便高效地获取新信息。大多数方法都会使用占用栅格（Occupancy Grid）。当栅格地图建成后，所有的栅格可以分为三类：自由区域（Free）、未知区域（Unknown）和占据区域（Occupied）。主要思路为：为了获取新信息，机器人应该前往未知区域与已知区域的交界处，这些交界处称之为“边界”。在这里，“边界”是指占用栅格中被标记为自由区域但旁边有未知栅格的单元格。如果一段相邻的边界足够大，使得机器人可以通过，那么它就被视为一个潜在的目标。如果检测到多个潜在目标，就选择最近的目标前往。图 7-22 展示了提取出的原始地图边界结果。

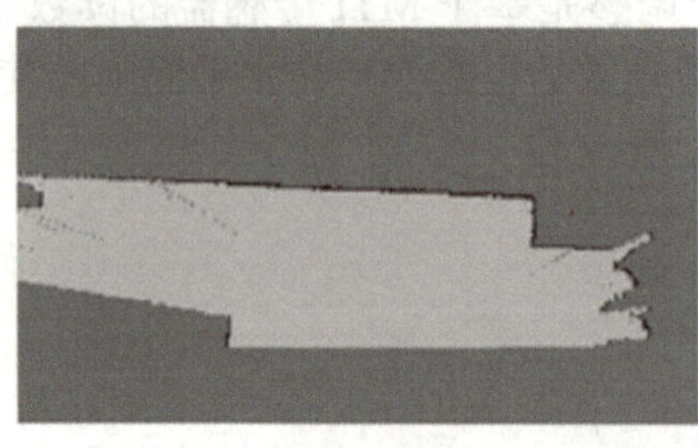

a) 占用栅格

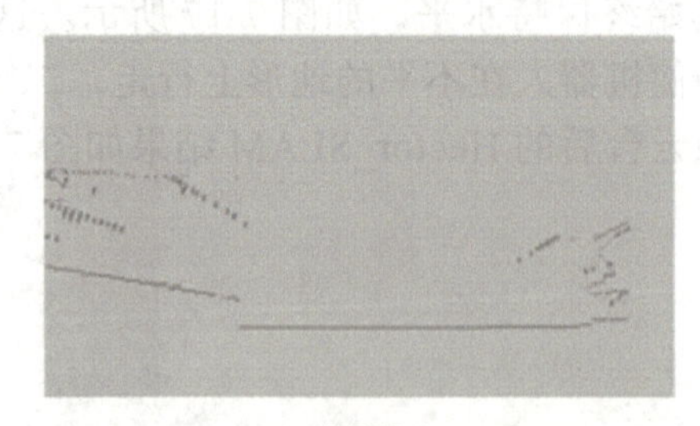

b) 边界提取

图 7-22 原始地图的边界提取结果

直接从原始地图中提取边界的一个缺点是，提取出的边界可能离障碍物很近。为了解决这个问题，采用了“膨胀障碍物”的方法。这种方法会将距离障碍物一定范围内的单元格标记为占据区域，这样在这些区域内就不会提取出边界了。图 7-23 展示了在包含膨胀障碍物的占用栅格中提取出的边界结果。

未知区域可能是被占据的区域，也可能是自由区域，但机器人目前还不知道。在狭窄的救援环境中，未知区域是障碍物的可能性相当高。此外，随着已建地图规模的增大，路径规划的计算复杂度也会增加，所以自主城市搜救机器人进行路径规划的频率不会很高。如果机器人选择一个边界作为目标点，而路径规划的频率又很低，或者机器人移动到目标的距离很短，那么它可能会与未知的障碍物发生碰撞。

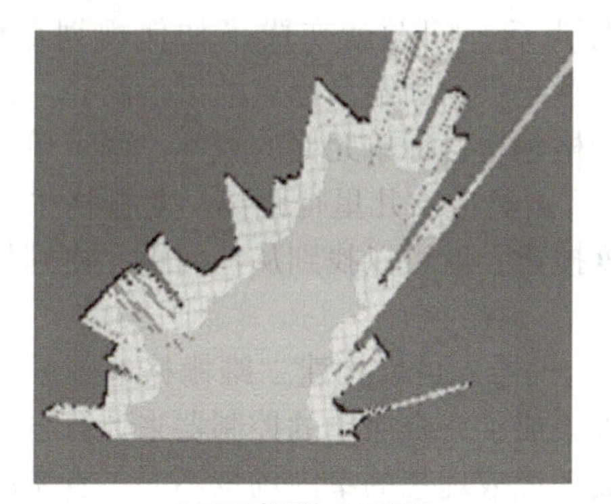

a) 膨胀障碍物占用栅格

b) 边界提取

图 7-23　基于膨胀障碍物占用栅格的边界提取结果

图 7-24 展示了一个机器人可能会遇到的困境示例。圆点表示机器人的位置，黑线表示规划好的路径。在这种情况下，由于路径规划的频率较低，机器人在到达目标点之前不会重新规划路径，因此机器人可能会与障碍物发生碰撞。最坏的结果是机器人完全无法移动。

a) 机器人跟踪轨迹

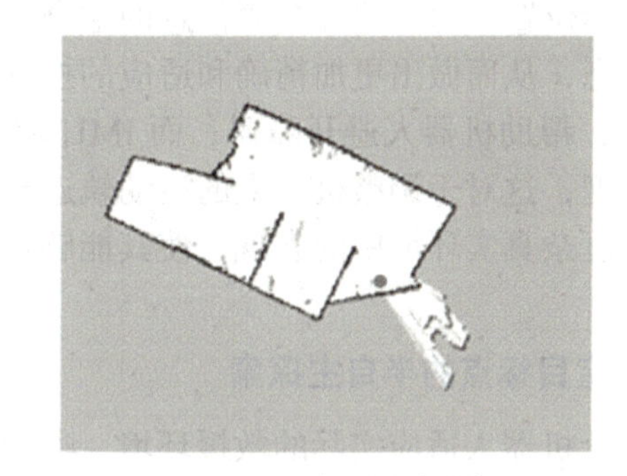

b) 机器人与障碍物发生碰撞

图 7-24　机器人可能出现的困境示例

为了解决这个问题，NuBot 救援机器人采用了一种名为“假膨胀障碍物”的方法。在这个方法中，那些位于自由区域和未知区域之间的边界被视为障碍物，然后对这些障碍物进行膨胀处理，最后在膨胀后的区域和自由区域之间搜索新的边界。使用这种方法，目标点与实际障碍物之间的距离足以保证机器人能够安全移动。从假膨胀障碍物中提取的边界如图 7-25 所示。

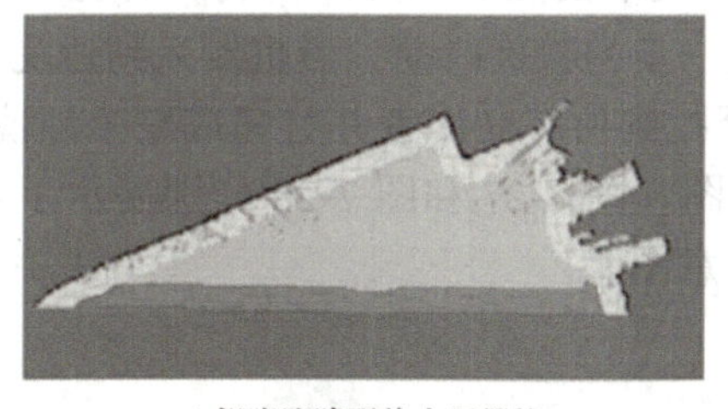

a) 假膨胀障碍物占用栅格

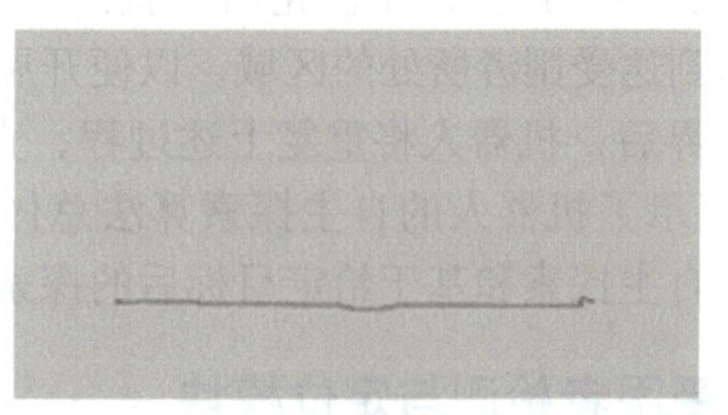

b) 边界提取

图 7-25　基于假膨胀障碍物占用栅格的边界提取结果

2. 路径规划与轨迹跟踪

当使用基于边界的方法选定了一个目标点后，问题就变成了如何规划最优路径。NuBot 救援机器人采用了距离变换来找到从任意起点到固定目标点的最近路径。在占用栅格上进行距离变换，可以计算出每个自由单元格到达目标单元格的成本。两个单元格之间（无障碍物）的成本可以是棋盘距离、城市街区距离或欧几里得距离。对栅格中的每个单元格应用距离变换后，简单地沿着最陡的梯度搜索，就可以找到从任何单元格到目标单元格的最短路径。

基于前面提到的 SLAM 和探索规划算法，机器人可以构建二维栅格地图并规划一条到达下一个边界的路径。理想情况下，机器人集成了一个简单的控制器来计算自身驱动指令后，可以自主探索环境。然而，与虚拟仿真环境或理想的室内场景不同，真实的灾后现场充满了复杂的非结构化地形。再加上履带式机器人运动的不精确性，要实现机器人沿着探索路径的精确控制变得相当具有挑战性。仅仅通过计算机器人当前位置和方向与目标之间的偏差来直接产生速度指令的简单控制器，在真实世界中可能表现不佳。因此，机器人采用了一种结合探索规划器和多传感器信息的新型控制器，以克服复杂地形的影响。这个控制器的输入包括激光雷达数据、惯性测量单元（IMU）数据、机器人的当前位置和方向以及目标位置。通过这种多源信息的融合，控制器能够更全面地理解周围环境和机器人的实时状态，从而做出更加精确和适应的控制决策。例如，激光雷达可以提供高分辨率的环境轮廓，帮助机器人避开障碍；而 IMU 数据则能提供机器人的实时动态信息，如加速度和角速度，这对于调整机器人的运动轨迹至关重要。这种集成化的控制策略显著提高了机器人在复杂真实环境中的表现，使其能够在灾后救援任务中展现出更高水平的自主性和适应性。

3. 给定目标点的半自主探索

为了让机器人适应实际的救援环境，通常会需要操作人员在回路中设定需要探索的目标，因此为机器人设计实现了给定目标点的半自主探索算法。

机器人采用了基于时间弹性带（Timed Elastic Band，TEB）方法实现半自主探索。时间弹性带就是具有时间信息的弹性带，由于时间信息的引入，时间弹性带方法就可以将由一系列路径点组成的初始路径转换为具有明确的时间依赖性的轨迹，从而实现了对机器人的实时控制。基于目标的自主导航算法分为两个阶段。第一个阶段，当没有发现目标时，机器人将使用基于边界的探索算法生成路径，然后按照路径自主地搜索未知环境。一旦找到受困者，就进入第二个阶段，全局规划器将生成初始的全局路径，然后通过 TEB 方法优化路径轨迹。使用优化后的轨迹，机器人不仅能够避开障碍物，并且可以在最短的时间内到达受困者所处的区域，以便开展进一步的救援行动。当机器人到达受困者所处区域或边界后，机器人将重复上述过程，直至找到所有受困者并且完成整个环境的探索。图 7-26 展示了机器人的自主探索算法总体框图。图 7-27 和图 7-28 分别展示了机器人基于边界的自主探索和基于给定目标后的探索示意图。

7.2.4 受困者检测与定位模块

在灾难后的非结构化环境中，确保及时发现被困者对于救援机器人至关重要。然而，

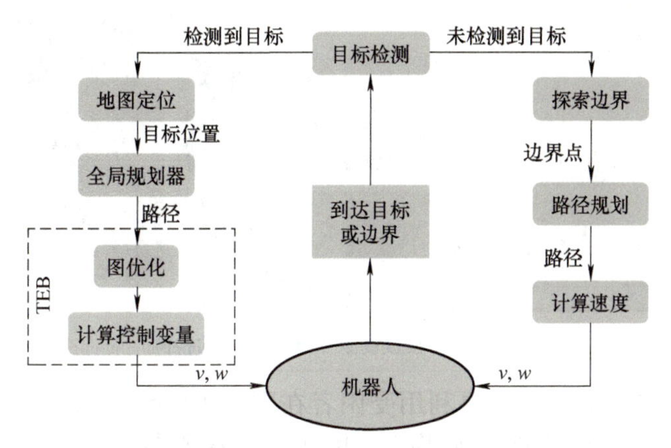

图 7-26　NuBot 救援机器人的自主探索算法总体框图

图 7-27　基于边界的自主探索

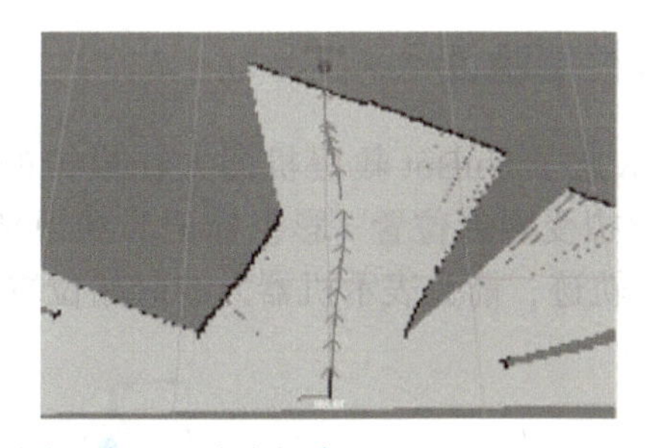

图 7-28　基于给定目标后的自主探索

在光线较暗、充斥着灰尘和烟雾的救援现场中，使用普通的可见光相机来探测受困者是一项困难的挑战。因此，NuBot 救援机器人采用热成像相机（Optris P640）结合斑点检测算法来自主识别潜在的受困者。具体做法是将热成像图的温度阈值设定为约 36℃，然后将连接在一起的高温区域识别为可能的受困者。此外机器人采用 YOLOv4、YOLOv4-tiny 等算法，通过网络剪枝、轻量化部署等技术，在机器人和机械臂末端部署目标检测算法。通过特征匹配等方法，可以实现对待追踪目标的识别、生命迹象的探测、危险物品的警示等功能，以满足一般救援任务的需求，救援场景中典型目标的检测如图 7-29 所示。

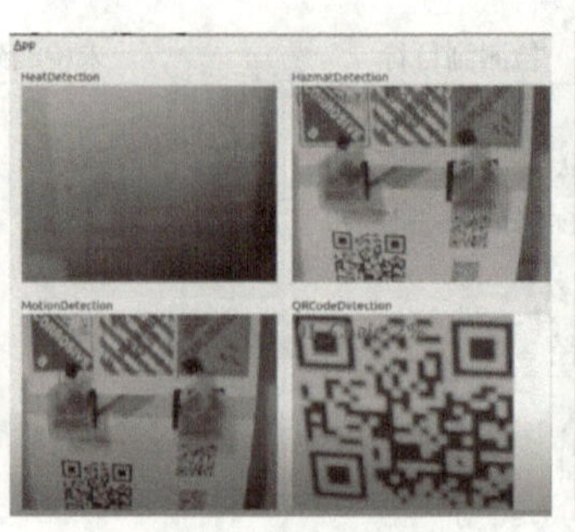

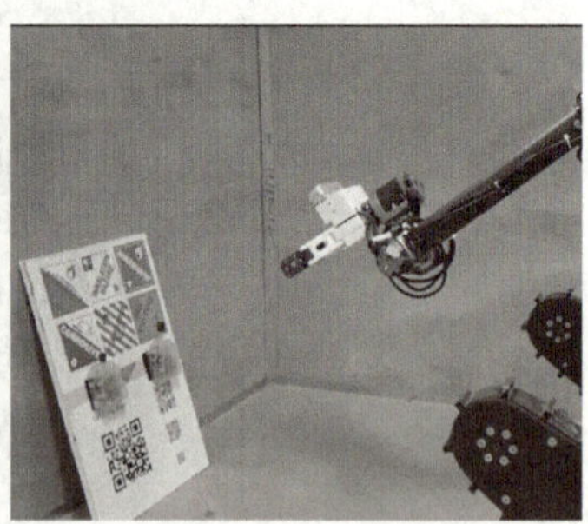

图 7-29　救援场景中典型目标的检测

在成功检测到受困者后，需要利用受困者在图像中的坐标来判断其在相机坐标系中的方向。由于受困者通常被困在障碍物上，因此可以根据受困者的方向和相机的朝向，在已构建的地图上沿着受困者的方向搜索最近的障碍物，从而估算出受困者的确切位置。图 7-30 为定位受困目标后的自主探索。

图 7-30　定位受困目标后的自主探索

7.2.5　系统性能验证

图 7-31 示意了 NuBot 救援机器人在模拟的救援场地中探索并建立的环境地图。地图中标记了模拟受困者位置（彩色标记）和识别的二维码位置（黑色标记）。用线条表示机器人的探索轨迹，箭头表示机器人的起始位置和朝向。

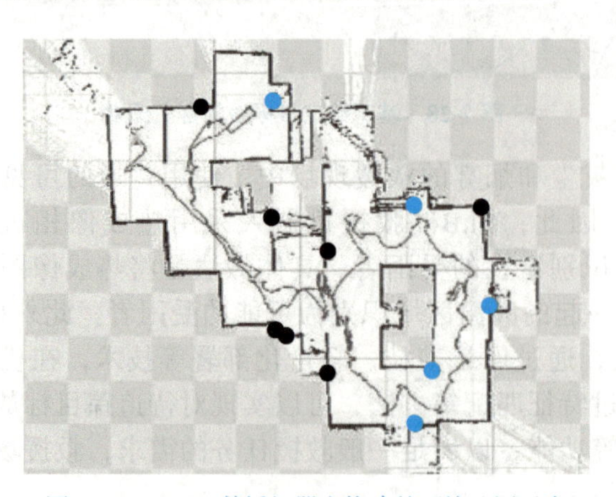

图 7-31　NuBot 救援机器人构建的环境地图示意

图 7-32 展示了 NuBot 救援机器人的交互界面，其中左侧从上至下依次为检测到的二维码图像、热成像（灰度）、热成像，右侧从上至下依次为 RGB 图像、深度图像，中间为建立的二维环境地图。

图 7-32　NuBot 救援机器人的交互界面

7.3　排爆机器人系统设计案例

7.3.1　案例背景

每年因爆炸物事故导致的死亡人数有数千人至数万人不等，这种悲剧无疑凸显了对排爆技术和设备的迫切需求。当前的排爆作业仍然是以人来充当排爆手为主，存在以下现实挑战：①危险性高，尽管有防护服，作业人员伤亡危险系数仍很大；②效率限制，排爆手身着沉重的作业服，作业效率不高；③任务强度大，排爆作业往往节奏紧张，要求快速细致，多数任务常常超越人体生理精神极限；④人才培养成本高，一名成熟的排爆手需要长时间的培养以及多次任务的历练。

因此随着恐怖袭击和战争威胁的持续存在，排爆机器人的需求日益增长，以提高爆炸物处理的效率、减少人员伤亡风险。经过长时间的研究和发展，排爆机器人关键技术研究已取得重要的突破。早期的排爆机器人多采用远程遥控方式，目前已开始有诸多智能自主算法应用其中，以提升排爆作业效率、减轻操作人员负担。

7.3.2　任务需求及应对方案

排爆任务是一种复杂的作业任务，针对不同的爆炸物种类、位置和不同的特情，需要采取不同的处理方式。排爆作业一般的处理步骤或者阶段包括：探测、转移、销毁。

1. 爆炸物探测

一般的爆炸物可依据起爆方式与爆炸材料来进行分类，其实物图与对应的 X 光透视图如图 7-33 所示，不同爆炸物应采用不同的处置方式，因此在处理爆炸物之前通常需要进行爆炸物探测以便确定正确的处置方式。

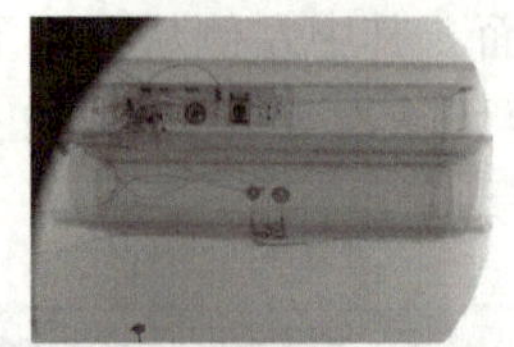

松发起爆模拟爆炸物

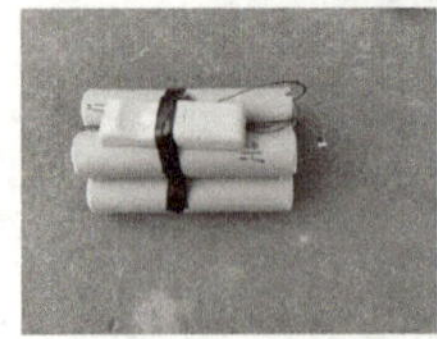

遥控起爆模拟爆炸物

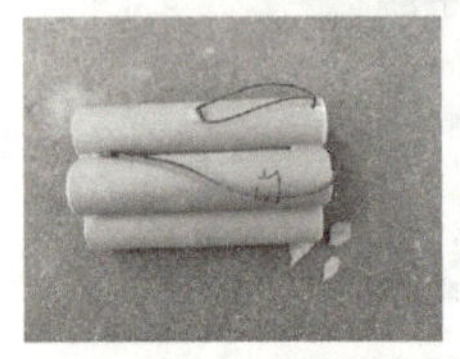

水银触发起爆模拟爆炸物

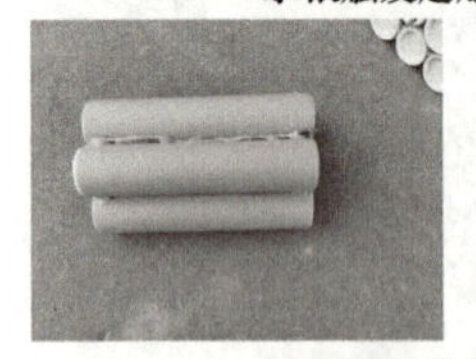
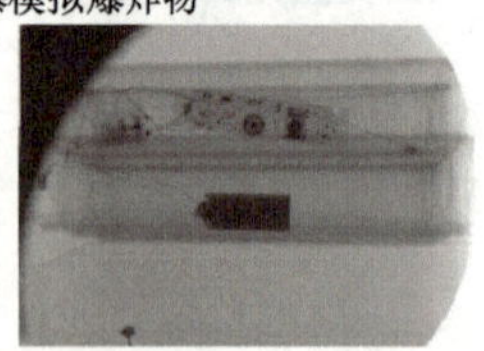

定时起爆模拟爆炸物

a) 以起爆方式分类的爆炸物

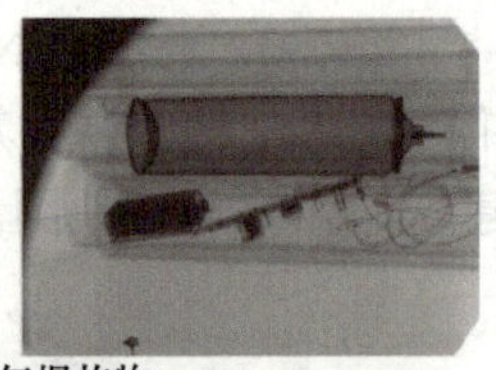

模拟液化气爆炸物

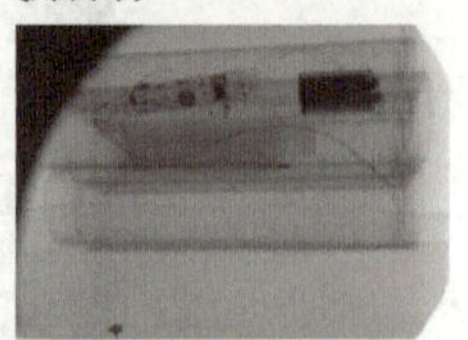

模拟酒精爆炸物

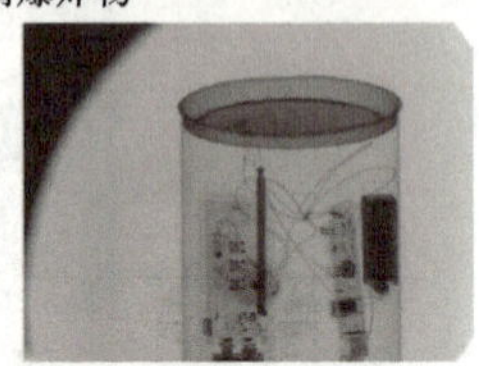

水银触发起爆模拟爆炸物(食品盒状外观)

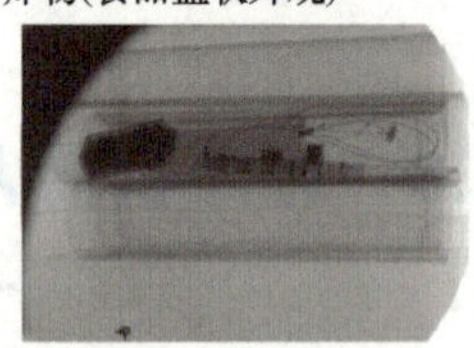

模拟干扰物(填充瓶装水，饮料)

b) 以起爆源分类的爆炸物

图 7-33　一般爆炸物（模拟测试用）的实物图与对应的 X 光透视图

爆炸物探测作业如图 7-34 所示，探测的主要方式有：①开箱检查通过外观视觉来判断；② X 光探测，通过查看爆炸物内部结构来进行判断；③使用危险气体传感器、痕量爆炸物检测仪等专业设备区分不同的起爆源。

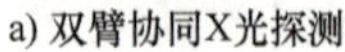

a) 双臂协同X光探测

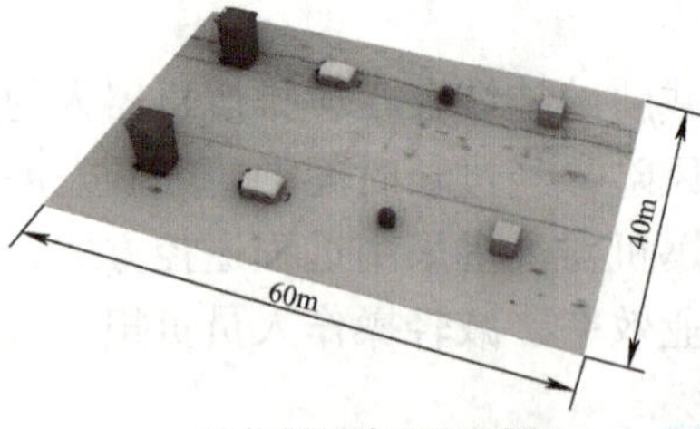

b) 探测测试场景示意图

c) 双机器人协同X光探测

图 7-34　爆炸物探测作业

因此针对这部分的任务需求，机器人的设计重点在于如何设计灵巧机械臂用于开箱和探测，如何用好 X 光机探测设备，以及使用各式气体传感器对不同的起爆源进行区分。

2. 爆炸物转移

因为爆炸物通常被放置在加油站、学校、化工厂、银行等具有危险扩散效应的位置，所以对爆炸物进行转移，隔离潜在扩散危险就显得尤为重要，通常能够被成功转移的爆炸物，其后续的处置方式也更加灵活安全。

爆炸物转移作业如图 7-35 所示，其关键是机器人在行驶甚至是越障时能稳定地运送爆炸物，设计的重点在于转运平台的设计、自稳控制算法的设计以及机器人本体及算法上的越障能力。

a) 爆炸物在转运途中

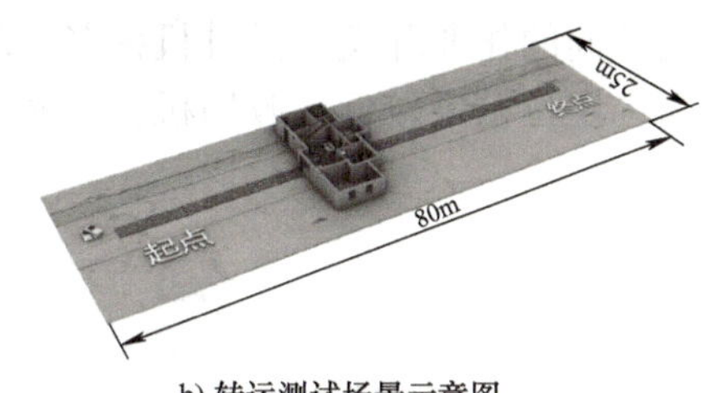

b) 转运测试场景示意图

c) 自稳转运平台

图 7-35　爆炸物转移作业

3. 爆炸物销毁

爆炸物销毁作业是排爆任务的核心，现有的爆炸物处置方式主要有：水炮冲击销毁、灵巧作业剪线销毁（图 7-36）、高能激光引爆销毁。因爆炸物通常放置在夹缝、车底、高台等隐蔽位置，对机器人的工作空间范围以及灵巧作业能力要求较高，同时存在对水炮枪、激光器等设备模块化搭载使用的要求。

a) 视觉引导剪线装置

b) 剪线排除20cm夹缝中的爆炸物

c) 剪线排除车底爆炸物

d) 剪线排除2m高台上的爆炸物

图 7-36　爆炸物销毁作业

针对以上排爆机器人的各个任务牵引的机器人能力需求，本案例给出如下硬件设计和算法软件方案。

7.3.3　硬件系统设计

硬件系统设计主要分为履带式全地形适应底盘（上一案例中已做介绍）、智能灵巧机械臂系统、自稳转运平台以及其他模块化功能载荷。

1. 智能灵巧机械臂系统

为让排爆机器人具有能适应野外环境、具备处理复杂任务的能力，该排爆机器人使用灵巧机械臂系统，该机械臂具有轻量化和大工作空间的优点，具有可折叠功能，结构紧凑、拆装便捷、抗扭刚度高，极大提高了机械臂系统的使用便捷性。为提高机械臂系统的智能化水平，该系统开发了一套智能灵巧操作软件系统，现将结构与软件系统介绍如下。

为了减轻重量，机械臂采用铝合金和碳纤维材料构成各关节的连接件。编者团队先后设计了三代机械臂。前两代机械臂的实物图如图 7-37 所示。前两代的基本性能参数见表 7-1。第二代机械臂的设计图如图 7-38 所示，二代相比一代拥有更大的工作空间（全臂展开可达 2.2m）和伸缩结构，此设计主要是为了满足销毁高台爆炸物的需求。采用交叉滚子轴承双端支撑的设计提高机械臂的刚度，相应地，它的负重能力也得到了提升，可夹持 5kg 的重物。最后它采用标准化、扩展化设计末端腕部电动机连接件，使得末端电动机可以进行变构组合，以适应不同的作业环境，提升机械臂末端灵活作业的能力。存在的缺陷是伸长时机械臂挠性较高，定位精度较低，收回机械臂时机械臂连杆不能重合，这让机械臂的携带使用变得不便。

图 7-37　Cobra1.0 第一代 6 自由度机械臂及 Cobra2.0 第二代可伸缩机械臂实物图

表 7-1　Cobra 机械臂基本性能参数表

机械臂种类	Cobra1.0	Cobra2.0
机械臂自重 /kg	2.5	7
机械臂最大操作高度 /m	1.5	2.2
机械臂最大载荷 /kg	2.8	5
机械臂最大长度 /m	1.2	2

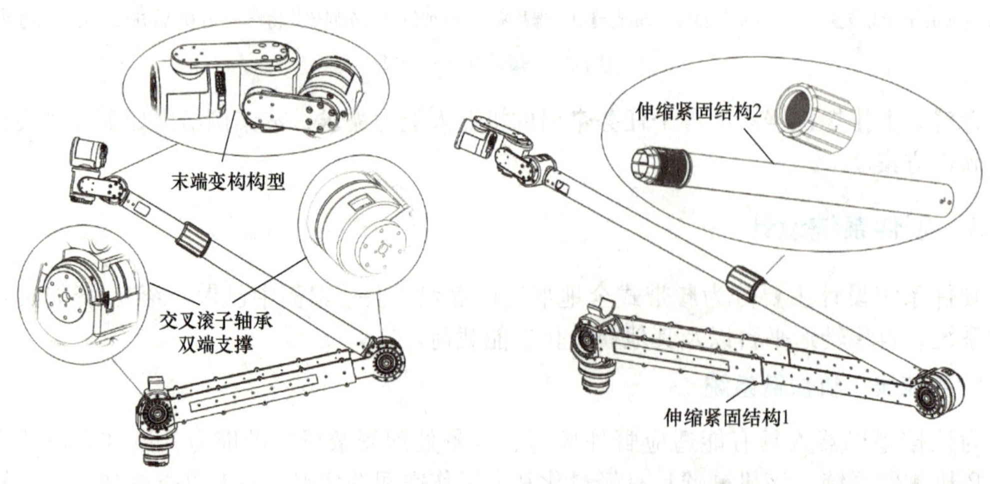

图 7-38　Cobra2.0 第二代可伸缩机械臂设计图

第三代机械臂在第二代的基础上新增折叠和可拆卸功能，并在设计上让机械臂的结构更加紧凑。其设计图如图 7-39a 所示，当机械臂系统处于折叠状态时，小臂能够完全隐藏到大臂内侧的凹槽中，如图 7-39b 所示。机械臂连杆两端均为可拆卸连接件。折叠功能让机械臂能够在收回时占据更少的空间，这方便了机器人系统在执行任务时的运输，并提高了机器人的通过性能力；同时便于安装水炮枪、激光雷达导航单元、无人机起停平台等模块。可拆卸连接件的加入使得机械臂的改装与调试变得方便，也方便更换臂杆，这使得机器人面对不同任务时，能够快速部署。第三代机械臂的基本性能参数表见表 7- 2。

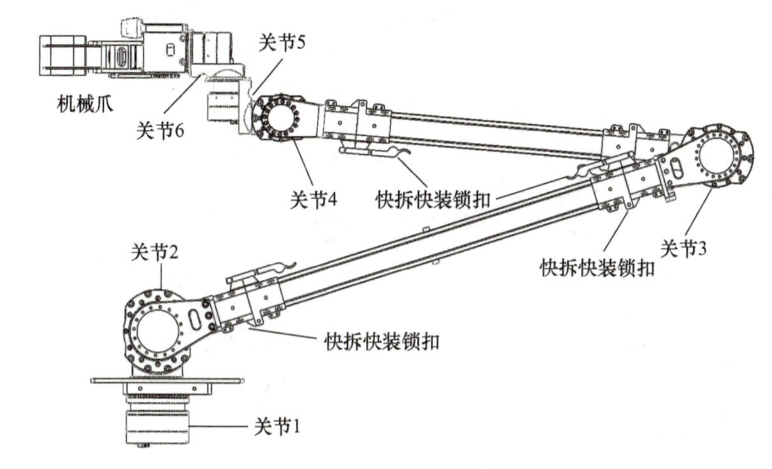

a) Cobra3.0机械臂的设计图

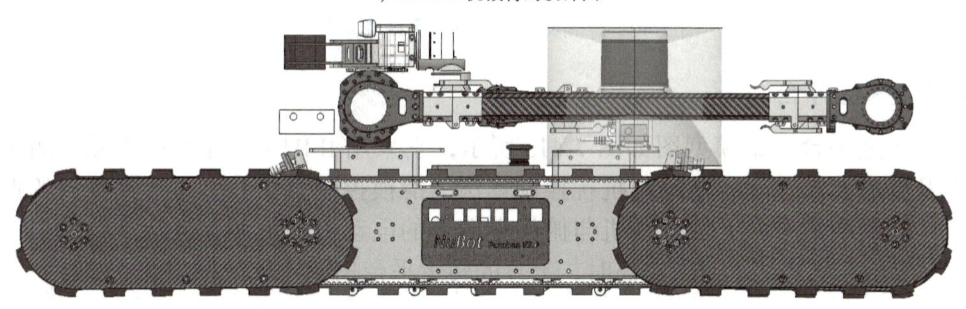

b) Cobra3.0机械臂安装在履带式底盘上时的折叠状态

图 7-39　Cobra3.0 机械臂设计图及折叠状态

表 7-2　Cobra3.0 机械臂基本性能参数表

机械臂参数类型	数值
机械臂自重 /kg	8
机械臂最大操作高度 /m	2
机械臂最大载荷 /kg	10
机械臂完全伸展时的有效载荷 /kg	2.5
绝对操控精度 /mm	1

该排爆机器人的图形化操作界面如图 7-40 所示。机械臂的智能灵巧操作软件系统让机械臂可在基坐标系以及末端坐标系下进行位置与速度控制，并让机械臂的末端控制具备

了高实时性和高精度的优点。当机械臂结构发生改变时，该软件系统的模型参数也能自适应修改。为让操作人员能够清晰掌握机器人状态，该系统还能以图形化的方式实时显示机器人当前形态和运动参数。

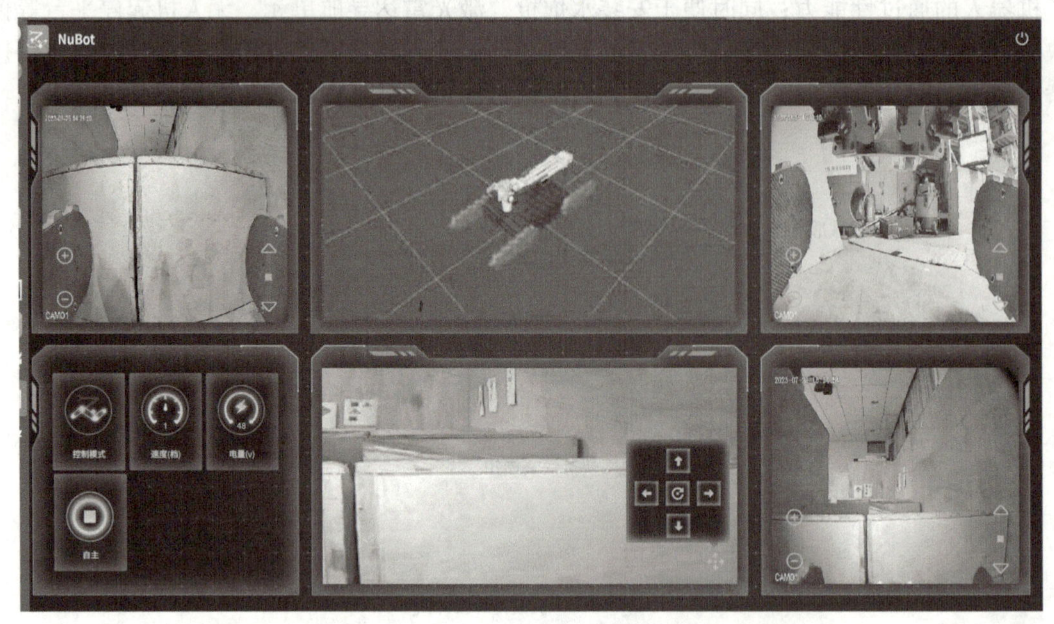

图 7-40　智能灵巧操作软件系统图形化界面

2. 自稳转运平台

自稳转运平台三维模型图如图 7-41a 所示，它采用 IMU（惯性测量单元）测量姿态角误差及姿态旋转速度，基于自抗扰控制算法与滑模控制算法分别设计横滚与俯仰方向控制器，控制横滚方向上的电动机与俯仰方向上的电动机即可调整转运平台的姿态。如图 7-41b 所示，底盘处于倾斜姿态时，上方的转运平台仍保持水平稳定。

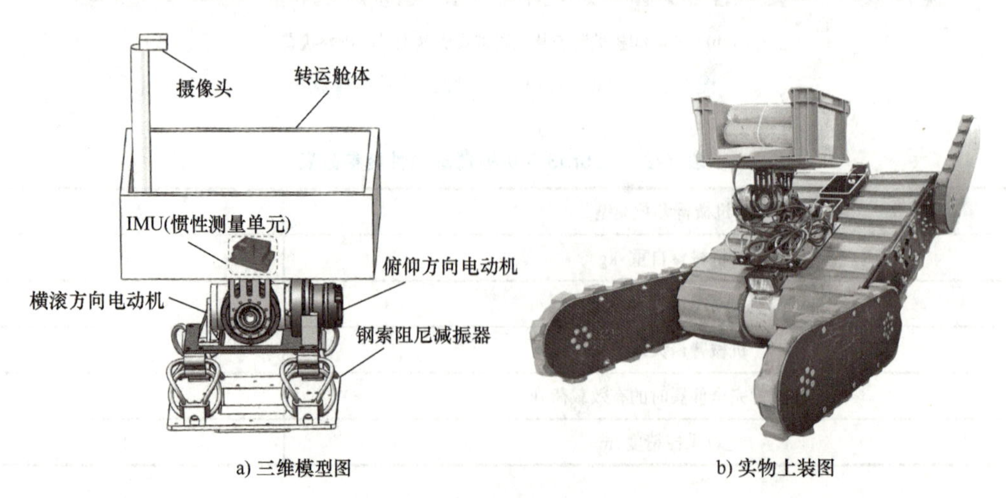

a) 三维模型图　　b) 实物上装图

图 7-41　自稳转运平台

该平台采用电动机叠置的方法降低转运物体的重心，可减小转运物体的晃动，下方采用钢索阻尼器，达到在垂直方向被动减振的效果。同时可加装摄像头实时观察爆炸物在舱体的状态，加装摄像头也便于引导机械臂在夹取爆炸物时将其准确地放置在舱体中。舱体由泡沫、海绵等材料填充，保证爆炸物无晃动空间。

3. 其他模块化功能载荷

图 7-42 为该案例设计的排爆机器人在参加首届武警“智卫杯”无人系统挑战赛时，机器人的主体及其模块化组件，包括可伸缩机械臂、大负载机械臂、激光雷达 IMU 定位与建图模块、轻量化 40kg 履带底盘、爆炸物转移自稳云台、X 光机、酒精探测棒、痕量爆炸物检测仪等。部分载荷的基本功能介绍见表 7-3、表 7-4。

图 7-43 为参加第二届武警“智卫杯”无人系统挑战赛时更新迭代的排爆机器人，机器人系统新增了升降机构、水炮枪销毁装置、激光销毁载荷、X 光分体探测载荷。机器人系统搭载升降机构、水炮枪销毁装置、激光销毁装置、X 光分体探测载荷的实物图见表 7-5 及表 7-6。

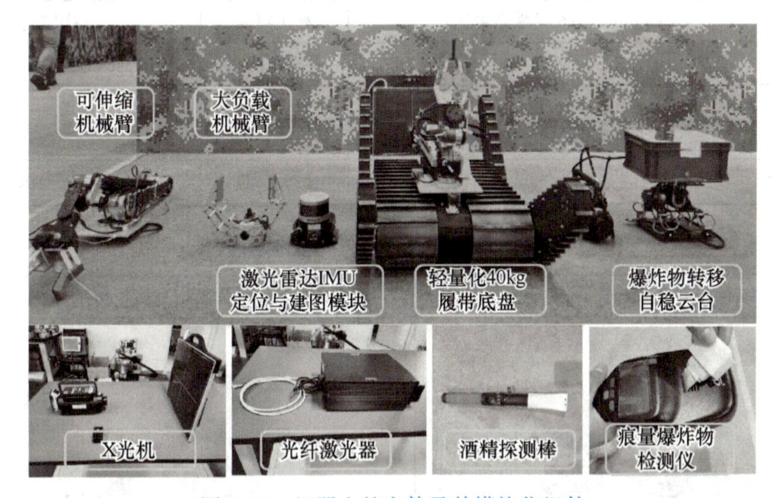

图 7-42　机器人的主体及其模块化组件

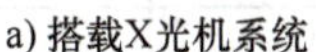
a) 搭载X光机系统

b) 搭载水炮枪系统

图 7-43　搭载 X 光机系统和水炮枪系统的排爆机器人

表 7-3　机器人上主要载荷的基本功能

建图导航单元		爆炸物自稳转运云台	
器件集成	激光雷达、惯性测量单元（IMU）	器件集成	2 个主动补偿电动机 4 个垂直阻尼器
算法集成	因子图优化的紧耦合 SLAM 框架	自稳形式	垂直振动：被动 姿态扰动：主动
激光雷达	Velodyne-16 线激光雷达	算法集成	自抗扰控制（ADRC）
IMU	Xsens MTI-300	补偿电动机	Mintasca QDD-pro-NE30-100-70
定位精度	0.34m/100m 0.56°/min（偏航角）	阻尼器	安立静 ALJ-836300
其他	可以完成国产器件替代	最大负载	10kg

表 7-4　臂上主要载荷的基本功能

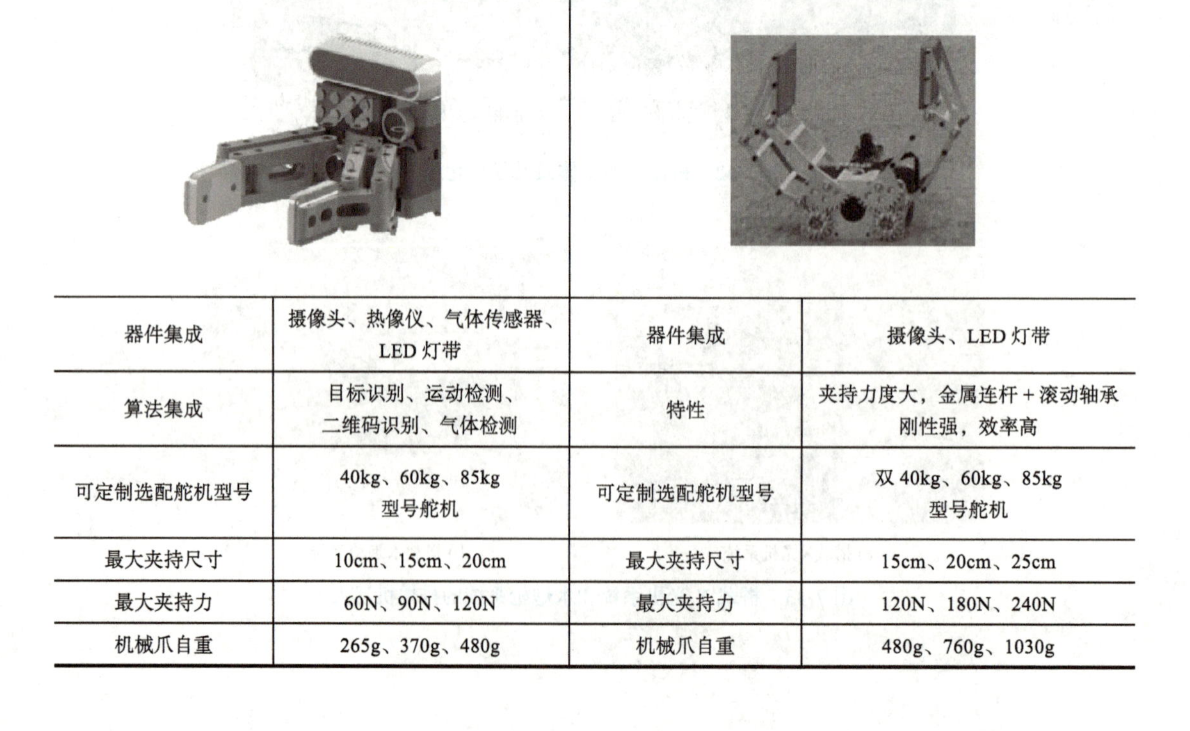

单舵机机械爪		双舵机机械爪	
器件集成	摄像头、热像仪、气体传感器、 LED 灯带	器件集成	摄像头、LED 灯带
算法集成	目标识别、运动检测、 二维码识别、气体检测	特性	夹持力度大，金属连杆 + 滚动轴承 刚性强，效率高
可定制选配舵机型号	40kg、60kg、85kg 型号舵机	可定制选配舵机型号	双 40kg、60kg、85kg 型号舵机
最大夹持尺寸	10cm、15cm、20cm	最大夹持尺寸	15cm、20cm、25cm
最大夹持力	60N、90N、120N	最大夹持力	120N、180N、240N
机械爪自重	265g、370g、480g	机械爪自重	480g、760g、1030g

表 7-5　水炮枪、激光销毁装置

无后坐水炮枪		高能激光销毁装置	
重量	8kg	研发单位	国防科大前沿交叉学科学院高能激光团队
装弹方式	一装一发	功率	200W
发射器 /mm	总长：360mm 外径：ϕ42 口径：ϕ12.5	激光发生器尺寸	300mm × 200mm × 100mm
发射药筒 /mm	变径：ϕ15 直径：ϕ27 长度：47	重量	发射器：1kg 激光发生器：10kg
击穿能力 /mm	木板：80	其他	可机械臂辅助调整激光角度，可切割

表 7-6　分体式 X 光机探测系统

可升降分体便携式 X 光机探测系统	

X 光探测板成像尺寸	410mm × 340mm
出束角度	410mm × 140mm × 210mm
X 射线源参数外尺寸	± 30°
丝分辨力	0.08mm 金属丝（40AWG，美国线规）
穿透力	15mm 钢板
重量	发射端 8kg，接收端 2kg

7.3.4 核心算法设计

在进行爆炸物转运的任务中，由两个算法来支撑机器人崎岖地形下的自主平稳转运功能，一个是面向崎岖地形的越障自主控制算法，另一个是移动机械臂垂直稳定与末端姿态稳定控制算法。

1. 面向崎岖地形的越障自主控制算法

为了减轻操作手在机器人越障时的操控负担，该案例对复杂崎岖、不平坦场景下摆臂履带式排爆机器人如何自主跨越障碍物进行了探索和研究。考虑排爆机器人的作业环境多为复杂不平坦、通信退化的场景，需要一种根据地形变化自适应调整机器人摆臂的越障控制算法，以使排爆机器人在通信恶劣环境下能自主地跨越障碍。

针对上述越障自主控制问题，提出了基于几何分析和姿态预测的摆臂运动实时规划方法（Geometry-Based Flipper Motion Planning，GFMP），设计了一种高计算效率的、基于几何分析的姿态预测算法，框架如图 7-44 所示。

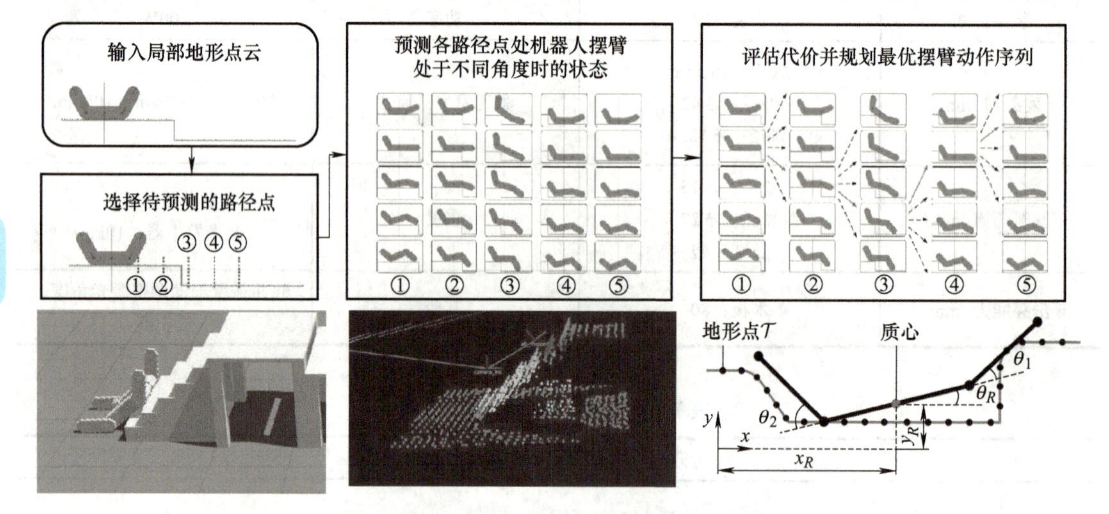

图 7-44 基于几何分析的姿态预测算法框架

基于预测的姿态对整个离散的摆臂 - 底盘构型空间进行评估，并结合动态规划与滚动优化思想提出了具有优化能力的、能够实时运行的摆臂规划算法，从而确定最优的摆臂运动以实现排爆机器人平稳地翻越崎岖障碍，摆臂动态规划算法的流程示例如图 7-45 所示。

GFMP 算法实现了排爆机器人在楼梯、单侧台阶、户外废墟等典型排爆场景中自主平稳地越障，姿态预测运行效率达到 1000 ～ 1500 个 /s，满足实时性需求，且俯仰变化、质心高度变化等机器人运动平稳性指标良好，越障效果如图 7-46 所示。

2. 移动机械臂垂直稳定与末端姿态稳定控制算法

机器人在运输作业的过程中，不仅存在转运平台转运爆炸物的需求，有时候还需要机器人抓取目标物并平稳运输，在此需求下，设计了基于高精度模型补偿的自抗扰控制算法，如图 7-47 左图所示，补偿电动机摩擦、负载变化、建模误差等内部扰动以及外部扰动，使得末端负载在不需要调平和重力补偿的情况下都能保持稳定。同时针对垂直方向

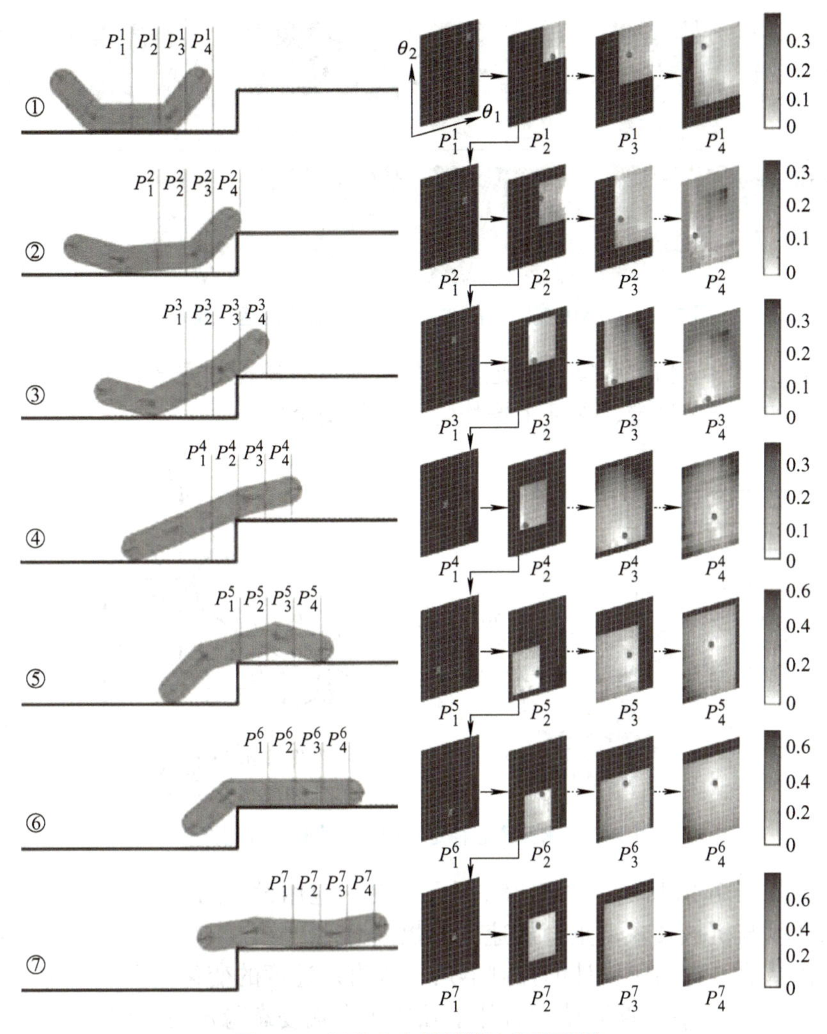

图 7-45　摆臂动态规划算法流程示例

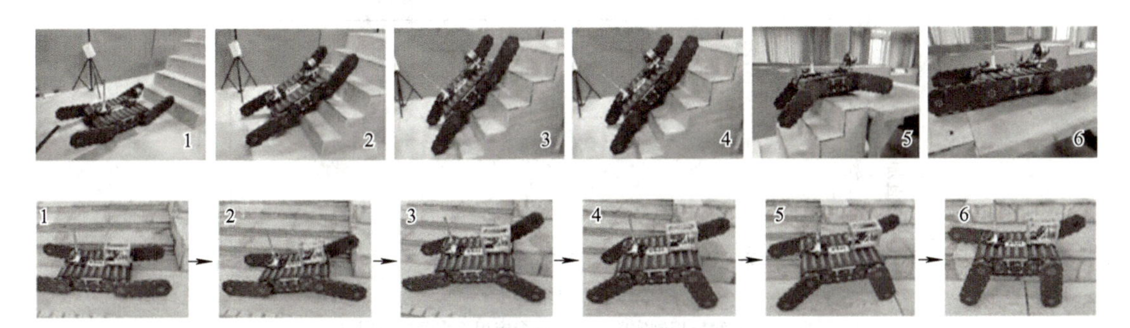

图 7-46　GFMP 越障算法在典型排爆场景中的运行效果

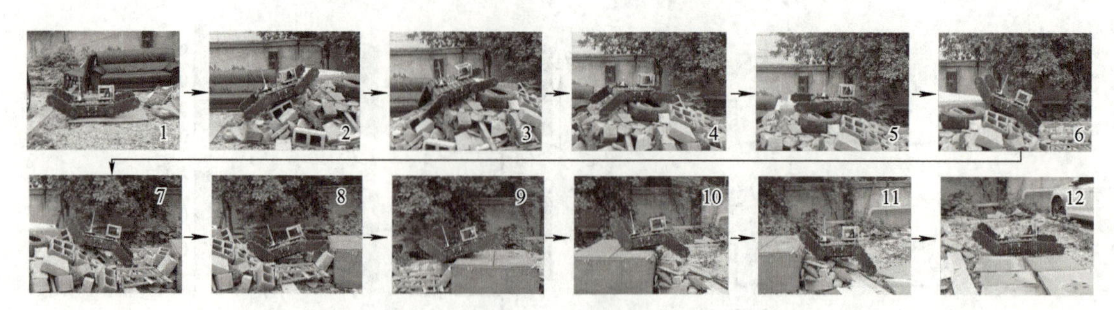

图 7-46　GFMP 越障算法在典型排爆场景中的运行效果（续）

上的振动扰动，提出了仿“弹簧 – 阻尼器”的机械臂减振控制方案，如图 7-47 右图所示，使得垂直减振加上姿态稳定，保证了爆炸物运输的安全性。

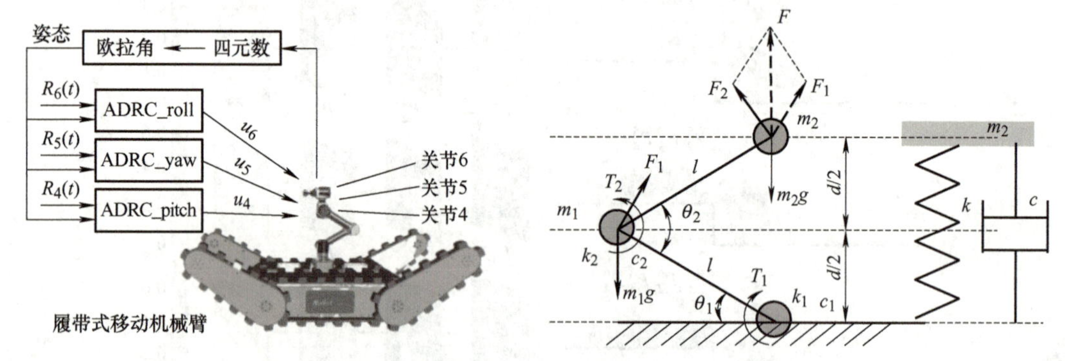

图 7-47　末端姿态稳定控制与垂直稳定控制框架

实验结果如图 7-48 所示，图 7-48a 展示了在未应用设计的垂直稳定控制器的情况下，底盘垂直加速度与机械臂末端垂直加速度的数据对比，图 7-48b 则是应用了垂直稳定控制器的数据对比情况，应用所设计的控制器后，垂直加速度的变化范围缩小为原来的四分之一，降低了 80% 的末端垂直振动。另外单独使用末端姿态稳定时的俯仰角误差在 8° 以内（最大误差 7.42°），图 7-48c 中展示的是系统垂直稳定控制下末端姿态稳定控制效果，最大误差降为了 5.42°，证明了垂直稳定控制对姿态稳定控制效果的提升。

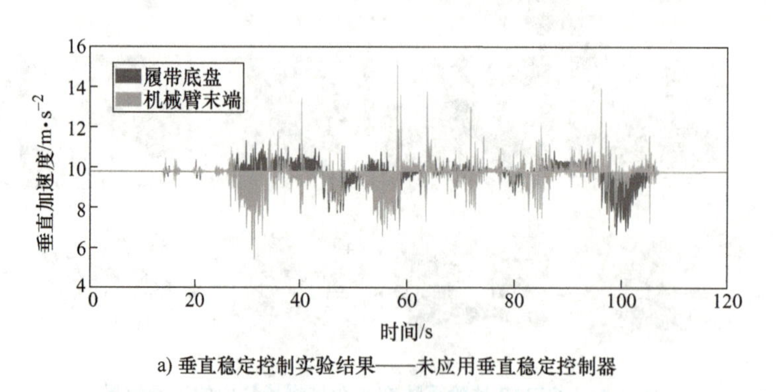

a) 垂直稳定控制实验结果——未应用垂直稳定控制器

图 7-48　基于自抗扰控制的机械臂稳定控制算法实验结果

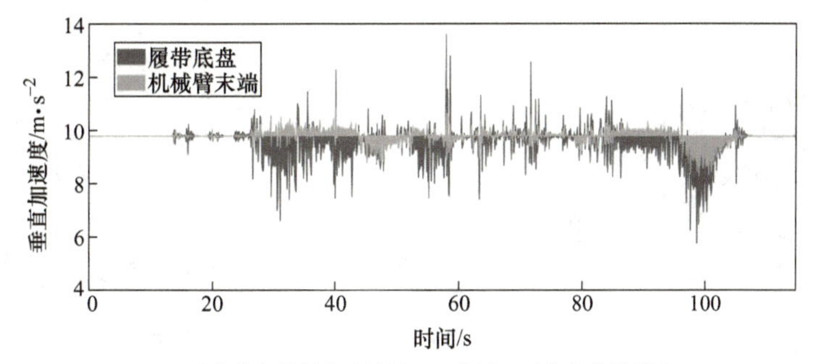

b) 垂直稳定控制实验结果——应用了垂直稳定控制器

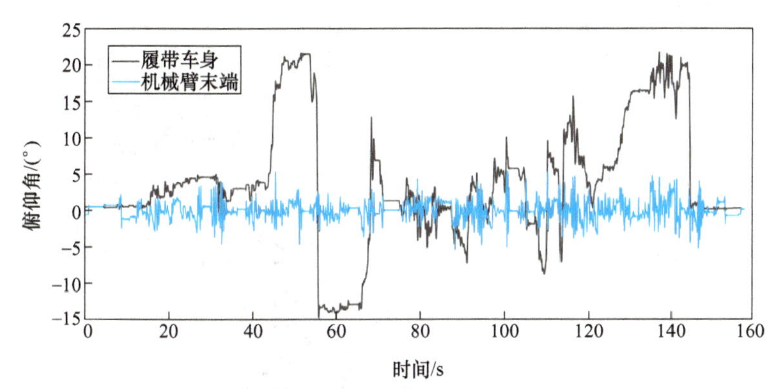

c) 垂直稳定控制下末端姿态稳定控制实验结果

图 7-48　基于自抗扰控制的机械臂稳定控制算法实验结果（续）

7.3.5　思想启示：模块化设计思想

由于排爆作业任务复杂，在整个作业的过程中，机器人需要执行大量的其他任务，例如：破除存放爆炸物的箱体、移除阻挡排爆任务障碍、开门开密码锁等。同时对于不同的爆炸物也有不同的销毁方式，因此在执行一套全流程的排爆任务时需要种类齐全的作业工具。如何将多种具有针对性的作业工具在机器人上有效地整合，需要采用模块化的设计思想。模块化可更换工具系统示意图如图 7-49a 所示。

根据已开发的载荷 / 工具和构想的完成真实任务时需要更加完善的工具种类，可以将其分为以下三个大的类别。

1）车上载荷：机械臂、自主导航单元、自稳转运平台、X 光机升降平台。

2）臂上载荷：水炮枪、高能激光器、无人机起停平台、便携式 X 光机、二指机械爪、气体传感器。

3）爪上载荷：剪刀、小型电动螺丝刀、钳子、美工刀、铲子等。

图 7-49b 与图 7-49c 展示了多个排爆机器人搭载不同的载荷协同进行未爆弹的处置任务，携带自主导航单元的机器人甲以及机器人乙搭载的无人机在场地中自主搜寻，搜寻到了被半掩埋的未爆弹之后，爪端携带铁铲的机器人乙刨出未爆弹，之后由爪端为二指机械爪的机器人丙夹取未爆弹，放置至装有自稳转运平台的机器人甲上，机器人甲将其转移至指定场地，最后由机器人丙携带的高能激光器销毁该未爆弹。

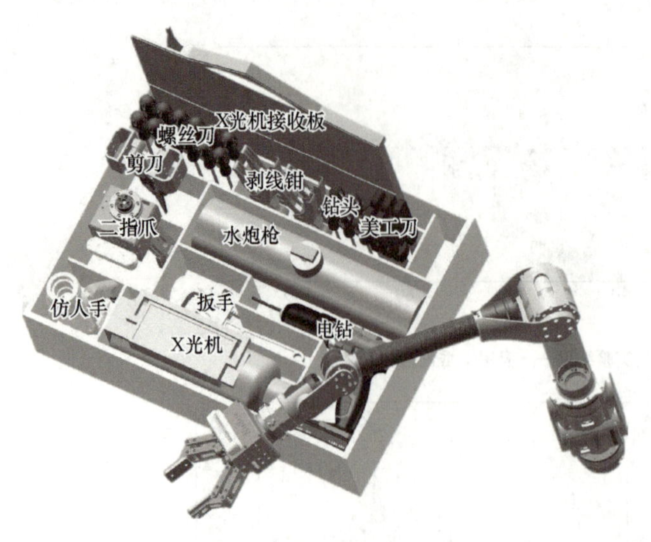

a) 模块化可更换工具系统示意图

b) 三台机器人搭载不同的载荷模块

c) 三台机器人搭载不同的载荷模块进行协同处置未爆弹

图 7-49　模块化载荷及应用

实际任务往往非常复杂，机器人具有更多功能是应对的一种策略，对于更加复杂的任务，不仅可以从增加单体机器人的功能入手，还可以利用模块化载荷对多个机器人进行不同的赋能，通过多个机器人协同作业实现 1+1 大于 2 的效果。

模块化的设计思想与集成化的设计思想不是相矛盾的，应采用辩证的思维从总体设计进行思考。例如，当前就存在“集成化电子鼻”“多用途自切换工具末端执行器”等需求，减小模块化的更换负担可提升专业化作业水平与效率。

本章小结

本章以三个面向实际需求的智能移动机器人系统作为案例，介绍了如何根据不同任务、工作环境需求，设计与实现智能移动机器人系统。首先，针对大范围荒漠环境，介绍了一款能够自主探测与回收金属破片的移动机器人，该机器人集成了差速转向移动平台、定位建图模块、破片探测抓取模块以及通信模块，并通过软件系统设计实现了自主导航、目标识别和任务规划等功能。其次，以 NuBot 救援机器人为例，讨论了城市搜救机器人的设计，重点介绍了其履带式底盘、多传感器系统以及基于 ROS 的软件架构，突出了其在复杂环境中的机动性和自主性。最后，针对排爆机器人，分析了其在处理爆炸物时面临的挑战，介绍了包括智能灵巧机械臂、自稳转运平台在内的硬件设计方案，以及面向崎岖地形的越障控制和机械臂稳定控制算法。这三个案例体现了从需求分析到系统设计的全过程，并强调了模块化设计思想在提高机器人适应性方面的重要性。本章展示的案例为针对特定应用场景的设计实例，但其中的设计思想、方法可推广至其他应用场景。

参考文献

[1] HART P E，NILSSON N J，RAPHAEL B. A formal basis for the heuristic determination of minimum cost paths[J]. IEEE Transactions on Systems Science & Cybernetics，1972，4（2）：28–29.

[2] DOLGOV D，THRUN S，MONTEMERLO M，et al. Practical search techniques in path planning for autonomous driving[C].[s.l.]：4th International Conference on Autonomous Robots and Agents，ICARA 2009，2009.

[3] BOLYA D，ZHOU C，XIAO F，et al. YOLACT：real–time instance segmentation[J]. IEEE Transactions on Pattern Analysis and Machine Intelligence，2022，44（2）：1108–1121.

[4] HE K，ZHANG X，REN S，et al. Deep residual learning for image recognition[C]. Las Vegas：2016 IEEE Conference on Computer Vision and Pattern Recognition （CVPR），2016：770–778.

[5] KUFFNER J J，LAVALLE S M. RRT–connect：an efficient approach to single–query path planning[C]. San Francisco：IEEE International Conference on Robotics and Automation，2000：995–1001.

[6] GÖRNER M，HASCHKE R，RITTER H，et al. MoveIt! Task constructor for task–level motion planning[C]. Montreal：International Conference on Robotics and Automation，2019：190–196.

[7] GRISETTI G，STACHNISS C，BURGARD W. Improved techniques for grid mapping with Rao–Black wellized particle filters[J]. IEEE Transactions on Robotics，2007，23（1）：34–46.

[8] KOHLBRECHER S，VON STRYK O，MEYER J，et al. A flexible and scalable SLAM system with full 3D motion estimation[C]. Kyoto：Proceedings of IEEE International Symposium on Safety，Security，and Rescue Robotics，2011 ：155–160.

[9] ROESMANN C，FEITEN W，WOESCH T，et al. Trajectory modification considering dynamic constraints of autonomous robots[C]. Munich：ROBOTIK 2012：7th German Conference on Robotics，2012：1–6.

[10] BOCHKOVSKIY A，WANG C Y，LIAO H Y M. Yolov4：optimal speed and accuracy of object detection[J]. arxiv preprint arxiv：2004.10934，2020.

[11] CHEN B，HUANG K，PAN H，et al. Geometry–based flipper motion planning for articulated tracked robots traversing rough terrain in real–time[J]. Journal of Field Robotics（JFR），2023，40（8）：2010–2029.

[12] 陈柏良，黄开宏，潘海南，等 . 智能搜救机器人在障碍地形的自主构型规划 [J]. 国防科技大学学报，2023，45（6）：132–142.

[13] 程创 . 搜救侦察场景下移动机械臂末端稳定与视觉伺服控制研究 [D]. 长沙：国防科技大学，2021.

[14] GONG S，CHENG C，ZHANG H，et al. Switching control for explosive transfer platform based on active disturbance rejection control and sliding mode control[C]. Kunming：Chinese Control Conference（CCC），2024：109–110.

[15] PENG H，WU M，LU H，et al. Stability control for medical rescue robot in unconstructed environment[C]. Shenzhen：International Conference on Advanced Robotics and Mechatronics（ICARM），2020：184-188.

[16] CHENG C，ZHANG H，PENG H，et al. Stability control for end effect of mobile manipulator in uneven terrain based on active disturbance rejection control[J]. Assembly Automation，2021，41（3）：369-383.